5G + 智慧水利

中国产业发展研究院　组编

主　编　吴海燕

副主编　李永峰　刘懿

参　编　蔡金宝　李效宁　徐　华
　　　　于婉宁　梁　藉　蒋志强

机 械 工 业 出 版 社

本书全面、系统地收集和整理了当前智慧水利及5G技术相关资料，详细地介绍了新时代背景下5G技术在智慧水利中的发展与应用。从专业知识的角度出发，以甘肃省智慧水利大脑建设项目为具体落脚点，深入讲解了什么是智慧水利，剖析了5G技术与智慧水利如何融合等问题。

本书作为国内最新的智慧水利行业应用培训教材，强调理论性与实用性密切结合，适合从事研究水利信息化和智慧水利的学者、专家及工程技术人员参考阅读，也可作为水利工程专业的本科生或研究生教材，还适合对水利行业发展和智慧水利感兴趣的读者参考。

图书在版编目（CIP）数据

5G+智慧水利／中国产业发展研究院组编；吴海燕主编. —北京：机械工业出版社，2022.9
中国通信学会5G+行业应用培训指导用书
ISBN 978-7-111-71219-0

Ⅰ.①5… Ⅱ.①中… ②吴… Ⅲ.①第五代移动通信系统-应用-水利工程-研究 Ⅳ.①TV-39

中国版本图书馆CIP数据核字（2022）第123687号

机械工业出版社（北京市百万庄大街22号　邮政编码100037）
策划编辑：陈玉芝　张雁茹　责任编辑：陈玉芝　张雁茹　侯　颖
责任校对：樊钟英　李　婷　责任印制：郜　敏
三河市宏达印刷有限公司印刷

2022年9月第1版第1次印刷
184mm×240mm・15.25印张・280千字
标准书号：ISBN 978-7-111-71219-0
定价：69.00元

电话服务　　　　　　　　　　网络服务
客服电话：010-88361066　　　机 工 官 网：www.cmpbook.com
　　　　　010-88379833　　　机 工 官 博：weibo.com/cmp1952
　　　　　010-68326294　　　金 书 网：www.golden-book.com
封底无防伪标均为盗版　　　机工教育服务网：www.cmpedu.com

中国通信学会5G＋行业应用培训指导用书
编审委员会

序 一

以 5G 为代表的新一代移动通信技术蓬勃发展，凭借高带宽、高可靠、低时延、海量连接等特性，其应用范围远远超出了传统的通信和移动互联网领域，全面向各个行业和领域扩展，正在深刻改变着人们的生产生活方式，成为我国经济高质量发展的重要驱动力量。

5G 赋能产业数字化发展，是 5G 成功商用的关键。2020 年被业界认为是 5G 规模建设元年。尽管有新冠肺炎疫情影响，但是我国 5G 发展依旧表现强劲，5G 推进速度全球领先。5G 正给工业互联、智能制造、远程医疗、智慧交通、智慧城市、智慧政务、智慧物流、智慧医疗、智慧能源、智能电网、智慧矿山、智慧金融、智慧教育、智能机器人、智慧电影、智慧建筑等诸多行业带来融合创新的应用成果，原来受限于网络能力而体验不佳或无法实现的应用，在 5G 时代将加速成熟并大规模普及。

目前，各方正携手共同解决 5G 应用标准、生态、安全等方面的问题，抢抓经济社会数字化、网络化、智能化发展的重大机遇，促进应用创新落地，一同开启新的无限可能。

正是在此背景下，中国通信学会与中国产业发展研究院邀请众多资深学者和业内专家，共同推出"中国通信学会 5G+行业应用培训指导用书"。本套丛书针对行业用户，深度剖析已落地的、部分已有成熟商业模式的 5G 行业应用案例，透彻解读技术如何落地具体业务场景；针对技术人才，用清晰易懂的语言，深入浅出地解读 5G 与云计算、大数据、人工智能、区块链、边缘计算、数据库等技术的紧密联系。最重要的是，本套丛书从实际场景出发，结合真实有深度的案例，提出了很多具体问题的解决方法，在理论研究和创新应用方面做了深入探讨。

这样角度新颖且成体系的 5G 丛书在国内还不多见。本套丛书的出版，无疑是为探索5G 创新场景，培育 5G 高端人才，构建 5G 应用生态圈做出的一次积极而有益的尝试。相信本套丛书一定会使广大读者获益匪浅。

中国科学院院士

艾国祥

序 二

在新一轮全球科技革命和产业变革之际，中国发力启动以 5G 为核心的"新基建"以推动经济转型升级。2021 年 3 月公布的《中华人民共和国国民经济和社会发展第十四个五年规划和 2035 年远景目标纲要》（简称《纲要》）中，把创新放在了具体任务的第一位，明确要求，坚持创新在我国现代化建设全局中的核心地位。《纲要》单独将数字经济部分列为一篇，并明确要求推进网络强国建设，加快建设数字经济、数字社会、数字政府，以数字化转型整体驱动生产方式、生活方式和治理方式变革；同时在"十四五"时期经济社会发展主要指标中提出，到 2025 年，数字经济核心产业增加值占 GDP 比重提升至 10%。

5G 作为支撑经济社会数字化、网络化、智能化转型的关键新型基础设施，目前，在"新基建"政策驱动下，全国各省市积极布局，各行业加速跟进，已进入规模化部署与应用创新落地阶段，渗透到政府管理、工业制造、能源、物流、交通运输、居民生活等众多领域，并逐步构建起全方位的信息生态，开启万物互联的数字化新时代，对建设网络强国、打造智慧社会、发展数字经济、实现我国经济高质量发展具有重要战略意义。

中国通信学会作为隶属于工业和信息化部的国家一级学会，是中国通信界学术交流的主渠道、科学普及的主力军，肩负着开展学术交流，推动自主创新，促进产、学、研、用结合，加速科技成果转化的重任。中国产业发展研究院作为专业研究产业发展的高端智库机构，在促进数字化转型、推动经济高质量发展领域具有丰富的实践经验。

此次由中国通信学会和中国产业发展研究院强强联合，组织各行业众多专家编写的"中国通信学会 5G + 行业应用培训指导用书"系列丛书，将以国家产业政策和产业发展需求为导向，"深入" 5G 之道普及原理知识，"浅出" 5G 案例指导实际工作，使读者通过本套丛书在 5G 理论和实践两方面都获得教益。

本系列丛书涉及数字化工厂、智能制造、智慧农业、智慧交通、智慧城市、智慧政务、智慧物流、智慧医疗、智慧能源、智能电网、智慧矿山、智慧金融、智慧教育、智能机器人、智慧电影、智慧建筑、5G 网络空间安全、人工智能、边缘计算、云计算等5G 相关现代信息化技术，直观反映了 5G 在各地、各行业的实际应用，将推动 5G 应用引领示范和落地，促进 5G 产品孵化、创新示范、应用推广，构建 5G 创新应用繁荣生态。

中国通信学会秘书长

序　三

水是生命之源，水是人类及一切生物赖以生存的物质基础。从人类的发展来看，一个民族、一种文化的形成无不是与一个或几个流域息息相关的。我们维系的极其灿烂的民族文化则以母亲河——黄河和父亲河——长江为源泉。"择一水而栖，傍一河而居"，一个地区的经济发展状况，与其多处流域的特点有着密切的关联。2014 年，习近平总书记提出"城市发展要坚持以水定城、以水定地、以水定人、以水定产的原则"，重新定义了"水—人—城"和谐发展理念。鉴于流域在人类社会、经济和文化发展中的重要地位，1998 年提出了"数字流域"的构想，经过 20 多年的实践，以流域为单元的水利信息化建设方式被推广到全国水利工作的方方面面。特别是近些年，结合"智慧地球"等新思想，智慧水利的建设如火如荼，为在新时代可持续发展中水利信息化建设赋予了全新的内容。

智慧水利是通过数字空间赋能各类水利治理管理活动，是智慧型社会建设中产生的相关先进理念和高新技术在水利行业的创新应用，是云计算、大数据、物联网、传感器等技术的综合应用。进入 21 世纪以来，5G 作为新一代移动通信技术，成为第四次工业革命的技术基石。将互联网通信技术与智慧水利相结合是时代发展的必然趋势，也是智慧水利迎来质变的最好契机！回顾这数十年智慧水利的发展历程，从"数字流域"到"水利信息化"，从传统水利到如今精细化、智能化、现代化的智慧水利，水利行业的发展蜕变一直依托于信息化技术的更新迭代。当今的水利工作者，应当把握好发展前瞻性与现实可行性的联系，切实落脚于新兴信息化技术与现代水利的深广度融合，实现智慧水利高质量发展的历史性任务。

虽然，近年来水利部及各省市水利主管部门积极推进水利信息化建设，但与真正实现智慧水利仍存在较大差距。在全面感知方面，只有 73% 的大型水库建设了工程安全监测设施，可以实现数据的自动采集，很多中型水库和绝大多数小型水库仍缺乏相应的安全监测措施，甚至很多小型水库没有水情监测报汛设备；在全面互联方面，由于网络通道较窄，带宽受到限制，很多宝贵的数据无法及时传输；在基础设施方面，机房总体规模小且分散，计算与存储能力不够，基础支撑软/硬件较为薄弱；在智能应用方面，大数据、人工智能、虚拟现实等新一代信息技术并没有得到广泛的使用，没有足够体现智慧功能。

从水利信息化到实现真正的智慧水利，这几个字的小小转变内涵却是自动化与智能化的天差地别。"雄关漫道真如铁，而今迈步从头越"，有了互联网技术加持的智慧水利终于在新时代的今天真正实现了"智慧"的飞跃。《5G＋智慧水利》这本书以专业知识的角度作为出发点，以甘肃省智慧水利大脑建设项目为具体落脚点，深入讲解了什么是智慧水利，剖析了互联网技术与智慧水利如何融合等问题，涉及面广、专业性强、内涵丰富、内容充实、系统缜密、逻辑清晰、文字精练、可读性强，是一本理论性与实用性密切结合的科普类优秀科技教材！

这本书是甘肃省水利厅与华中科技大学长期以来针对智慧水利建设技术研究与实践经验的知识结晶，代表了我国当前智慧水利发展的前沿，具有很高的科普价值与实用价值。我相信，这本书的出版对中国新时代智慧水利行业发展必将起到积极的、深远的促进作用！

中国工程院院士

前　言

　　1998 年 6 月 1 日，时任国家主席江泽民在接见部分两院院士的讲话中，提到了"数字地球"这一新概念。2001 年，华中科技大学张勇传院士、王乘教授发表了题为《数字流域——数字地球的一个重要区域层次》的科研论文，提出了"数字流域"这一重要课题。他们认为数字流域是数字地球的一个重要区域层次，是实施数字地球的一个切入点。2008 年 11 月，以 IBM 为代表的科技企业开始倡导"智慧地球"概念，提出了加强智慧型基础设施建设。"智慧地球"又称为"智能地球"，是指将感应器嵌入到电网、铁路、桥梁、供水系统等各种基础设施中，然后将其连接好，它推动了"物联网"的形成。智慧水利是智慧地球的思想与技术应用于数字流域的结果。在全球信息化的新形势下，人们开始对"智慧水利"有所期待和关注。

　　智慧水利是通过数字空间赋能各类水利治理管理活动，运用云计算、物联网、大数据、人工智能、数字孪生等新一代信息技术，以透彻感知和互联互通为基础，以信息共享和智能分析为手段，在水利全要素数字化映射、全息精准化模拟、超前仿真推演和评估优化的基础上，实现水利工程的实时监控和优化调度、水利治理管理活动的精细化管理、水利决策的精准高效，以水利信息化驱动水利现代化。

　　党的十八大以来，我国水利事业取得了伟大的历史性成就，水利信息化建设跃上了新台阶，为水利治理管理工作提供了重要支撑。党的十九大以来，党中央、国务院对实施网络强国战略做出全面部署。在 2018 年，《乡村振兴战略规划（2018—2022 年）》中明确提出了实施智慧农业林业水利工程。水利部提出的水利九大业务和水利监督业务需求，都是智慧水利的重要组成部分。水利部在 2019 年全国水利工作会议上提出，"水利工程补短板，水利工作强监管"是今后工作的总基调。2021 年 3 月，水利部党组提出要将智慧水利作为水利高质量发展的显著标志大力推进。党中央、国务院高度重视智慧社会与智慧水利的建设和发展，党的十九大报告中强调要建设网络强国、数字中国、智慧社会，把智慧社会作为建设创新型国家的重要内容，从顶层设计的角度，为经济发展、公共服务、社会治理提出了全新要求和目标，为智慧社会建设指明了方向。

智慧水利是水利信息化的新发展阶段。为进一步贯彻习近平总书记关于网络强国战略的重要论述，对照党中央、国务院"十四五"的重大决策部署，阐述当前 5G 与智慧水利的交融和发展以及总结甘肃省智慧水利的实践经验，本书深入介绍了水利为什么能智慧化、水利如何智慧，探索智慧水利如何在 5G 时代升华、5G 与水利物联网如何结合，构建 5G 与智慧水利业务应用系统，结合智慧水利网络空间安全，最后介绍了甘肃省智慧水利的实践过程。本书内容翔实、逻辑清晰，使读者可以很容易地了解 5G 在水利中的发展、实现、实践等各个方面。同时，本书也是首次对智慧水利各方面的一次系统、深入、全面的阐述，对于推动甘肃省乃至全国智慧水利的发展具有重要的借鉴意义。

本书共分 8 章。第 1 章简述智慧水利的基本概念、从水利信息化到智慧水利的发展历程以及智慧水利在政策、社会、技术三个方面的发展背景等内容；第 2 章以智慧水利技术背景为落脚点，讲述了水利是如何利用 AI、感知网络、云、大数据等先进技术实现智慧化的；第 3 章深入讨论了 5G 技术的特性以及 5G 是如何帮助智慧水利进一步升华的；第 4 章讲述了 5G 技术与水利行业相结合的具体应用；第 5 章深入讨论了 5G 技术与智慧水利大脑的结合，并具体以数据中台、业务中台、智能中台为切入点，讲述了 5G + 智慧水利大脑的建设内容；第 6 章依托于 5G + 智慧水利业务应用系统的建设，详细讨论了智慧水利系统的四大应用建设内容；第 7 章主要讲述了 5G 与智慧水利网络空间安全的内容，涉及物联网安全、云安全、大数据安全三大板块；第 8 章深入讨论了 5G + 智慧水利的实践，具体以甘肃省智慧水利建设为落脚点，从多项目、多平台、多应用深度讲述了 5G + 智慧水利的应用实践内容。

全书内容框架和编写原则的确定以及全文统稿由吴海燕负责。第 1、2、5 章由吴海燕编写，第 7、8 章由李永峰编写，第 6 章由刘懿编写，第 3 章由蔡金宝、李效宁、徐华编写，第 4 章由于婉宁、梁藉、蒋志强编写。王岩、王义德、张凤龙、徐一超、张锋、舒海润、杨家豪、陈华磊、王馨莹、李雪涛等收集并整理了大量的资料和文献。

本书内容引用参阅了很多前人的工作成果及大量国内外论文和网站资料，在此谨向他们表示诚挚的敬意。5G + 智慧水利建设是一个宏大的系统工程，编者试图进行全面、深入的总结讨论，但由于学识水平所限，书中不足之处在所难免，敬请专家学者和广大读者批评指正。

编　者

目　录

第1章

"智慧水利"科学内涵

1.1 科技对智慧水利的遐想

1.1.1 感知

感知，即意识对内外界信息的觉察、感觉、注意、知觉的一系列过程。感知可分为感觉过程和知觉过程。感觉过程中被感觉的信息包括有机体内部的生理状态、心理活动，也包含外部环境的存在以及存在关系信息。知觉过程是一系列组织并解释外界客体和事件的产生的感觉信息的加工过程，知觉来自于感觉但已不同于感觉。

与人体感知原理相同，自然学科中的感知层的主要任务是对外收集网络安全情报与舆情，对内收集网络设备、安全设备、主机及各类应用日志及安全探针等与网络安全相关的各类数据，通过数据清洗、范式化、归一化等数据处理技术对数据进行整理，形成有意义、可分类的安全数据。

目前，水文、气象、水资源、山洪自然灾害、土壤水质等领域信息化网络建设已初步基本形成，各类气象数据采集信息分为多部门进行管理，缺乏有效信息集成和资源整合，应该按照国家相应标准和规范，利用信息化手段实现检测的自动和智能运行，从而满足实际需求。秉持着整合信息资源，进一步创新和完善信息资源共享的基本原则，结合"智慧水利"原则推进地区水文动态监测集气象传感、数据采集、无线通信、信息系统集成等核心技术四位于一体的信息现代化网络建设，形成一个布局合理、实时自动监测、技术先进、管理有效的流域水文资源监测服务体系，实现以自动水文监测数据为基础、人工自动监测数据分析为技术补充、服务器自动接收网络存储数据为技术载体、计算机数据分析和云计算为技术依托的区域水文动态监测、动态采集统计和分析的能力，为偏远地区满足经济社会持续发展需要提供及时、有效的动态水文监测数据分析保障。

为全面、系统、准确地收集水利信息，需要做到两点。一是需要扩大感知及监测范围，即充实水文、水质、地下水位、水环境监测站网，加快水文现代化建设步伐，以扩大江河湖泊水系的监测范围；补齐和提升大中小型水库、长江与黄河等流域下游险工险段堤防、重点水闸、下游有村庄或重要设施的骨干淤地坝等水利工程安全及运行监测设施，扩大水利工程设施的监测范围；全面提升水资源、水环境、水生态、水灾害、工程运行等水利核心业务管理活动中的重要事件、行为和现象的动态感知能力，以提升水利管理活动的动态感知能力。二是提升立体感知的智能水平，通过卫星、雷达、无人机、遥控船等新型遥感监测手段，以及高清视频监控的应用，大力提升水文测报自动化和智能化水平，实现对江河湖泊、水利工程、管理活动的动态感知。

数据采集主要有三种方式：集中式数据采集、分布式数据采集和分散集中式数据采集。分散集中式是前两种方式的结合，下面主要介绍集中式数据采集和分布式数据采集。

集中式数据采集方法比较简单，生成的记录文件对数据分析和演练回放都很方便，但是它却占用了网络的带宽资源。在数据量较大时，它将成为系统的瓶颈。

分布式数据采集方法可以在影响网络带宽最小的情况下采集到所需要的数据。分布式数据采集方法是现在各种智慧水利平台系统中最常见的感知层数据采集方法。它对于网络资源具有巨大整合力，将它运用到系统的数据采集中，可为不同调度系统间信息和资源共享带来方便，并可成为广域分布式系统计算和仿真的支撑平台。可将分布式数据采集方法作为技术支撑平台，以此构建未来智慧水利平台，共享资源和协同分析，保证系统的安全稳定运行和控制。分布式数据采集方法的引入，对于解决系统大规模的数据共享和计算分析问题具有非常重要的意义。结合云计算功能可以动态地实现包括计算、数据、存储等在内的资源共享，而无须事先定义和维护需要共享的数据，使目前的信息"需则共享"模式转变为"需则可知"模式，加强智慧水利能力信息化程度，从而使信息共享的紧密耦合走向松散耦合。通过分布式部署采集探针，实现网络环境安全类、管理类、流量数据以及资产、用户基本数据的收集。数据采集探针部署要点如下：

1）范围广。覆盖主要网络区域。

2）多类型。数据探针类型多样，包括日志采集探针、流量采集探针、终端采集探针、数据库采集探针和邮件行为采集探针等。

安全要素采集的类型包括以下几点。

1）各类网络设备数据：路由器、交换机、DNS、网站访问日志等。

2）网络安全设备数据：移动恶意代码、僵木蠕、异常流量、攻击溯源系统、域名安全分析系统、DDoS、防火墙、IDS、IPS、WAF 等日志。

3）管理类数据：资产数据、审计数据、网络划分环境数据。

4）流量数据：网络全流量数据。

5）数据库请求、访问数据：数据库请求访问审计。

6）Web 请求数据：基于 Web 请求日志审计。

7）邮件审计数据：邮件服务器的流量数据审计。

8）基础数据：基础信息、黑白名单库，IP 基础信息、域名基础信息、URL 基础信息、漏洞库、样本库、事件库等。

9）终端数据：主机进程信息、登录信息、感染病毒、U 盘使用记录、软件安装信息。

随着智能化信息获取技术手段的出现，智慧水利体系可以调动多样化的装备，利用视频、声波等信息获取手段。所谓智慧水利的感知，即在现有的地面监测站点的基础上，同时运用物联网、卫星遥感、无人机、无人船和视频监控技术，采集自然水循环和社会水循环的各种指标数据以及状态、位置等数据，从不同方位对自然水和社会水循环的指标要素进行全天候不间断的监测，从而获得大量的、综合性的信息。充分利用图像识别和语音识别等人工智能技术，对采集的数据进行挖掘，获取必要的信息，再辅助以大数据、图像识别等现代化的智能处理手段进行数据分析和挖掘，建立对江河湖泊、水利工程、水利管理活动等水利全要素天地一体化全面动态感知，从而实现对水利全要素信息的全面掌握。

1.1.2 传输

传输是一个汉语词语，意义为传递、输送，是指物质交互的一个过程。在相互传递的过程中，有发送端有接收端，相互的发送和接收即为传输。在电信领域，传输是指通过物理点对点或点对多点传输介质（有线、光纤或无线）发送和传播模拟或数字信息信号的过程。在一般信息论中，传输被用于表示经由信道的信息通信的整个过程。也就是指，通过传输者分派，为了别处接收的一种信号、消息或者任何种类的信息，通过各种手段，如电报、电话、广播、电视，经由任意媒介，如电话传真、电线、同轴电缆、微波、光纤或者无线电频率，实现的信号传播。

在传统水利数据传输中，其形式多借助于人工抄送或报送，存在水资源监测数据标准化程度不一、数据源不完整、数据时效性差、数据不一致、跨平台，以及跨领域数据共享较难等问题。

在水文自动监测系统中，监测站自动采集的各要素数据通过通信网络发送到数据监控中心。该系统的通信网络结构如图 1－1 所示。常用于水文自动监测的无线传输方式主要有超短波、卫星、GPRS 及 4G 等。由于监测站一般部署在野外，不适合大范围、长距离地铺设线缆进行数据传输，且随着无线通信技术的不断进步，有线传输方式在水文自动监测中应用较少；超短波传输应用得很早，但因性价比低，信号传输受地形影响大，其应用范围日趋局限；卫星通信可解决偏僻站点的数据传输难题，但因其投入和运行成本高，以及自身技术特点的局限性，导致其应用范围受限。GPRS（2.5G）是在 GSM（2G）系统基础上发展起来的分组数据承载和传输业务，具有永远在线、占用系统资源少的优点。3G 在国内生命周期较短，很快被速率更高、兼容性更强的 4G 取代，而且国内的 4G 网络已广泛覆盖。目前，在水文自动监测领域，无线传输方式以 GPRS 和 4G 为主。

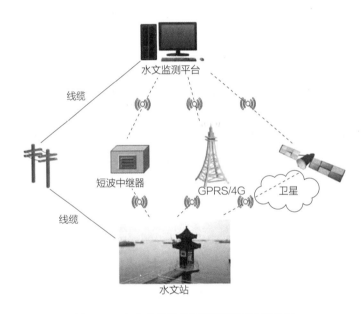

图 1－1 水文自动监测系统通信网络结构图

第五代移动通信技术（5G）是面向日益增长的移动通信需求而发展的新一代移动通信系统技术。5G 具有超高的频谱利用率和能效，在传输速率和资源利用率等方面较 4G 移动通信提高了一个量级甚至更多，其无线覆盖性能、传输时延、系统安全和用户体验也得到显著的提高，是 4G 移动通信网络传输速度的近百倍，甚至有比当前的有线网还快的数据传输速率，最高传输速率可达 10Gbit/s。5G 还有一个优势就是更快的响应时间（较低的网络延迟），低于 1ms，而 4G 为 30～70ms。这种网络使得网络管理员能有效地将工作组、数据中心及桌面的性能最大限度地提高。业务发展的同时又要求对网络和服务进行综合的管理，以达到提高网络性能和监管通信设备的目的。网络管理各个功能的实现，都是建立在对各种管理信息采集的基础之上的。从大量不同的数据源（设备、软件等实体）获得数据，并进行处理、分析，是实现网络管理的前提和基础。面对大量需要采集的管理信息，构建一个稳定、高效的数据采集模块对于实施可靠的网络管理具有举足轻重的作用。

水文现代化需要以先进技术手段和仪器设备推广应用为重点，以增强水文自动监测和信息服务能力为目标，加快推进水文现代化建设技术装备配置和应用。而在这些新技术装备的使用过程中，不同的装备对数据通信网络的需求各不相同，例如有些要求高可靠，有些要求高带宽，而有些则要求低时延。同时，水文监测站的建设正朝着无人值守和自动测报方向发展，高清质量的视频监控必不可少，对无线通道的传输速率和容量提出了更高要求。

随着 5G 技术的推广及其应用日益成熟，智慧水利信息传输技术也将迎来新的提升。依托数字孪生平台，对传统的信息传输方式进行优化，不仅可以提高数据的时效性，同时可为决策争取宝贵时间，最大限度地发挥智慧水利的效益。在实际情况中，数据传输环境要求相对苛刻，不仅要避免数据信息传输过程中出现波动，同时要最大限度地发挥 5G 传输优势。借助感知层边缘计算能力和采集与存储技术优势，提高感知层信息采集质量，辅助传输效率的提升；同时，借助信息平台建设，对传输数据进行清洗和归档，不断完善信息交流模式，对不同环节之间的衔接进行合理的调节。以此充分发挥 5G 在智慧水利信息传输领域的应用优势。

5G 技术的应用，推动了水利事业由数字水利向智慧水利发展。智慧水利和 5G 技术的有力结合，使智慧水利在管理水平、水利工程安全建设、进度管理、运营监管、防灾减灾、生态保护等方面取得了质的飞跃。智慧水利的发展必然要依靠 5G 技术取得进一步的发展。

1.1.3　应用

应用层在技术层面主要承担的功能即为信息处理，是应用平台和用户（包括人、组织和其他系统）的接口，它与行业需求结合，实现智能应用。信息处理是为了分析大量数据，挖掘对实际应用有用的信息。此外，还需要建立信息处理和发送机制体制，保证信息发送到需要的人手中。智能应用是智慧社会的"智慧"体现，关键在于对新型识别技术、大数据、云计算、物联网、人工智能、移动互联网等新技术的运用，对各类调控、管理对象和服务对象的行为现象进行识别、模拟、预测预判和快速响应，推动智慧水利的监管更高效、管理更精准、调度运行更科学、应急处置更快捷、服务更友好。

在现阶段,信息化已经被应用到了各行各业,在水利系统中进行信息化也成为必然趋势。但是我国的水利信息化在建设时并不十分完善,信息化系统设备的不足、管理模式的僵硬以及行业标准的不统一都给水利信息化应用带来了非常大的影响。所以,现阶段我国智慧水利的发展总体上还处于初级阶段。新一代高新技术,如大数据、云计算、虚拟现实等尚未得到广泛应用,水利管理系统的智能化尚未充分体现。积极开展高新技术在水利业务方面的研究,尤其是大数据技术,它是水利信息化建设的技术基础,加强大数据基础设施、大数据管理与应用平台、云数据库和物联网平台的搭建,对智慧水利的长远发展起到至关重要的作用。

需要确定的是,水利信息离不开综合集成化服务应用,而建立这些服务平台需要高额资金,分析处理信息数据需要专门的软件,传统的应用模式过于老旧,人们要学会研发新模式,通过模块化堆砌制定有着更加丰富内容的应用软件,然后把新应用在行业里推广开来。通过加大投入、规范标准以及改善管理制度可以有效提升信息化应用的适行性。

现阶段对于电子信息工程技术的应用频率越来越高,它为我们提供了高效率经济和社会效益,所以能够被大众所吸纳和接受。当前,主流信息处理技术有分布式协同处理、云计算、群集智能等。但是,在具体应用过程中,关于数据的管理、传输以及信息资源的共享等环节还是会出现一些问题,需要对此提高重视程度,想到合理的方法进行解决。要做到技术与思想两者之间的完美融合,促进我国信息化进程的加快,带动水利行业的信息化水平的不断提升,改善现阶段的内部管理模式,使其朝着科学性、合理性的方向前进。

2021年初水利部发布的公告指出,要以"9＋1"业务进行智慧水利应用的建设。所谓的"9＋1"业务,即为洪涝、干旱、水资源开发利用、城乡供水、节水、水工程安全运行、水工程建设生命周期、江河湖泊、水土保持等九大业务和水利监管工作。围绕"9＋1"业务,运用卫星遥感、无人机(船)、AI视频、5G、物联网、人工智能、移动互联、区块链等新一代信息技术,扩大江河湖泊水系和水利工程设施的动态监测范围,补充完善水文、水环境、水生态、水土流失、工程安全、洪涝灾害、水利管理活动等监测内容,在已有感知资源基础上打造"智慧水利"应用体系。

1.1.4 安全

在2020年年中水利部举行的水利网信工作视频会议上,叶建春(时任水利部副部长)指出,当前和今后一个时期,水利网信部门要牢牢抓住信息技术加快发展以及水利工作转型升级的重大战略机遇，深化信息技术与水利业务的融合发展，准确把握网络安全面临的严峻形势，切实做好水利关键信息基础设施网络安全保护，努力践行水利改革发展总基调，为水利治理体系和治理能力现代化提供强劲动力。

由此可见，在智慧水利建设过程中，网络安全是不可忽视的一个重要部分，表明了网络信息安全目前面临的复杂形势和所处重要的地位。在互联网快速发展的背景下，网络攻击手段日益增多，信息系统所面临的安全风险也越来越多，如何确保网络信息安全已成为水利信息化进程中的一项重要工作。作为关乎国计民生的水利行业，在信息安全建设方面责无旁贷，必须做好相关安全保障，确保生产经营的正常稳定。

首先，信息系统容易成为潜在的被攻击点。早期的信息系统受制于网络通信技术，往往为单机系统。虽然数据共享功能较弱，容易导致数据孤岛的存在，但其独立性也使其具有相对较高的安全性。智能化及移动互联相关的技术发展起来后，一旦发生恶意事件，将直接影响信息安全，甚至可能导致人身安全事故，影响较为恶劣。而且由于这类恶意代码的样本数量及攻击事件数量相对较少，所以易被忽略。

其次，高度的生产智能化和自动化虽然为水利管理带来不少好处，但也令整个生产过程对调度软件、模型软件等软件高度依赖。智能化的程度越高，其依赖程度也越高。一旦发生信息安全方面的事故，整个工作流程将受到不小的影响，甚至瘫痪。这对于各业务部门以及管理部门的工作来说，是不容忽视的风险。

随着水利信息化工作的快速推进和不断深化，电子政务、数字水务、水务公共信息平台、水资源管理系统等信息化成果有力推动了水务的现代化建设。网络平台作为信息化建设和信息化成果应用的重要基础平台，是水务 IT 价值实现的根本和基础。

在信息化进程中，普遍存在重建设轻管理、重应用功能轻安全防护的现象，导致信息系统在建设过程中没有充分考虑信息安全防护措施和管理要求，通常在安全测评阶段，根据相应的测评指标，临时、被动地实施相关安全防护措施，虽然满足了测评的基本要求，但是安全措施比较零散，缺乏体系和相互关联，甚至实施的安全措施治标不治本，安全隐患重重。

依照《信息安全技术　网络安全等级保护安全设计技术要求》（GB/T 25070—2019）进行安全体系建设，主要包括：对于安全基础设施、安全管理和服务等，利用原有安全防护设备，合理增配软、硬件等相关安全设备，建成在物联网安全、感知终端安全、数据传输安全、网络安全、云平台安全、终端安全、数据安全、应用安全和安全管理规范、安全运营等多层级的防护体系，突出安全合规及监管的重要性，以"安全运营"为核心，涵盖威胁预测、威胁防护、持续检测和响应处置四个安全闭环重点工作。

第一，建设安全管理规范。建立满足安全体系要求的安全组织和管理规范，包括：安全组织及岗位职责、安全管理制度与标准、安全运营工作要求与行为规范等。

第二，建设安全技术系统。安全技术系统适用于多场景，例如对水利云安全的查缺补漏与加固加强、对水利云出口流量的采集与安全监测。开展云计算中心安全技术建设，包括：开展云基础架构安全保障建设、云计算中心边界安全防护建设、云计算中心统一安全接入管控系统建设、云计算中心访问控制与授权管理建设、云计算中心操作审计能力建设、云计算中心安全防护与隐私保护能力建设、云计算中心安全态势感知与安全运营平台建设、云计算中心应用系统上线前安全评估能力建设、云计算中心关键应用系统安全监测与防护能力建设，以及灾备数据中心安全保障系统建设。改造升级已有被动防御能力体系和构建新型积极防御能力体系，重点开展威胁情报能力建设。

第三，建设安全运营系统。坚持"以人员为核心、以数据为基础、以运营为手段"的基本安全理念，结合安全体系实际情况，构建安全运营系统，形成威胁预测、威胁防护、持续检测和响应处置的闭环安全工作流程，打造四位一体的安全运营机制。

第四，构建安全合规和监管管理体系。制定安全运营标准与规范，进行等级保护测评，持续开展安全合规性检查及指导工作，构建安全合规及监管管理体系。

随着信息化进程的加快，信息系统所面临的安全风险越来越多，对信息安全管理工作的要求也逐步提高。持续分析、总结网络信息安全管理中存在的问题，并采取针对性的措施不断加以改进，成为保证水利信息化战略实现、不断提升水务部门管理能力和服务水平的重要基础保障工作。

1.2　何为"智慧水利"

1.2.1　"智慧水利"的提出

20世纪末，全球掀起了"数字地球"的研究热潮。"数字地球"是一个无缝的覆盖全球的地球信息模型，它把分散在地球各地的从各种不同渠道获取到的信息按地球的地理坐标组织起来，这既能体现出地球上各种信息（自然的、人文的、社会的）的内在有机联系，又便于按地理坐标进行检索和利用。1996年6月1日，时任国家主席江泽民在接见部分两院院士的讲话中，提到了"数字地球"这一新概念。2001年，华中科技大学张勇传院士、王乘教授在《水电能源科学》上发表了论文《数字流域——数字地球的一个重要区域层次》，提出了"数字流域"这一重要课题。他们认为数字流域是数字地球的一个重要区域层次，是实施数字地球的一个切入点。

2009 年 1 月 28 日，IBM 首席执行官彭明盛首次提出"智慧地球"的概念，提出了要加强智慧型基础设施建设。"智慧地球"又称为"智能地球"，即将感应器嵌入电网、铁路、桥梁、供水系统等各种基础设施中，然后将其连接好。这推动了"物联网"的形成。将"物联网"与已有的互联网进行优化整合，有助于人类社会与物理系统之间相互联系和整合。在"物联网"与现有互联网的整合过程中，需要强大的中心计算机集群，这样有助于对整合网络内的工作人员、设备和基础设施实施有效的管理和控制。2008 年 11 月，IBM 公司在《智慧地球：下一代领导人议程》主题报告中提出，把新一代信息技术充分运用在各行各业之中。"智慧城市"源于智慧地球的理念，是运用物联网、云计算、大数据等新一代信息通信技术，促进城市规划、建设、管理和服务智慧化，以提升资源运用的效率，优化城市管理和服务，改善市民生活质量。我国多省市地区已与 IBM 签署"智慧城市"共建协议。2012 年，"智慧城市"被列为我国面向 2030 年的 30 个重大工程科技专项之一。2014 年，国家发展改革委员会等八部委联合印发的《关于促进智慧城市健康发展的指导意见》中明确指出，建设智慧城市对提升城市可持续发展能力具有重要意义。2015年，国家发展改革委员会等 25 个相关部门成立了新型智慧城市建设部级协调工作组，共同加快推进新型智慧城市建设。2016 年，《国民经济和社会发展第十三个五年规划纲要》提出，要加强现代信息基础设施建设，推进大数据和物联网发展，建设智慧城市。2016年，《国家信息化发展"十三五"规划》提出，要推进新型智慧城市建设行动。

在全球信息化的新形势下，人们开始对"智慧水利"有所了解和关注。智慧水利是智慧地球的思想与技术应用于水利行业的结果。它利用物联网技术，泛在、自动、实时地感知水资源、水环境、水过程及各种水利工程的各关键要素、关键点、关键位置和关键环节的数据；然后，将这些数据通过信息通信网络传输到在线的数据库、数据仓库和云存储中；在虚拟水空间，利用云计算、数据挖掘、自然计算等智能计算技术进行数据处理、建模和推演，从而帮助人们做出科学优化的判断和决策，采取相应的措施和行动有效地解决水利科技和水利行业的各种问题，提高水资源的利用率、水利工程的效果和效益以及工作效率，有效保护水资源与水环境，防灾减灾，实现人水和谐。全球气候变化和人类大肆破坏生态环境，导致自然灾害频繁出现，如洪涝灾害、干旱缺水、水资源污染等，甚至比较严重的灾害有山体滑坡、泥石流等。这些自然灾害会危害到人类的人身安全。为了防治这些灾害,我国水利工作者借鉴"智慧地球"的理念提出了"智慧水利"的概念。"智慧水利"是将"物联网"与现有的互联网结合所形成的"水联网",有助于促进水利信息化水平的提升。

2012 年,我国成立了首个"水利部物联网技术应用示范基地"。我国水利信息化建设开始快速发展,陆续实施了各种水利信息化建设战略,政府给予水利建立一系列扶持。2013 年 10 月,广东省水利部门与广东联通签署战略合作协议,共同建设"智慧水利"无线应用平台,构建广东全省水利三防联集群网,将水利业务信息、视频监控等重要信息系统部署到无线应用平台上,让人们可以通过手机登录到平台上,随时随地查询相关信息。"智慧水利"的快速发展,有助于实现水资源的有效管理和优化配置,提高水利工程管理水平,促进水利信息化水平的提高,推进社会经济的全面发展。

党中央、国务院高度重视智慧社会建设和发展。党的十九大报告中强调要建设网络强国、数字中国、智慧社会,把智慧社会作为建设创新型国家的重要内容,从顶层设计的角度,为经济发展、公共服务、社会治理提出了全新要求和目标,为智慧社会建设指明了方向。智慧水利是智慧社会建设的重要组成部分。2018 年中央一号文件提出了实施智慧农业林业水利工程;同年,水利部对智慧水利建设进行了部署,安排水利部信息中心牵头编制智慧水利总体方案。智慧水利旨在应用云计算、物联网、大数据、移动互联网和人工智能等新一代信息技术,实现对水利对象及活动的透彻感知、全面互联、智能应用与泛在服务,从而促进水治理体系和能力现代化。

1.2.2 从水利信息化到"智慧水利"

随着信息化技术的快速发展及其在水利行业的成功应用,人们对于水利信息化的认识与理解逐渐加深。目前,国内外学者一致认为,水利信息化就是将先进的信息化技术应用于水利信息的管理中,使其更好地服务于水利行业的各个领域。通过加快水利信息化的发展,有助于推动我国水利事业由工程型水利向管理型水利迈进、由传统水利向现代化水利转变,意义重大。

国外水利信息化研究起源于 20 世纪初,20 世纪中期开始迅猛发展,研发了针对水利建设的基础模型,并在 20 世纪七八十年代广泛应用于发达国家的水利建设中。在我国,水利信息化起步较晚,最早的水利信息化雏形可以追溯到 20 世纪 70 年代初期,随着多个五年计划的推进,我国水利信息化进程得到了跨越式发展,取得了诸多突破性成果。

1)20 世纪 70 年代,我国的水利信息化主要集中在利用计算机技术对水情数据进行简单的统计汇总操作，水利信息化涉及范围单一、效率不高。

2）20 世纪 80 年代，我国水利信息化业务主要集中在对各种水利数据的处理。与 70 年代相比，数据处理技术、执行效率有了一定程度的提高，但整体联动机制尚未响应。

3）20 世纪 90 年代，我国水利信息化取得了质的飞跃。"九五"期间重大项目"金水工程"的实施，推动了我国水利基础数据从源头到终端用户信息链的建立。

4）21 世纪以来，物联网、大数据、云计算等先进技术逐渐渗透进水利行业，推动了我国防汛抗旱指挥系统一、二期的建设，以及覆盖国家、省、市、县的四级骨干网络的建立，智能模型在洪水预报、跨流域调水等重大水利工程中实现了业务化运行。信息化技术与产业的迅猛发展，将加快推动我国水利信息化建设向健康、可持续化、现代化的方向发展。

1.2.3　"智慧水利"的内涵

国家智慧水网的核心技术涉及水文学、水动力学、气象学、信息学、水资源管理和行为科学等多个学科方向，是新一代水利信息化的集成发展方向。

智慧水利是运用物联网、云计算、大数据等新一代信息通信技术，促进水利规划、工程建设、运行管理和社会服务的智慧化，提升水资源的利用效率和水旱灾害的防御能力，改善水环境和水生态，保障国家水安全和经济社会的可持续发展。

综合来看，智慧水利的内涵主要有三个方面。

1）新信息通信技术的应用，即信息传感及物联网、移动互联网、云计算、大数据、人工智能等技术的应用。

2）多部门多源信息的监测与融合，包括气象、水文、农业、海洋、市政等多部门，天上、空中、地面、地下等全要素监测信息的融合应用。

3）系统集成及应用，即集信息监测分析、情景预测预报、科学调度决策与控制运用等功能于一体。其中，信息是智慧水利的基础，知识是智慧水利的核心，能力提升是智慧水利的目的。

1.2.4　"智慧水利"的建设

智慧水利建设就是充分运用信息技术建立全要素真实感知的物理水利及其影响区域的数字化映射，构建多维多时空高保真数字模型，强化物理流域与数字流域之间的全要素动态实时畅通和深度融合，推进数字流域对物理流域的实时同步仿真运行，实现"2＋N"业务的四预功能。

1. 物理流域

物理流域就是物理水利及其影响区域，以及布设在其上的水利感知网和水利工控网。其中，物理水利主要包括江河湖泊、水利工程及水利治理管理活动；水利感知网和水利工控网主要是通过水利信息网和水利云实现物理流域与数字流域之间的信息交互，也就是将水利对象全要素实时感知数据映射到数字空间，并接收和执行数字空间的调度与控制指令等。

2. 数字流域

所谓数字流域，简言之，就是把流域装进计算机，在数字空间虚拟再现真实的流域。主要借助3S、物联网、BIM等技术，以物理流域为单位、数字地形为基石、干支流水系为骨干、水利工程为重要节点，对物理流域的全要素数字化映射。

多维多时空数据模型对物理水利及其影响区域全要素数字化映射，形成数字流域的数字化底板，构建数字化场景。数字流域主要包括基础地理数据、水利基础数据、监测感知数据、水利空间网格模型、水利工程BIM模型、地理信息参考模型等。

3. 数字孪生流域

数字孪生流域是指在计算机上模拟水利治理管理活动。也就是在数字流域的基础上，利用虚拟现实、增强现实等信息技术和专业模型方法，以水行政管理范围为边界、业务活动为主线、预报预测为关键环节，对水利管理治理活动进行全息精准化模拟，对水利工程运行实时同步监控。

在数字空间对水利治理管理活动进行全息智能化模拟，数字孪生流域提供仿真功能，支撑精准化模拟。数字孪生流域主要包括水利专业模型、可视化模型和数学模拟仿真引擎。其中，水利专业模型为模拟仿真提供其运行所需遵循的基本规律；可视化模型为模拟仿真提供实时渲染和可视化呈现；最终，通过数学模拟仿真引擎实现水利虚拟对象系统化地运转，实现数字孪生流域与物理流域实时同步仿真运行。

4. 智慧流域

智慧流域是指通过计算机辅助水利决策，在数字孪生流域的基础上，利用人工智能、大数据分析、人机交互等信息技术，以预演为反馈、知识为驱动、实现各类水利治理管理行为仿真推演, 评估优化, 支撑水利智慧化决策。

主要利用机器学习等技术感知水利对象和认知水利规律, 为智慧流域提供智能内核, 支撑智慧化决策。智慧流域主要包括知识库、智能算法和水利智能引擎。其中, 知识库包括预案库、知识图谱库、业务规则库、历史场景模式库和专家经验库; 智能算法包括语音识别、图像与视频识别、遥感识别、自然语言处理等智能模型, 分类、回归、推荐、搜索等学习算法。水利智能引擎是智慧流域的核心大脑, 主要利用知识库与智能算法的支撑, 对流域诸如防汛、防旱、灌溉和调度等各类水利事件进行智能化决策。

5. 智慧水利

智慧水利是通过数字空间赋能各类水利治理管理活动, 主要是在智慧流域上实现 "2 + N" 业务的预报、预警、预演和预案。

1.3 智慧水利的发展背景

智慧水利是水利信息化发展的新阶段。水利部历来重视水利信息化建设, "十五" 期间就提出了以水利信息化带动水利现代化的总体要求。多年来, 我国水利信息化建设取得了很大成就, 为智慧水利建设奠定了坚实基础。

1.3.1 政策背景

2003 年, 水利部印发了《全国水利信息化规划 ("金水工程" 规划)》, 该规划成为第一部全国水利信息化规划。从 "十一五" 开始, 水利信息化发展五年规划成为全国水利改革发展五年规划重要的专项规划, 对水利信息化建设进行统筹安排, 解决为什么要做及做什么的问题。水利部还相继印发了《水利信息化顶层设计》《水利信息化资源整合共享顶层设计》《水利网络安全顶层设计》等文件, 有效衔接规划与实施。并通过水利信息化标准规范从技术上支撑共享协同, 通过项目建设与管理办法从机制体制上保障共享协同。此外, 还出台了有关防汛抗旱、水资源管理、水土保持、水利数据中心等信息系统建设的技术指导文件, 指导各层级项目建设, 解决不同层级间的共享协同。这些措施在系统互联互通、资源共享、业务协同方面发挥了积极作用。

2018 年 4 月 24 日下午, 习近平总书记赴三峡大坝考察, 详细了解三峡工程建设、发电、水利、通航、生态保护等方面的情况, 并强调大国重器必须掌握在自己手里, 要通过自力更生，倒逼自主创新能力的提升。

2019 年 1 月 15 日，水利部召开全国水利工作会议，会议明确将"水利工程补短板，水利行业强监管"作为当时和之后一个时期水利改革发展的总基调。2019 年 7 月 25 日，水利部发文《水利部关于印发加快推进智慧水利的指导意见和智慧水利总体方案的通知》（水信息〔2019〕220 号），为智慧水利建设提供了指导意见。

2021 年 4 月 16 日—18 日，水利部党组书记、部长李国英调研三峡工程和三峡库区时强调，从大时空、大系统、大担当、大安全四个方面着手，管理运行三峡水库这篇"大"文章。一是要充分考虑长江流域洪水发生的"大时空"特性，充分发挥处于控制性地位的三峡工程的防洪功能；二是要将三峡工程置于全流域水利工程体系的"大系统"中，针对不同类型洪水过程，进行系统联合调度；三是要超前精准研判全流域水情，让三峡工程在流域防洪和水资源保障的最关键时刻成为"大担当"者；四是要强化"大安全"意识和底线思维，超前分析研判并有效防范和化解各类风险隐患，确保工程安全、信息系统安全、库容安全、库区地质安全、水质安全、防洪安全、供水安全、航运安全、河道安全、生态安全。

"十四五"期间，为更好地适应新时期新形势下的国家信息化建设总体要求和水利现代化事业推进客观需要，水利信息化运用"物联网""云计算""大数据"等信息新技术，推进湖北三峡库区水利信息化资源整合共享，优化资源配置，提升投资效益，强化履职能力，构建一个互联互通、信息共享及协同应用的智慧水利综合管理平台，推动"数字水利"向"智慧水利"转变，促进水利事业又好又快地科学发展。

1.3.2　社会背景

截至 2017 年底，在信息采集与工程监视方面，全国省级以上水利部门各类信息采集点达 42 万处，全国县级以上水利部门共有视频监视点 118539 个，其中共享接入 64080 个；在水利业务网方面，全部省级、地市级及 86.89% 县级水利部门实现了联通；在水利通信方面，全国县级以上水利部门共配置通信卫星设备 2731 台（套），北斗卫星短报文传输报汛站达到 7900 多个，应急通信车 68 辆；在计算存储方面，初步建成了水利部基础设施云，形成了"异地三中心"的水利数据灾备总体布局，全国省级以上水利部门共配备各类服务器 7213 台（套），存储能力达 3.3PB；在水利视频会议系统方面，建立了覆盖 7 个流域机构、32 个省级、337 个地市级、2262 个区县级水利部门和 15828 个乡镇的水利视频会商系统。

水利部通过历年来的水利信息化重点工程建设，第一次全国水利普查、水资源调查评价等专项工作，以及各项日常工作，产生和积累了大量的水利专业数据。截至 2017 年底，全国省级以上水利部门存储的各类信息资源约 1.9PB。同时，依托这些信息化重点工程建设，不断深化水利业务应用水平，并向基层水利部门拓展。国家防汛抗旱指挥系统二期主体工程基本完成，提升了我国水旱灾害和突发水事件的处置能力。国家水资源监控能力建设二期项目有序推进，支撑了最严格水资源管理和三条红线考核。国家地下水监测工程主体工程全面完成，全国河长制湖长制管理信息系统正式运行，水利工程建设与管理业务应用投入运行。水土保持、水利安全生产监督管理、电子政务等重要信息系统持续推进。水利业务应用体系不断完善，有力支撑水利改革与发展。

1.3.3 技术背景

近年来，水利各部门相继开展了对新一代信息技术的探索应用。水利部搭建了基础设施云，实现计算、存储资源的池化管理和弹性服务，有力支撑了国家防汛抗旱指挥系统等 13 个项目的快速部署和应用交付。黄河水利委员会利用云计算和大数据技术，围绕突发事件实现了对水情、工情和位置等信息的自动定位和展现。无锡水利部门利用物联网技术，对太湖水质、蓝藻、湖泛等进行智能感知，实现蓝藻打捞及运输车船的智能调度，提升了太湖治理的科学水平。浙江水利部门在舟山应用大数据和"互联网＋"技术，及时掌握台风防御区的人员动态情况，并结合台风路径、影响范围等信息，自动通过短信等方式最大范围地发布台风预警和提醒息，为科学决策和有效指导人员避险、财产保护等提供有力支撑。

1. 智能感知技术

利用先进的信息传感系统和设备，如无线传感器网络等，可实时监测、采集和分析防洪、排涝、水利工程等各类信息。想要获取水工建筑物的数据或是水文测站的信息，可以通过射频识别技术的应用对水工建筑物和水文测站设备等进行射频识别，即可自动获取系统所需的相关数据。将无线传感器网络嵌入各区域的集成化微型传感器，就能进行实时监测、感知和采集有关区域的各方面信息，采集的数据会通过无线网络传播出去。智能感知技术的应用有助于人们及时掌握和了解水利方面的信息。

2. 物联网技术

物联网（Internet of Things，IoT）是互联网、传统电信网等信息承载体，是能够在所有具有独立功能的普通物体之间实现互联互通、资源共享的网络，也可以说是物物相连的互联网。物联网的应用范围十分广泛，它在水利流域中的主要作用就是将网络装备嵌入水质监测断面、供水系统、输水系统、水文测站等水利工程中，将它们相互连接，就会形成"流域物联网"。

3. 云计算与云存储技术

在大数据时代的背景下，云计算与云存储技术在各领域的应用十分广泛。通过虚拟化、宽带网络等技术将互联网资源转换到所需的无线应用平台上，用户根据个人需求登录平台，就能够获取自己所需的信息。通过云计算的应用，可以将涵盖范围广的流域模拟程序分解为很多小的子程序，然后通过计算机网络进行系统搜索、计算、处理，再将处理结果回传给用户。通过云存储技术的应用，水利流域中海量的数据，如实验数据、历史数据和实时数据，还有流域中的自然、环境等数据，这些海量的数据存储就不用局限于硬盘空间。

"智慧水利"建设是全国性的问题。水利行业是我国基础产业，需要优先发现并实现可持续发展，从而有利于保障国民经济建设。"智慧水利"建设应在国家、水利部门的统一规划、统一领导的前提下进行联合建设，遵循"智慧水利"建设的基本方针，实现水利信息共享，推动水利事业的发展和水利建设技术的优化，促进我国社会经济建设和公共服务水平。"智慧水利"的建设要适应社会经济基础建设和基础产业的地位。构建统一、协调的水利工程管理机制，加强水资源保护工作，对各区域的防洪、排涝、供水、水土保持、地下水回灌等实施有效的规划和管理。在对"智慧水利"建设进行规划时要结合当地实际需求，同时还要考虑到长期发展的目标。提高"智慧水利"建设项目的服务水平，重视水资源保护，通过利用已有资源，循序渐进地完善水资源管理体系。在"智慧水利"项目建设中，结合现代信息技术的合理应用，保证水利工程的正常和稳定运行。利用现有的信息资源，进行优化整合，建立共建共享机制，实现信息资源共享，不断提高工作人员的专业水平和综合素质，加强专业人员队伍建设，推进水利事业的可持续发展。

虽然我国"智慧水利"的发展非常迅猛，在各领域中的应用也非常广泛，但是在"智慧水利"的建设和应用过程中还是存在一些问题。较常见的问题是比较重视"智慧水利"，但对"智慧水利"的应用有所忽视，应用效率普遍较低；重视"智慧水利"的硬件设施和装备，但忽视应用软件的开发。随着"智慧水利"项目在浙江、广东等地逐渐开展，不少省市为了追赶"潮流"，不惜花费大量的财力、物力和人力，加强"智慧水利"建设，配备先进的设备建立"智慧水利"，却忽视了应用平台的开发和利用。各单位呈现一种各自为营的局面,各单位信息资源不愿意与其他单位共享,造成信息孤岛现象的产生,信息应用效率非常低,甚至出现综合应用为 0 的尴尬局面。还有些"智慧水利"项目建设完成后,没有及时更新信息内容,辅助决策类和统计分析类系统应用配备不足,工作人员的专业水平不高,不能满足水利工程管理的需求,从而导致这些"智慧水利"项目几乎成了摆设,不仅浪费时间,还浪费了大量的资金。

第 2 章

水利智慧的实现

2.1 水利的智慧源泉：AI

2.1.1 人工智能

人工智能的定义可以分为两部分，即"人工"和"智能"。"人工"比较好理解，争议性也不大。有时，我们会要考虑什么是人力所能及的，或者人自身的智能程度有没有高到可以创造人工智能的地步，等等。但总的来说，"人工系统"就是通常意义下的人工系统。

关于什么是"智能"，这涉及其他诸如意识（Consciousness）、自我（Self）、思维（Mind）（包括无意识的思维，Unconscious Mind）等问题。人唯一了解的智能是人本身的智能，这是普遍认同的观点。但是我们对我们自身智能的理解都非常有限，对构成人的智能的必要元素也了解有限，所以就很难定义什么是"人工"制造的"智能"了。因此，人工智能的研究往往涉及对人的智能本身的研究。其他关于动物或其他人造系统的智能也普遍被认为是人工智能相关的研究课题。人工智能在计算机领域内得到了愈加广泛的重视，并在机器人、经济政治决策、控制系统、仿真系统中得到应用。

尼尔逊教授对人工智能下了这样一个定义："人工智能是关于知识的学科——怎样表示知识以及怎样获得知识并使用知识的科学。"而另一个麻省理工学院的温斯顿教授认为："人工智能就是研究如何使计算机去做过去只有人才能做的智能工作。"这些说法反映了人工智能的基本思想和基本内容，即人工智能是研究人类智能活动的规律，构造具有一定智能的人工系统，研究如何让计算机去完成以往需要人的智力才能胜任的工作，也就是研究如何应用计算机的软、硬件来模拟人类某些智能行为的基本理论、方法和技术。

人工智能是研究使计算机来模拟人的某些思维过程和智能行为（如学习、推理、思考、规划等）的学科，主要包括计算机实现智能的原理、制造类似于人脑智能的计算机，使计算机能实现更高层次的应用。人工智能将涉及计算机科学、心理学、哲学和语言学等学科。可以说几乎是自然科学和社会科学的所有学科，其范围已远远超出了计算机科学的范畴，人工智能与思维科学的关系是实践和理论的关系，人工智能是处于思维科学的技术应用层次，是它的一个应用分支。从思维观点看，人工智能不仅限于逻辑思维，要考虑形象思维、灵感思维才能促进人工智能的突破性的发展，数学常被认为是多种学科的基础科学，数学也进入语言、思维领域，人工智能学科也必须借用数学工具，数学不仅在标准逻辑、模糊数学等范围发挥作用，数学进入人工智能学科，它们将互相促进而更快地发展。

20 世纪 50 年代到 60 年代初是人工智能发展的初级阶段。这一时期的研究主要集中在采用启发式思维和运用领域知识，编写了包括能够证明平面几何定理和能与国际象棋大师下棋的计算机程序。开创具有真正意义的人工智能研究是 1956 年 McCarthy 决定把 Dartmouth 会议用人工智能来命名。在图灵（Alan Turing）所著的《计算机器与智能》中，讨论了人类智能机械化的可能性并提出了图灵机的理论模型，为现代计算机的出现奠定了理论基础；与此同时，该文中还提出了著名的图灵准则，现已成为人工智能研究领域中最重要的智能机标准。同一时期，Warren Me Culloeli 和 Walter Pitts 发表了《神经活动内在概念的逻辑演算》，该文证明了一定类型的、可严格定义的神经网络，原则上是能够计算一定类型的逻辑函数的，开创了人工智能研究的两大类别，即符号论和联结论。自 1963 年后，人们开始尝试使用自然语言通信。这标志着人工智能的又一次飞跃。如何让计算机理解自然语言、自动回答问题、分析图像或图形等成为 AI 研究的重要目标。由此，AI 的研究进入了第二阶段。20 世纪 70 年代，在对人类专家的科学推理进行了大量探索后，一批具有专家水平的程序系统相继问世。知识专家系统在全世界得到了迅速发展，它的应用范围延伸到了各个领域，并产生了巨大的经济效益。20 世纪 80 年代，AI 进入以知识为中心的发展阶段，越来越多的人认识到知识在模拟智能中的重要性，围绕知识表示、推理、机器学习，以及结合问题领域知识的新认知模拟进行了更加深入的探索。目前，人工智能技术正在向大型分布式人工智能及多专家协同系统、并行推理、多种专家系统开发工具，以及大型分布式人工智能开发环境和分布式环境下的多智能体协同系统等方向发展。

2.1.2 机器学习

机器学习是一门多领域交叉学科，涉及概率论、统计学、近似理论和算法复杂度理论等知识。机器学习是使用计算机作为工具，致力于真实、实时地模拟人类学习方式，对现有内容进行知识结构划分，以有效提高学习效率。

人的学习有两种基本方法：一个是演绎法，一个是归纳法。这两种方法分别对应人工智能中的两种系统：专家系统和机器学习。所谓演绎法，是从已知的规则和事实出发，推导新的规则、新的事实。这对应于专家系统。专家系统是早期的人工智能系统，它也称为规则系统。找一组某个领域的专家，如医学领域的专家，他们会将自己的知识或经验总结成某一条条规则，例如某个人体温超过37℃、流鼻涕、流眼泪，那么他就是感冒，这就是一条规则。当这些专家将自己的知识、经验输入到系统中，这个系统便开始运行，每遇到新情况，会将之变为一条条规则。当将事实输入到专家系统时，专家会根据规则进行推导、梳理，并得到最终结论。这便是专家系统。而归纳法是对现有样本数据不断地观察、归纳、总结出规律和事实。它对应机器学习或统计学习系统，侧重于统计学习，即从大量的样本中统计、挖掘、发现潜在的规律和事实。

机器学习是人工智能及模式识别领域的共同研究热点，其理论和方法已被广泛应用于解决工程应用和科学领域的复杂问题。2010年的图灵奖获得者为哈佛大学的 Leslie Vlliant 教授，其获奖工作之一是建立了概率近似正确（Probably Approximately Correct，PAC）学习理论；2011年的图灵奖获得者为加州大学洛杉矶分校的 Judea Pearll 教授，其主要贡献为建立了以概率统计为理论基础的人工智能方法。这些研究成果都促进了机器学习的发展和繁荣。

机器学习是研究怎样使用计算机模拟或实现人类学习活动的科学，是人工智能中前沿的研究领域之一。自20世纪80年代以来，机器学习作为实现人工智能的途径，在人工智能界引起了广泛的关注。特别是近十几年来，机器学习领域的研究工作发展很快，它已成为人工智能的重要课题之一。机器学习不仅在基于知识的系统中得到应用，而且在自然语言理解、非单调推理、机器视觉、模式识别等许多领域也得到了广泛应用。一个系统是否具有学习能力已成为是否具有"智能"的一个标志。机器学习的研究主要分为两类：第一类是传统机器学习的研究，该类研究主要是研究学习机制，注重探索模拟人的学习机制；第二类是大数据环境下机器学习的研究，该类研究主要是研究如何有效利用信息，注重从巨量数据中获取隐藏的、有效的、可理解的知识。

机器学习历经70多年的曲折发展，以深度学习为代表借鉴人脑的多分层结构、神经元的连接交互信息的逐层分析处理机制，自适应、自学习的强大并行信息处理能力，在很多方面收获了突破性进展，其中最有代表性的是图像识别领域。

机器学习的目标就是在一定的网络结构基础上，构建数学模型，选择相应的学习方式和训练方法，学习输入数据的数据结构和内在模式，不断调整网络参数，通过数学工具求解模型最优化的预测反馈，提高泛化能力、防止过拟合。机器学习算法主要是指通过数学及统计方法求解最优化问题的步骤和过程。

2.1.3 深度学习

深度学习（Deep Learning，DL）是机器学习（Machine Learning，ML）领域中一个新的研究方向，它被引入机器学习使其更接近于最初的目标——人工智能（Artificial Intelligence，AI）。

深度学习是学习样本数据的内在规律和表示层次，在学习过程中获得的信息对诸如文字、图像和声音等数据的解释有很大的帮助。它的最终目标是让机器能够像人一样具有分析和学习的能力，能够识别文字、图像和声音等数据。

深度学习在搜索技术、数据挖掘、机器学习、机器翻译、自然语言处理、多媒体学习、语音、推荐和个性化技术，以及其他相关领域都取得了很多成果。深度学习使机器模仿视、听和思考等人类活动，解决了很多复杂的模式识别难题，使得人工智能相关技术取得了很大进步。

2.2 智慧水利的眼睛：感知网络

2.2.1 传感器与物联网

传感器（Transducer/Sensor）是一种检测装置，能感受到被测量的信息，并能将感受到的信息，按一定规律变换为电信号或其他所需形式的信息输出，以满足信息的传输、处理、存储、显示、记录和控制等要求。传感器的特点有微型化、数字化、智能化、多功能化、系统化和网络化。它是实现自动检测和自动控制的首要环节。传感器的存在和发展，让物体有了触觉、味觉和嗅觉等感官，让物体慢慢"活"了起来。通常，根据其基本感知功能，可分为热敏元件、光敏元件、气敏元件、力敏元件、磁敏元件、湿敏元件、声敏元件、放射线敏感元件、色敏元件和味敏元件等十大类。

人们为了从外界获取信息，必须借助感觉器官。而单靠人们自身的感觉器官，在研究自然现象和规律以及生产活动中它们的功能就远远不够了。为适应这种情况，就需要传感器。因此可以说，传感器是人类五官的延长，所以它又被称为电五官。新技术革命以来，世界开始进入信息时代。在利用信息的过程中，首先要解决的就是要获取准确、可靠的信息，而传感器是获取自然和生产领域中信息的主要途径与手段。

传感器网络是物联网技术的核心组成部分，它是物联网技术应用不可或缺的技术。随着无线通信网络和信息化技术的快速发展，近年来，传感器正由传统学科逐渐向无线智能网络化方向扩展。无线传感器网络（Wireless Sensor Network，WSN）作为研究热点之一，涉及多个学科，因其具有灵活性、经济性和容错性等优势，应用价值很高，受到国内外学者的高度关注。《技术评论》将 WSN 评为对人类未来生活产生深远影响的十大新兴技术之一，并在社会各领域做了大量的研究，为 WSN 的推广应用奠定了基础。WSN 在水利行业的应用，目前还处于探索阶段，具有巨大的市场空间和应用价值，必将成为不可替代的关键角色。

传感器网络主要包括传感器节点、汇聚节点和管理节点，如图 2-1 所示。节点是组成 WSN 的基本单位，是构成 WSN 的基础平台。其中，传感器节点由传感单元、处理单元、通信单元以及电源模块组成。其中，前三个单元主要负责采集监测对象的信息及数据的初步处理，然后按照特定无线通信协议进行信息传输；电源模块负责节点的驱动，是决定网络生存期的关键因素，可根据需要采用无线传感器自带电源或配备电源适配器两种方式。

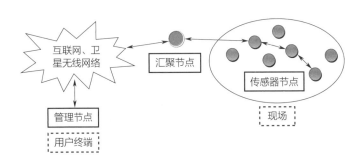

图 2-1　传感器网络示意图

无线传感器节点可根据需要布置在水库大坝、水电站、泵站及灌区等，其监测的水位、雨量、流量、水质及温/湿度等数据沿着其他节点逐跳地进行传输，经过多跳路由到达汇聚节点。汇聚节点将无线传感器节点收集到的信息汇集到一起。汇聚节点是传感器网络和互联网等外部网络的接口。它一方面将传感器节点接收到的信息发送给外部网络，另一方面向传感器节点发布来自管理节点的指令，起到中间桥梁的作用。管理节直接面向用户，通过管理节点对传感器网络进行合理配置和管理，发布监测任务以及收集监测数据。

物联网（Internet of Things，IoT）是指通过各种信息传感器、射频识别技术、全球定位系统、红外感应器、激光扫描器等装置与技术，实时采集任何需要监控、连接、互动的物体或过程，采集其声、光、热、电、力学、化学、生物、位置等各种信息，通过各类可能的网络接入，实现物与物、物与人的泛在连接，实现对物品和过程的智能化感知、识别和管理。物联网是一个基于互联网、传统电信网等的信息承载体，它让所有能够被独立寻址的普通物理对象形成互联互通的网络。

物联网是新一代信息技术的重要组成部分，意指物物相连、万物互联。因此，有"物联网就是物物相连的互联网"的说法。这有两层意思：第一，物联网的核心和基础仍然是互联网，是在互联网基础上延伸和扩展的网络；第二，其用户端延伸和扩展到了任何物品与物品之间，进行信息交换和通信。因此，物联网的定义是通过射频识别、红外感应器、全球定位系统、激光扫描器等信息传感设备，按约定的协议，把任何物品与互联网相连接，进行信息交换和通信，以实现对物品的智能化识别、定位、跟踪、监控和管理的一种网络。物联网技术在水利行业中的应用现状主要表现在以下几个方面。

1）在水利行业中物联网技术中的专业传感器技术已经较为成熟。水利工程大多数的工作都是在户外完成的，距离上跨度非常大，同时还具备一定的危险性，因此安全操作规范条例较为严格。我国从设置水利监测工作开始就提倡使用自动化和半自动化的监测技术来进行监测，这种技术可以很大程度上保证工作人员的安全性。另外，许多工作人员在不断地使用各种设备的过程中积攒了很多的工作经验，并且其对设备的功能、特点十分熟悉，可以为设备研究专家提供发展新型传感器等设备的意见。

2）水利监测工作中还融入了传感网络体系的应用。水利监测工作中的许多工作都需要使用传感网络体系，如水文和水质的监测、防洪抗旱、农业灌溉等。这些水利工作都需要使用相关的传感网络技术。为了及时地进行水利监测工作，我国已经建立了可以覆盖全国的水情管理网络，并且设置了专门进行各地水利信息收集的通信网络，对于我国水利工作信息化的开展具有十分积极的作用。

3）在我国还建成了一条相对完整的传感网络产业链。在水利行业中，传感监测网络技术得到了广泛的运用，并且迅速成了水利行业进行工作时所使用的重要技术之一，为水利工作的进行奠定了夯实的技术基础。另外，随着传感网络技术的迅速发展，与传感网络技术相关的软、硬件行业也得到了相应的发展。到目前为止，我国已经建成了完全的产业链条，而链条中的相关行业也进行了一定的自我发展。社会中的一些研究单位意识到这个产业链条的发展价值，正在投入精力进行一些先进技术的研发，并且期望通过过硬的产品来在这个产业链条中占据一定的地位。

物联网在水利行业中的应用发展可以从以下几个方面入手。

1）整合核心技术。为了更好地实现水利资源信息的收集与共享，需要综合运用物联网技术。其中，无线网络传感器、RFID、3S、MSTP、4G、云计算等技术是物联网技术的核心，这些技术整合在一起就可以实现系统的整体融合，实现水利信息共享的目的。为了能够使相关部门及时掌握全国各地的水利信息，可以利用物联网技术进行防旱抗洪、水质检测、水利建立与运行、水土保持监测与管理、水利信息等多个公共服务平台的建设，并且使这些公共服务平台具备全面而综合的水利信息资料，使社会、政府相关部门、各企业单位、个人都能够进行水利资料的查阅。

2）实现智能化管理。MSTP、3S、4G、云计算、智能感知技术是物联网技术实现智能化管理的重要技术。这些技术可以实现水利信息采集的智能化，提高工作人员的采集效率，还可以直接利用网络技术来进行水利信息的处理，并且可以直接进行网络化信息共享。除此之外，还能够使用信息监测与视频监控技术，及时发现水源污染。

3）建立水环境检测系统。部分企业为了实现经济效益最大化，枉顾生态环境保护需求，选择了污染水环境的生产方式，使得我国水资源污染现象十分严重，导致了水环境的恶化，破坏了周围的生态环境。基于这一情况，水环境保护部门已经提出利用物联网技术开展实时监控，加大对工业污染排放的监管力度。水利部门可以针对不同河段排污口的监管，掌握水资源的污染状况，保证水环境质量。另外，还可以设置智能计量的监控工作，这样可以减少水资源的浪费。并且可以使用物联网技术中的传感器与无线网通信设备来进行资料收集和整理工作，同时再通过这些设备进行信息的传递，方便工作人员准确地掌握水资源的使用情况。如果发生任何水资源的使用异常状况，工作人员就可以及时地进行检查。

4）收集水质信息。物联网技术的应用让工作人员全面掌握数字水资源的水质情况，为相关部门进行水资源的利用与管理提供资料支持。相关部门可以利用物联网建立信息采集系统、水雨情信息采集系统、灾情信息采集系统等信息系统，且通过不同系统中的警报功能来实现防旱、防风、防汛的预防。利用信息采集系统，工作人员可以根据实际需求了解某一流域的水资源的状况，将水资源当时的雨水状况、旱灾状况、洪灾状况等状况整合起来，形成数字化的信息环境平台，为进行决策提供全面、可靠的数据。在防洪灾害方面，水利部门可以利用物联网建设雨水收集系统和预警信息发布系统，通过不同系统的协调运作来实现防洪预警功能，以便工作人员及时调整工作计划，减轻灾情带来的损失。

2.2.2 BIM 与数字孪生

1. BIM 技术

BIM（Building Information Modeling，建筑信息模型）技术，是通过综合各类建筑工程项目信息来建立三维建筑模型。应用 BIM 技术除能够建立建筑模型以外，更主要的是其应用会贯穿于建筑工程项目的整个生命周期，并进行了信息集合。BIM 技术拥有传统工作模式以及协同管理模式不具备的优势特点，改变了传统粗放型施工的弊端，实现了向先进集约型施工方式的转变。BIM 技术在施工控制和可视化模拟方面进行了创新，能够实现可视化效果设计、检验模型效果图、实现 4D 效果模型设计以及监控等功能。BIM 技术的出现掀起了建筑行业的一场信息技术变革，从此建筑行业变得更加精细化、高效化和统一化。因此，BIM 技术被誉为继 CAD 技术以后的最为重大的建筑技术革新。

BIM 技术的核心在于，通过三维虚拟技术进行数据库的创建，实现数据的动态变化和建筑施工状态的同步。BIM 技术可以准确无误地调用数据库中的系统参数，加快决策进程，最终实现建筑施工的全程控制，控制施工进度，节约资源，降低成本，提高项目质量和工作效率。

BIM 技术在 20 世纪末期被提出，随着信息技术的发展，近年在欧美发达国家得到快速推广与应用。有调查表明，在欧美等发达国家的百强企业当中，超过八成以上的企业都有应用 BIM。同时，欧美发达国家也出台了相应的 BIM 技术实施标准等规章制度。

而我国应用 BIM 技术起步相对较晚，尚处于发展初期，在我国建筑施工企业中其应用率不足 10%。但值得庆幸的是，在"十一五"国家科技支撑计划重点项目《现代建筑设计与施工关键技术研究》中，明确提出要把 BIM 技术作为重点技术项目加以研究，同时要求构建具有中国特色的并适应国际标准的 BIM 规范标准。之后，在"十二五"发展规划中，也将 BIM 技术作为了建筑信息化发展的重点内容，并将数字城市建设作为建筑科技发展的总体目标，而其中 BIM 技术的应用将直接关系到目标能否实现。

通过近年来的建筑施工实践可以表明，我国已经具备 BIM 技术应用的成功案例，例如上海中心大厦、奥运"水立方"场馆以及世博场馆等大型复杂建设项目取得的成果均较为显著。BIM 技术因具有诸多的优势而被广泛应用在建筑工程建设中，但在水利工程中，BIM 技术的应用依然不成熟。在水利工程中引入 BIM 技术，能够提升设计、施工效率，优化设计、施工质量。因此，对 BIM 技术在水利工程中的应用进行探析具有重要的实践意义。

BIM 技术是提升水利工程建设质量的重要举措，有助于解决水利工程施工中存在的协调性不强、建设质量把控不严等问题，尤其是在设计阶段，BIM 技术的应用能够有效地避免因意图领会不到位而出现的设计问题。此外，BIM 技术的应用，还能节约建设成本，提升水利工程建设项目的经济效益。同样，BIM 技术的应用还可以实现人力资源管理的最优化，为水利工程建设的高效管理提供助力。

BIM 技术可以利用三维协同设计平台进行工程数量及造价等信息的输入/输出控制，将指标和投资与 BIM 模型相结合，提高 BIM 技术的应用拓展功能。

1）利用 BIM 技术进行方案投资比选。例如，利用铁路投资编制软件完成某项目的估概算之后，可以将综合指标导入协同平台，建立分部分项工程与指标的对应关系，利用指标快速估算出工程比较方案供有关人员参考。

2）利用 BIM 技术快速形成不同工点的投资对比。BIM 与投资指标关联，利用 BIM 技术可以截取任何设计范围或工点进行投资对比，大大提高了效率。

3）利用 BIM 技术快速编制变更设计。在 BIM 平台中建立分部分项工程与预算指标的接口，依据变更设计范围，可以利用 BIM 技术快速计算出变更前后的工程数量，通过关联的对应指标，快速形成变更前后的投资。

2. 数字孪生

数字孪生（Digital Twin）也称为虚拟数字产品或数字双胞胎，它以数字化的方式建立物理实体的多维、多时空尺度、多学科、多物理量的动态虚拟模型，来仿真和刻画物理实体在真实环境中的属性、行为和规则等。

数字孪生的概念源于 2003 年 Grieves 教授在密歇根大学的产品生命周期管理（Product Life-cycle Management，PLM）课程上提出的"与物理产品等价的虚拟数字化表达"思想。它早期主要被应用在军工及航空航天领域。例如，NASA 基于数字孪生开展了飞行器健康管控应用，洛克希德·马丁公司将数字孪生引入 F-35 战斗机的生产过程中，用于改进工艺流程，提高生产效率与质量。在引入这一概念时，现实物理产品的数字表示是相对较新和不成熟的，在当时并没有引起足够的重视。随着传感技术、软硬件技术水平的提高和计算机运算性能的提升，数字孪生的概念得到了进一步发展，尤其是在产品、装备的实时运行监测方面。

数字孪生是充分利用物理模型、传感器更新、运行历史等数据，集成多学科、多物理量、多尺度、多概率的仿真过程，在虚拟空间中完成映射，从而反映相对应的实体装备的全生命周期过程。数字孪生是一种超越现实的概念，可以被视为一个或多个重要的、彼此依赖的装备系统的数字映射系统。由于数字孪生具备虚实融合与实时交互、迭代运行与优化，以及全要素、全流程、全业务数据驱动等特点，目前已被应用到产品生命周期各个阶段，包括产品设计、制造、服务与运维等。

近年来，随着物联网、大数据、模拟仿真等技术的快速发展，如何借助新一代信息技术、推进水利资源发展、提升水利系统配置、开发水利信息共享平台、加强网络和大数据与水利业务的有效融合是我国提出的水利信息化发展"十三五"规划总目标之一。实现该目标的瓶颈之一是如何实现水利世界和信息世界之间的交互融合，数字孪生作为实现物理世界与信息世界实时交互和融合的一种有效方法，受到了广泛的关注和重视，它被认为具有巨大的发展潜力。

在水利水电工程地质勘查领域，融合 BIM、GIS、GPS、倾斜摄影等技术手段，结合大数据、云平台、物联网、移动互联等新一代信息技术，构架数字孪生工程地质勘查应用体系，为工程建设各个阶段提供全方位的真实地质三维实景环境，工程地质及其他专业人员在统一的地质场景下实现地质数据的实时传输与共享、地质成果的快速转化、地质问题及时上报与处理、地质资源的智能查询等工作任务，提高地质生产数字化、信息化、智能化水平。

数字孪生技术可应用于水利工程的设计阶段。通过建立虚拟模型对设计方案进行可视化呈现，解决多专业协同工作的问题，针对施工过程中的关键位置和复杂部位，结合施工现场的环境和条件，提供可视化的模拟，使相关工作人员能够清楚地了解整个施工过程，并且能够结合施工过程中所出现的问题对设计方案不断地进行优化，以提高工作效率。

在对水利工程运行管理中，可利用数字孪生技术分析水利工程运行管理现状及存在的不足，深入探讨其运行机制、实施方案和相关技术，以完成水利工程的智能运行。

2.2.3　AI 监测技术

AI 监测技术以先进计算机应用技术为核心，是对人类智慧与思维模式的模拟和延伸，能够帮助人类解决各类现实复杂问题，其显著特征就是具有智能性和针对性。相较于人类大脑思维来说，人工智能思考方式具有更好的科学性与准确性，能够帮助人们大大提升工作质量和效率。

将 AI 监测技术应用在现代水利工程管理工作中，不仅能够有效提升水利工程管理水平，还可以降低管理人员的工作量，避免因人工操作失误而导致水利安全事故的发生。水利工程管理单位通过将 AI 监测技术与各项管理工作有机结合在一起，能够让运营管理工作变得更加科学、规范、合理，促进水利工程管理各个环节有条不紊地进行。

AI 监测技术在水利工程管理中的实践应用主要包括以下几个方面。

1）水利工程动态模拟及预测。《水利工程管理发展战略》一书中强调，在水利工程管理工作中，动态模拟及预测是一项重要的工作内容，该项工作的顺利开展能够帮助工作人员有效提升水利工程管理工作的预设性与先导性，促使水利工程管理工作难度降低，并帮助水利工程管理单位最大限度地缩减管理工作的整体成本。

水利工程管理单位通过合理应用先进的 AI 监测技术，能够满足水利工程管理工作对动态模拟及预测的各项工作要求，管理人员能够实时掌握水利工程的各项运行数据，并构建出完善的水利工程管理动态模型，模拟水利工程的动态变化情况，保证管理人员清晰观察到水利工程管理整个工作流程，结合各环节中可能存在的问题及时采取控制措施，避免隐患问题带来的损失。除此之外，水利工程管理人员还可以科学运用人工神经网络技术实现对管理工程的科学预测。在人工神经网络技术应用的辅助下，能够对那些影响水利工程管理工作的各项因素与环境条件展开科学分类处理，并整理成实际相关数据，搭建出一个完整的神经网络，方便管理人员对数据提取使用，及时对数据进行深入分析并发现可能出现的故障，安排专业技术人员进行检修与维护。

2）水利工程管理中遗传算法的应用。《水利工程管理发展战略》一书提出，在水利工程管理工作中，遗传算法的合理运用能够帮助管理人员实现对水利工程数值模型的优化。水利工程管理人员可以将遗传算法当作着手点，帮助自己在最短时间内发现问题并处理问题，推动管理工作各个环节顺利进行。在水利工程管理中应用遗传算法，首先要完成对遗传算法编码工作的科学设定，充分保障编码工作的全面性、完善性以及便捷性，促使遗传算法稳定持续运行。除此之外，遗传算法在水利工程管理中的应用还需与地理条件相结合，合理使用地理信息中的空间数据，有效提升遗传算法的现实分类水平与空间数据处理技术水平。

水利工程管理人员通过利用遗传算法还可以完成对水利工程运行过程的实时监督，管理人员只需根据水利工程的实际发展情况优化选择对应的监督管理方式，就能充分保障水利管理工作的实效性。

监测设备嵌入了相关算法后，这个设备就拥有了人所具有的基本能力，如观察、思考、学习、创造等。AI 监测设备可应用于水务管理系统中对河湖、水面图像进行有效评估和分类归档。卷积神经网络技术是受人脑神经系统对事物感知的启发而提出的。由于卷积神经网络中神经元之间局部连接，在提取样本特征值时可以做到权值共享，大大减少了神经网络的复杂度，计算量小，且不需要复杂的预处理，可以直接输入图像样本。在深度学习算法中，卷积神经网络技术可以有效利用这些优势，从而大大提高 AI 水利监测的效率。

2.3　智慧水利的大脑：云与大数据

2.3.1　云计算的概念

随着计算机技术的发展，云计算技术应运而生，它是虚拟化技术、数据存储和管理技术、效用计算、并行计算、分布式计算等融合发展的产物。云是互联网的一种形象说法，云计算是一种全新的计算与服务模式，指的是借助互联网技术，整合处理庞大的数据信息资源，并根据用户需求通过服务器将处理结果发送给用户的处理过程。

当前，云计算已经得到学术界和工业界的极大关注与大力推动，取得很多成果，如 Apache 的 Hadoop、桉树 Eucalyptus、Amazon 的弹性计算云 EC2 等。并且，云计算也在很多领域得到应用，如生物信息计算、语义分析应用、病毒处理和高性能计算等。

对于云计算，当前尚未有统一的定义和规约。美国国家标准技术研究所（NIST）信息技术实验室给出了一个综合的定义，即云计算是一种记次付费的模式，该模式能通过可用的、方便的、随需的网络来访问资源可动态配置的共享池，该共享池包括网络、服务器、存储、应用和服务等。并且，资源可配置的共享池可以通过最少的管理或与服务提供商的交互来实现资源的快速配置和释放。其中所包含的弹性、共享、随需访问、网络服务及记次收费是云计算的关键要素。

云平台使资源高度共享，大大提升了软、硬件使用效率，因此云计算能够高效、迅速地在很短的时间内处理海量信息。云计算的主要结构有数据资源、大数据处理和终端的处理。云计算能够整合网络、存储、计算和服务等资源，简化工作人员管理操作业务，按需合理、快速分配资源，实现自动化管理。

云计算技术的应用从根本上改变了我国水利信息化管理与服务模式，为我国水利行业进行资源整合与共享提供了新思路，为我国水利行业信息化建设提供了新动力。因此，云计算在我国水利信息化建设中的应用有助于推动"数字水利"向"智慧水利"转变，也是我国进行水利信息资源整合与共享的必然要求。在利用云计算技术的基础上进行水电工程的信息化建设，不仅可以提升水电工程的进度与质量，还可以实现对水电工程的远程管理。合理利用云计算技术不仅可以降低水电工程信息化建设中的成本，还可以充分促进社会对于水电工程管理软件的开发，真正意义上推动了水电工程信息化的建设。

云计算在现阶段不仅可以在流域高精度层面进行广泛的应用，而且也可以在多尺度的实时模拟演算维度进行仿真模拟。对较大区域范围进行计算，或是对广泛区域的河流计算，以及二维水动力模型或是三维的水动力模型，已经循环渐进地向分布式模型进行转换。在对河流水循环模拟时，可以利用云计算技术中的网络分布式计算实施，将复杂的二维水动力学或是三维水动力学及其伴生过程模型进行拆分，同时将拆分的多个子程序分别进行计算而且是同步进行。

在进行云计算模型开发设置时，要充分考虑模型的适用性，使其能够在大多数地区和部门之间使用。云计算模型还要具有前瞻性，能够随着客户需求变化而进行实时调整，适应大数据时代的要求，使其能够在未来较长一段时间内使用。

云计算在水利信息化中的应用能够将分散的信息资源整合共享，优化资源分配，减少能耗。水利信息云系统能够为水利工作提供便利的技术支撑，显著提高水利管理能力，推动我国"数字水利"向"智慧水利"的转变。

2.3.2　云体系架构

智慧水利建设是智慧社会建设的重要组成部分。基于新一代信息技术在水利行业的广泛应用，为探究智慧水利体系构建思路与相关技术，需要分析智慧水利发展现状与具体需求，确定智慧水利核心要素，运用基于设计的研究方法构建了智慧水利体系架构。并对物联感知、大数据、数值分析、水利模型、水力模型与 BIM＋VR 等关键技术在支撑智慧水利建设过程中的支撑作用进行了探讨。智慧水利体系的研究对提升传统水利水务常态化工作的便捷化、高效化、智能化有着重要的指导意义。

智慧水利体系可按照经典的云计算架构进行设计，包括基础设施服务层（IaaS）、平台服务层（PaaS）、软件服务层（SaaS）。利用虚拟化集群、计算优化调度、WebService、类 OpenMI 封装、组件与工作流及多维多场后处理技术，实现了平台 IaaS 层面向模型串、并行计算资源虚拟化、PaaS 层的模型组件耦合调度与 SaaS 层的前后处理模式灵活选取，实现了多模型在云服务平台上多用户、多类型的计算应用。IaaS 层提供硬件基础设施部署服务，为用户按需提供实体或虚拟的计算、存储和网络等资源，采用 XenServer 实现服务器虚拟化和基础设施管理，包括虚拟服务器、计算池、计算集群和存储等。PaaS 层部署了面向基础设施的资源管理器和服务运行环境，采用 XenDesktop 实现桌面虚拟化，采用 XenApp 实现多用户共享应用程序，提供了水利数值模拟的标准模型库、丰富的前后处理工具库进行模型组件管理，所有的模型在调度后进行基于 OpenMI 标准接口的封装。面向单模型串行和并行计算时，将基于不同业务需求调度虚拟资源池进行优化计算。SaaS 层主要部署了基于标准模型库和前后处理工具库的各类水利仿真服务云簇，提供包括模型评测、模型计算、结果显示和方案比选等服务，用户可以根据自己的业务需要遴选合适的模型和前后处理工具包，高效定制业务流程；还提供了多终端的访问机制，将传统单机烦冗复杂的程序调试模式转变为浏览器和移动终端模式。

在该体系架构下，可及时收集各类江河湖泊、水利工程与水务工作所产生的实时数据，并通过水利大数据中心对各类数据进行梳理与清洗，再运用相应算法模型生成可供管理者进行决策辅助的可视化结果，在提高水利工作高效性的同时，也能促进相关水利监控、管理与实施的智能性。云体系架构的确定，不仅能够促进水利水务的信息化发展，也为未来水利行业数字化建设提供了良好的结构支撑。智慧水利体系并非一个结构固定的封闭体系，随着信息技术的不断发展，研究需要不断融入新技术与新思想，以便智慧水利工程的建设呈良性的可持续发展状态。

2.3.3 云服务

云服务是基于互联网的相关服务的增加、使用和交互模式，通常涉及通过互联网来提供动态易扩展且经常是虚拟化的资源。云是网络、互联网的一种比喻说法。过去在图中往往用云来表示电信网，后来也用来表示互联网和底层基础设施。云服务指通过网络以按需、易扩展的方式获得所需服务。这种服务可以是 IT 和软件、互联网相关，也可是其他服务。它意味着计算能力也可作为一种商品通过互联网进行流通。

云服务能够整合和完善计算机设备通过网络向用户提供优质服务，云服务的服务模式主要分为基础资源即服务（IaaS）、平台即服务（PaaS）和软件即服务（SaaS）。目前，主要有公有云、私有云和混合云三种云服务类型。通常来说，由若干企业或者用户共享的云环境称为公有云；企业或组织单独使用的云环境称为私有云；混合云是公有云和私有云的混合。因为公有云容易泄露信息，安全性较差，所以当前大多企业或者用户主要使用私有云或者混合云。

云服务将云计算的各种特征应用于应用服务的存储、建模、分析处理等要素中，通过网络向用户提供系统功能服务、地图服务、应用接口服务，以一种更加友好的方式，高效率、低成本地使用智慧水利涉及的信息资源。云服务是一个集中的信息存储环境和以服务为基础的系统信息应用平台。

云服务技术可以最大化资源的利用率，降低使用资源的成本。云服务可根据用户需求的变化动态调整各种资源的配置，使业务操作变得更加连贯顺畅。在云服务环境下，用户原有的硬件财力投入变成支付云服务商的运行成本，使得用户业务可操作性更加灵活。云服务技术将各种复杂的环境搭建、技术支持及管理工作转移到云服务商身上，使用户可以更加专注于自身的业务制定。

目前，我国正处于深化水利改革的攻坚期，构建水利信息云系统尤为重要，在水利信息云系统建设中要规范化、标准化，增强其适用性、可靠性和通用性。国家、地方和专业技术人员等应多方合作，共同建设便捷、高效、安全的水利信息云系统，促进水利信息化的发展。

2.3.4 边缘计算

边缘计算，是指在靠近物或数据源头的一侧，采用网络、计算、存储、应用核心能力为一体的开放平台，就近提供最近端服务。应用程序在边缘侧发起，产生更快的网络服务响应，满足行业在实时业务、应用智能、安全与隐私保护等方面的基本需求。边缘计算处于物理实体和工业连接之间，或处于物理实体的顶端。而云端计算，仍然可以访问边缘计算的历史数据。

边缘计算并非是一个新鲜词。作为一家内容分发网络，CDN 和云服务的提供商AKAMAI，早在 2003 年就与 IBM 合作"边缘计算"。作为世界上最大的分布式计算服务商之一，当时它承担了全球 15% ~ 30% 的网络流量。在其一份内部研究项目中即提出"边缘计算"的目的和解决问题，并通过 AKAMAI 与 IBM 在其 WebSphere 上提供基于边缘（Edge）的服务。对物联网而言，边缘计算技术取得突破，意味着许多控制将通过本地设备实现而无须交由云端，处理过程将在本地边缘计算层完成。这无疑将大大提升处理效率，减轻云端的负荷。由于更加靠近用户，还可为用户提供更快的响应，将需求在边缘端解决。

在国外，以思科为代表的网络公司以雾计算为主。严格讲，雾计算和边缘计算本身并没有本质的区别，都是在接近于现场应用端提供的计算。就其本质而言，都是相对于云计算而言的。无论是云、雾还是边缘计算，本身只是实现物联网、智能制造等所需要的计算技术的一种方法或者模式。

边缘计算模型将原有云计算中心的部分或全部计算任务迁移到数据源的附近执行。根据大数据的 3V 特点，即数据量（Volume）、时效性（Velocity）、多样性（Variety），下面通过对比云计算模型为代表的集中式大数据处理和以边缘计算模型为代表的边缘式大数据处理时代不同数据特征来阐述边缘计算模型的优势。

在集中式大数据处理时代，数据的类型主要以文本、音/视频、图片以及结构化数据库等为主，数据量在 PB 级别，云计算模型下的数据处理对实时性要求不高。在万物互联背景下的边缘式大数据处理时代，数据类型变得更加丰富多样，其中万物互联设备的感知数据急剧增加，原有作为数据消费者的用户终端已变成了具有可产生数据的生产终端，并且边缘式大数据处理时代，对数据处理的实时性要求较高，此外，该时期的数据量已超过ZB 级。针对这些问题，需将原有云中心的计算任务部分迁移到网络边缘设备上，以提高数据传输性能，保证处理的实时性，同时降低云计算中心的计算负载。

为此，边缘式大数据处理时代的数据特征催生了边缘计算模型。然而，边缘计算模型与云计算模型并不是非此即彼的关系，而是相辅相成的关系，边缘式大数据处理时代是边缘计算模型与云计算模型的相互结合的时代，二者的有机结合将为万物互联时代的信息处理提供较为完美的软、硬件支撑平台。

智慧水利解决方案中可通过边缘计算、物联网关，连接供水设备及各类传感器数据至云平台，采用设备管理、计算资源管理及应用管理等功能，并通过接口与智慧供水管理系统对接，通过实时采集供水设备的运行数据，结合云端大数据分析平台，可实时监控供水设备状况和水质状况，全面了解供水设备各部件的"健康指标"，实现对供水设备的预防性维护，大幅提升供水设备正常运行时间，管理部门判断故障时间缩短 70%，节约人力维护成本 60%，保障供水质量。

2.3.5　智慧水利中的大数据

对于"大数据"（Big Data），研究机构 Gartner 给出了这样的定义：大数据是需要新处理模式才能具有更强的决策力、洞察发现力和流程优化能力来适应海量、高增长率和多样化的信息资产。麦肯锡全球研究所给出的定义是：一种规模大到在获取、存储、管理、分析方面大大超出了传统数据库软件工具能力范围的数据集合，具有海量的数据规模、快速的数据流转、多样的数据类型和价值密度低四大特征。

大数据技术的战略意义不在于掌握庞大的数据信息，而在于对这些含有意义的数据进行专业化处理。换言之,如果把大数据比作一种产业,那么这种产业实现盈利的关键,在于提高对数据的"加工能力",通过"加工"实现数据的"增值"。从技术上看,大数据与云计算的关系就像一枚硬币的正反面一样密不可分。大数据必然无法用单台的计算机进行处理,必须采用分布式架构,它的特点就在于对海量数据进行分布式数据挖掘。但它必须依托云计算的分布式处理、分布式数据库和云存储、虚拟化技术。

水利信息采集手段日新月异,随着各种轻量化、智能化、专业化的观测设备投入使用,观测体系得到进一步完善,再加上新媒体和智能手机的广泛普及,水利信息已经达到大数据量级。另外,水利领域的研究也越来越结合信息领域的新成果,正逐步形成一套区别于传统水利的新型方法体系,水利大数据已经形成。模型模拟是水利科学研究中的重要方法论之一。智慧水利有了模型,才能具有预报未来和支持决策的能力。此外,模型还可以是水利大数据的重要数据来源。在模型模拟动态运行过程中,利用数据同化技术融合多种观测数据,可以生成具有时空连续和物理一致性的数据集。全球对地观测系统(Global Earth Observation System of Systems,GEOSS)提倡共同建立和共享"观测技术—驱动模型—数据同化—监测预测"的研究框架。全球陆面数据同化系统(Global Land Data Assimilation System,GLDAS)、北美陆面数据同化系统(North American Land Data Assimilation System,NLDAS)和中国 GLDAS 等大型的数据同化系统被研发,极大地丰富了监测要素的可用数据源。

水利管理对象数量大、类型多、空间分布广、运行环境复杂、交织作用因素众多,对其进行全生命周期的精细化管控极其困难。将以关联分析为特点的水利大数据技术和以因果关系为特点的水利专业机理模型相结合,对海量多源的水利数据加以集成融合、高效处理和智能分析,并将有价值的结果以高度可视化方式主动推送给管理决策者,是解决水利对象精细化管控难题的根本途径。

在水利大数据应用中,数据是根本,分析是核心,利用大数据技术提高水治理效率是最终目的,应深度挖掘水利业务管理需求,整合水灾害、水资源、水环境、水生态、水工程等领域全息数据,全面布局水利大数据的基础理论和核心技术研究,加快推进大数据技术与水利的深度融合,支撑我国水治理彻底转型升级。

大数据技术融合 5G 技术将是我国发展的重要趋势,水利工程的后期发展也必将摆脱现有的工艺流程,而是运用大数据技术达到水利工程智能化、自动化、便捷化。虽然在现状条件下,大数据技术以及 5G 技术尚未融合到我国多数水利工程设计、施工等流程内,但是随着我国水利工程的发展,以及信息时代的要求,大数据技术、5G 技术运用到水利工程中是必然趋势。为了实现水利工程达到智慧水利的程度，就要进一步推动业务信息化系统的改进，业务信息化系统作为水利工程信息化的重要单元，有必要结合大数据技术、5G 技术等其他先进的研究成果，从而实现水利工程从设计、施工以及工程运营的生命周期内智能化。因此，水利信息化的构建要结合大数据技术、5G 技术以及底层的 Oracle 数据库和机器学习工具等，从而实现基于大数据技术的水利工程信息化系统的构建。

2.4　智慧水利的手臂：智慧应用与《中国制造 2025》

《中国制造 2025》明确了提高国家制造业创新能力、推进信息化与工业化深度融合、强化工业基础能力等战略任务和重点，以及智能制造、工业强基、绿色制造、高端装备创新等重大工程。智慧水利作为《中国制造 2025》的典型应用之一，将借助物联网、云计算、大数据等新一代信息技术，以透彻感知和互联互通为基础，以信息共享和智能分析为手段，在水利全要素数字化映射、全息精准化模拟、超前仿真推演和评估优化的基础上，实现水利工程的实时监控和优化调度、水利治理管理活动的精细管理、水利决策的精准高效，以水利信息化驱动水利现代化。

2.4.1　《中国制造 2025》

《中国制造 2025》是国务院于 2015 年 5 月公布的强化高端制造业的国家十年战略规划，是我国实施制造强国战略三个十年规划的第一个十年的行动纲领。规划以促进制造业创新发展为主题，以提质增效为中心，以加快新一代信息技术与制造业深度融合为主线，以推进智能制造为主攻方向，以满足经济社会发展和国防建设对重大技术装备的需求为目标，强化工业基础能力，提高综合集成水平，完善多层次多类型人才培养体系，促进产业转型升级，培育有中国特色的制造文化，实现我国制造业由大变强的历史跨越，力争用十年时间，使我国迈入制造强国行列。

1. 《中国制造 2025》的总体架构

《中国制造 2025》可以概括为"一二三四五五十"的总体结构。

"一"就是从制造业大国向制造业强国转变，最终实现成为制造业强国的目标。"二"就是通过两化融合发展来实现这一目标。党的十八大提出了用信息化和工业化两化深度融合来引领和带动整个制造业的发展，这也是我国制造业所要占据的一个制高点。"三"就是要通过"三步走"的一个战略，大体上每一步用十年左右的时间来实现我国从制造业大国向制造业强国转变的目标。"四"就是四项原则。第一项原则是市场主导、政府引导；第二项原则是既立足当前，又着眼长远；第三项原则是全面推进、重点突破；第四项原则是自主发展和合作共赢。"五五"有两个"五"，第一就是有五条方针，即创新驱动、质量为先、绿色发展、结构优化和人才为本，还有一个"五"就是实行五大工程，包括制造业创新中心建设的工程、强化基础的工程、智能制造工程、绿色制造工程和高端装备创新工程。"十"就是十大领域，包括新一代信息技术产业、高档数控机床和机器人、航空航天装备、海洋工程装备及高技术船舶、先进轨道交通装备、节能与新能源汽车、电力装备、农机装备、新材料、生物医药及高性能医疗器械等十个重点领域。

2.《中国制造2025》的实现措施

借鉴德国"工业4.0"战略，相关领域专家从中国特色新型工业化道路、工业技术与信息技术紧密结合、产业技术创新联盟建设、绿色低碳发展等方面，为《中国制造2025》的实现提供对策及措施。

第一，坚持走中国特色新型工业化道路。我国要以促进制造业创新发展为主题，以提质增效为中心，以加快新一代信息技术与制造业融合为主线，以推进智能制造为主攻方向，以满足经济社会发展和国防建设对重大技术装备需求为目标，强化工业基础能力，提高综合集成水平，完善多层次人才体系，促进产业转型升级，实现制造业由大变强的历史跨越。

第二，工业技术与信息技术紧密结合。《中国制造2025》立足于我国转变经济发展方式实际需要，围绕创新驱动、智能转型、强化基础、绿色发展、人才为本等关键环节，以及先进制造、高端装备等重点领域，提出加快制造业转型升级、提质增效的重大战略任务和重大政策举措。全面提高"中国制造"水平，使"中国制造"从要素驱动转变为创新驱动；从低成本竞争优势转变为质量效益竞争优势；从资源消耗大、污染物排放多的粗放制造转变为绿色制造；从生产型制造转变为服务型制造。最终实现"中国制造"向"中国创造"的转变。

第三，鼓励制造企业牵头建立产业技术创新联盟，推动技术创新和市场拓展。大型企业应加大科技研发投入，牵头产学研共同建立产业技术创新联盟进行技术创新，并掌握核心关键技术，依靠科技创新探索制造业升级路径。大型企业还要带动中小企业跟进，充分发挥市场调配资源的作用。建设产业技术创新联盟，形成风险共担、利益共享的机制，能充分调动各方资源和力量，共同推进《中国制造2025》的技术研发和应用推广。

第四，走绿色低碳发展道路。德国制造业的发展经验表明，受客观历史条件、产业发展阶段和技术发展水平等的限制，制造业一般需要经历低效率、高投入、高污染和不协调的起步阶段。为了产业的持续发展，这种不健康的发展方式必须转变。随着我国工业化、城镇化进程加快，制造业在发展过程中不可避免地伴随着环境恶化、资源短缺等一系列问题，必须加强宏观政策指导，借助技术进步促进产出的快速增长，走高效率、低投入、低污染、可持续的绿色低碳发展道路，从而使制造业持续良性发展。

第五，优化产业结构，加快推动自身战略性新兴产业和高技术产业发展。制造业转型可能催生一批新兴产业快速发展。我国应以此为契机，加快推动自身战略性新兴产业和高技术产业的发展。

2.4.2 智慧水利中的"四预"

智慧水利是通过数字空间赋能各类水利治理管理活动，主要是在智慧流域上实现"2 + N"业务的预报、预警、预演、预案。"四预"环环相扣、层层递进、有机统一，其中预报是基础、预警是前哨、预演是手段、预案是目的。在"四预"能力的支撑下，一方面根据预演结果实现对物理流域水利工程优化调度或实时监控，另一方面依据实时采集的物理流域实际运行数据和相关空间数据完善数字流域的仿真算法，从而对物理流域水利工程的后续运行和优化调度提供更加精准的决策支持，最终确保水利决策方案的科学性、有效性和指导性。

预报是预先报告或预先告知，就是指利用认识和总结的自然规律和社会规律，基于历史和当前的有关数据，对自然现象或社会现象变化做出短期、中期、长期的定性分析或定量计算。如水文预报是指根据前期和实时的水文、气象等信息，对未来一定时段内的水文情势做出的预报。

预警是指根据预报结果、阈值指标等信息识别风险或问题，及时向有关机构和人员发送警示信息，使预警发布全覆盖，为政府采取应急处置措施和社会公众防灾避险提供指引。如洪水预警是指当预报即将产生某种量级洪水时，通过水情预警及时提醒政府防汛部门制定应急预案和影响区域内社会公众防灾避险。

预演是指针对预警风险，依据预报信息，考虑调度应用规则和边界条件，设定不同情景目标，进行推演模拟、风险评估和可视化仿真，生成可行调度方案集，为制定预案提供支持。如洪水预演是指利用洪水预报和调度模型、可视化仿真等技术对不同洪水调度方案进行模拟计算和动态仿真，直观评估不同洪水调度方案的可行性。

预案是依据预演反馈结果，考虑经济社会发展需要，优选确定抗御不同等级灾害的行动方案或计划，确保科学性、有效性和指导性。如洪水防御预案就是依托现在的流域下垫面条件，对历史典型或设计洪水进行预演制定的；实时洪水调度方案就是在洪水防御预案的指导下，对实时洪水进行预演，制定具体的洪水调度方案。

2.4.3 数字化场景

根据流域防洪和水资源管理与调配等业务对数字流域数据精度的要求，采用不同精度的数据构建数据底板。其中，全国范围采用高分卫星遥感影像、公开版水利一张图矢量数据、30m DEM（Digital Elevation Model，数字高程模型）进行数字流域中低精度面上的建模；大江大河中游及主要支流下游采用无人机遥感影像、河湖管理范围矢量、测图卫星DEM进行数字流域重点区域精细建模；大江大河中下游和重点水利工程采用无人机倾斜摄影数据、水利工程设计图、水下地形；水利工程重要部位及机电设备BIM（Building Information Modeling，建筑信息模型）进行数字流域关键局部实体场景建模。

建设内容主要包括基础数据、监测数据、业务管理数据、跨行业共享数据、地理空间数据和多维多时空尺度数据模型。

基础数据主要包括河道、水流、湖泊、水库、堤防、蓄滞洪区等数据。监测数据主要包括水情、雨情、工情、水质、泥沙、灾情、地下水位、取用水、墒情、遥感、视频等数据。业务管理数据主要包括水资源、水生态水环境、水灾害、水工程、水监督、水行政等数据。跨行业共享数据主要包括经济社会、气象、生态环保、自然资源等数据。地理空间数据主要包括数字线化（DLG）、数字高程（DEM）、数字栅格（DRG）、数字正射影像（DOM）、数字表面模型（DSM）、点云等数据。多维多时空尺度数据模型主要包括水利数据模型、水利空间网格模型、水利工程BIM和地理信息参考模型等。

2.4.4 智慧化模拟

根据流域防洪和水资源管理与调配等业务对数字孪生流域模型精度的要求，如采用不同类型的模型进行数学模拟仿真。如采用集总或分布式水文模型计算流域产流，采用传统水文模型计算河道汇流，采用水资源模型进行流域区域水资源评价与配置以及与前述模型匹配的水沙、水质等模型进行数字孪生流域模拟；大江大河上游及主要支流采用经验模型等进行水情预报，采用水文学或一维水力学模型等计算河道汇流，在水文大断面和控制性工程进行水面二维控制以及与前述模型匹配的水沙、水质等模型进行数字孪生流域模拟；大江大河中下游和重点水利工程采用二维或三维水力学模型进行河道洪水演进计算以及与该模型匹配的水沙、水质等模型进行数字孪生流域模拟。再采用可视化仿真模型和数字模拟仿真引擎进行渲染呈现。

建设内容主要包括水利专业模型、可视化模型和数字模拟仿真引擎。其中，水利专业模型主要包括水文模型、水力学模型、泥沙动力学模型、水资源模型、水环境模型、水利工程安全评价模型等；可视化模型主要包括自然背景、流场动态、水利工程、水利机电设备等水利虚拟现实（VR）、水利增强现实（AR）、水利混合现实仪等。数字模拟仿真引擎主要包括模型管理、场景管理、物理驱动、可视化建模、碰撞检测等。

2.4.5　精准化决策

应采用统分结合的方式沉淀水利知识和治水经验。通用性强的知识图谱库、业务规则库等知识库以及各类学习算法，由水利部统一建设，并由各流域管理机构、省级水行政主管部门根据需要定制扩展；水利智能引擎和预案库、历史场景模式库、专家经验库等知识库，以及语音识别、图像与视频识别、遥感识别、自然语言处理等智能算法，原则上由各单位根据需求进行建设，提倡共建共享和相互调用。

建设内容包括知识库、智能算法和水利智能引擎。

知识库主要包括预案库、知识图谱库、业务规则库、历史场景模式库和专家经验库。其中，预案库是根据河流湖泊特点、水利工程设计参数、工程体系运行目标等条件预先制定的管理、指挥、救援措施组合。知识图谱库是利用图谱分析和展示水利数据与业务的整体知识架构，描述真实世界中的江河水系、水利工程和人类活动等实体、概念及其关系，实现水利业务知识融合。业务规则库是通过对水利相关法律法规、规章制度、技术标准、规范规程等进行标准化处理，形成的一系列可组合应用的结构化规则集，以平台化方式嵌入业务应用和模型中，规范和约束水利业务管理行为。历史场景模式库是对历史事件发生的关键过程及主要应对措施进行复盘，挖掘历史过程相似性形成的历史事件典型时空属性及专题的特征指标组合，反映出在水利模型中容易被忽视但有意义的一些水利现象形成因素。专家经验库是指基于专家决策的历史复演过程，通过文字、公式、图形图像等形式结构化或半结构化专家经验，形成的元认知知识，用于指导分析决策过程。

智能算法主要包括语音识别、图像与视频识别、遥感识别、自然语言处理等智能模型和分类、回归、推荐、搜索等学习算法。其中，智能模型是指通过训练学习算法，建立一套能够利用计算机智能分析和理解音频、图像、视频以及自然语言的模型库,代替人工进行大范围遥感影像解译、大规模视频监视、大批量语音通话以及大量报告文本阅读理解,并具备提取感兴趣信息进行结构化分析的能力。学习算法是指通过人工智能、机器学习、模式学习、统计学等方法,从关联规则、对象分类、时间序列等不同角度对数据进行挖掘,做出归纳性推理,发现数据隐含价值、潜在有用信息和知识。

水利智能引擎主要包括知识表示、机器推理和机器学习,可实现模型训练、机器推理、图谱构建、图谱服务等功能。知识表示实际上就是对人类知识的一种描述,即把人类知识表示成计算机能够处理的数据结构,分为陈述性知识表示和过程性知识表示。机器推理是指从已知事实出发,运用已掌握的知识,推导出其中蕴涵的事实性结论或归纳出某些新的结论的过程。机器学习是一种研究计算机获取新知识和新技能、识别现有知识、不断改善性能、实现自我完善的方法,分为监督学习、无监督学习和强化学习。

第3章

智慧水利在 5G 时代的升华

3.1 1G ~4G 通信系统追溯

3.1.1 1G 时代，只能语音不能上网

1G 作为移动通信的鼻祖，为类比式系统，是以模拟技术为基础的蜂窝无线电话系统。1G 通信系统采用频分多址（FDMA）的模拟调制方式，将 300 ~3400Hz 的语音转换到高频的载波频率（MHz）上（一般在 150MHz 或以上）。

20 世纪 60 年代，美国贝尔实验室等单位提出了蜂窝系统的概念和理论，但由于受到硬件的限制，70 年代才向产业化发展。移动通信的变革在北美、欧洲和日本几乎同时进行，但在这些国家或地区采用的标准是不同的。

1971 年 12 月，AT&T 向美国联邦通信委员会（FCC）提交了蜂窝移动服务提案；1978 年，美国贝尔试验室成功研制全球首个移动蜂窝电话系统 AMPS；1982 年，AMPS 被 FCC 批准，分配了 824 ~894MHz 频谱，投入正式商业运营。1979 年，由 NET 在日本东京开通了第一个商业蜂窝网络，使用的技术标准是日本电报电话（NTT），后来发展了高系统容量版本 Hicap。北欧于 1981 年 9 月在瑞典开通了 NMT（Nordic 移动电话）系统，接着欧洲先后在英国开通 TACS 系统，德国开通 C-450 系统等。1G 通信系统存在众多弊端，如保密性差、系统容量有限、频率利用率低、只能进行语音通信无法进行数据传输、设备成本高、体积重量大等。由于受到传输带宽的限制，不能进行移动通信的长途漫游，只能是一种区域性的移动通信系统。常见的 1G 标准如下。

1）AMPS：高级移动电话系统，运行于 800MHz 频带，在北美，南美和部分环太平洋国家被广泛使用。

2）TACS：总接入通信系统，由摩托罗拉公司开发，是 AMPS 系统的修改版本，运行于 900MHz 频带，分为 ETACS（欧洲）和 JTACS（日本）两种版本。英国、日本和部分亚洲国家广泛使用此标准。1987 年，我国邮电部确定以 TACS 制式作为我国模拟制式蜂窝移动电话的标准。

3）NMT：北欧移动电话系统，运行于 450MHz、900MHz 频带，曾应用于瑞士、荷兰及俄罗斯等国家或地区。NMT 450 由爱立信和诺基亚公司开发，服务于北欧国家。它是世界上第一个被多国使用的蜂窝网络标准，运行于 450MHz 频段。NMT 900 为升级版本，有更高的系统容量，并能使用手持的终端产品。

4）C-Netz：运行于 450MHz 频带，应用于联邦德国、葡萄牙及奥地利。

5）C-450：与 C-Netz 基本相同，运行于 450MHz 频带，20 世纪 80 年代被部署在非洲南部。

6）RadioCom 2000：简称 RC2000，运行于 450MHz、900MHz 频带，应用于法国。

7）RTMS：运行于 450MHz 频带，应用于意大利。

8）NTT：分为 TZ-801、TZ-802 和 TZ-803 三种制式，高容量版本称为 HICAP。

1G 时代以 AMPS 为代表，只能语音通信不能上网，网络容量也严重受限。除此之外还有许多弊端，如保密性差、系统容量有限、频率利用率低、设备成本高、体积重量大等。

由于受传输带宽的限制，不能进行移动通信的长途漫游，只能是一种区域性的移动通信系统，只有"国家标准"没有"国际标准"，系统制式混杂不能国际漫游成为一个突出的问题。这些缺点都随着第二代移动通信系统的到来得到了很大改善。

虽然 1G 时代并不区分移动、联通和电信，却有着 A 网和 B 网之分，而在这两个网背后就是主宰模拟时代的爱立信和摩托罗拉。通信设备就像砖头一样，人们俗称"大哥大"，但却昂贵无比。

我国移动通信时代到来比较晚，1987 年才开始，并以 TACS 为标准。

3.1.2　2G 时代，跨时代的经典一代

20 世纪 70 年代进入了 2G 时代，开启数字蜂窝通信，摆脱了模拟技术的缺陷，有了跨时代的提升，虽然仍定位于语音业务，但开始引入数据业务。并且手机可以发短信、上网。2G 的天下也呈现出"抱团"的现象，与 1G 时代的乱战相比，"天下"被分割为 GSM（基于 TDMA）与 CDMA 两种形式。

既生瑜何生亮？既然有了 GSM 为何还要费大力气研发 CDMA？

随着移动通信用户数的增加，TDMA 依靠大力压缩信道带宽的做法已经显现出弊端，美国高通便投入到了 CDMA 的研发中，并证实 CDMA 用于蜂窝通信的容量巨大，且频率利用率高、抗干扰能力强，所以应用前景也被看好。常见的 2G 标准如下。

1）GSM：全球移动通信系统，基于 TDMA，源于欧洲并实现全球化，使用 GSN 处理器。GSM 系统通过 SIM 卡来识别移动用户，这为发展个人通信打下了基础。

2）IDEN：基于 TDMA，美国独有的系统，被美国电信系统商 Nextell 使用。

3）IS-136（D-AMPS）：基于 TDMA，美国最简单的 TDMA 系统，用于美洲。

4）IS-95（CDMA One）：基于 CDMA，美国最简单的 CDMA 系统，用于美洲和亚洲一些国家和地区。

5）PDC：基于 TDMA，仅在日本使用。

2G 时代开始了移动通信标准的争夺战，1G 时代各国的通信模式系统互不兼容，迫使厂商要发展各自的专用设备，无法大量生产，在一定程度上抑制了产业的发展。2G 时代虽然标准也比较多，但已经有"领导性"的网络制式脱颖而出。GSM 也让全球漫游成为可能。

伴随着 1989 年 GSM 统一标准的商业化，在欧洲起家的诺基亚与爱立信开始攻占美国和日本市场，仅仅 10 年功夫，诺基亚力压摩托罗拉，成为全球最大的移动电话商。

我国 2G 网络的建设始于 1994 年中国联通的成立，2000 年 4 月中国移动成立。

3.1.3 3G 时代，CDMA 的家族狂欢

2G 在发展后期暴露出来的 FDMA 的局限，让通信厂商找到了 3G 发展的方向。3G 移动网络必须要面对新的频谱、新的标准、更快的数据传输。而 CDMA 系统以其频率规划简单、系统容量大、频率复用系数高、抗多径能力强、通信质量好、软容量、软切换等特点显示出了巨大的发展潜力。

于是国际电信联盟（ITU）发布了官方第 3 代移动通信（3G）标准 IMT-2000（国际移动通信 2000 标准）。在 2000 年 5 月，确定 WCDMA、CDMA 2000、TD-SCDMA 三大主流无线接口标准；2007 年，WiMax 成为 3G 的第四大标准。

可见，3G 虽然标准还是有多家，但是也快成为 CDMA 的"家族企业"了。WiMax 定位是取代 WiFi 的一种新的无线传输方式，但后来发现 WiMax 定位比较像 3.5G，提供终端

使用者任意上网的连接，这些功能 3.5G/LTE 都可以达到。

1）WCDMA（欧洲）：基于 GSM 发展而来，欧洲与日本提出的宽带 CDMA 基本相同并进行了融合。该标准提出了 GSM（2G）—GPRS—EDGE—WCDMA（3G）的演进策略。基于 GSM 的市场占有率，WCDMA 具有先天的市场优势，是终端种类最丰富 3G 标准，占据全球 80% 以上市场份额。WCDMA 的支持者包括欧美的爱立信、阿尔卡特、诺基亚、朗讯、北电，以及日本的 NTT、富士通、夏普等厂商。

2）CDMA 2000（美国）：由窄带 CDMA（CDMAIS95）技术发展而来的宽带 CDMA 技术，美国高通北美公司为主导提出，摩托罗拉、Lucent 和韩国三星都有参与，但韩国成为该标准的主导者。CDMA 2000 可以由 CDMA One 结构直接升级到 3G，成本低廉。但使用 CDMA 的地区只有日、韩和北美，所以 CDMA 2000 的支持者不如 WCDMA 的多。

3）TD-SCDMA（中国）：我国独自制定，1999 年 6 月，我国原邮电部电信科学技术研究院（大唐电信）向 ITU 提出，但技术发明始于西门子公司。TD-SCDMA 因辐射低被誉为绿色 3G。该标准可不经过 2.5 代的中间环节直接向 3G 过渡，适用于 GSM 系统向 3G 升级。但相对于另两个主要 3G 标准 CDMA 2000 和 WCDMA，它的起步较晚，技术不够成熟。

4）WiMax：微波存取全球互通，又称为 802.16 无线城域网，是又一种为企业和家庭用户提供"最后一英里"的宽带无线连接方案。

日本是世界上 3G 网络起步是最早的国家。2000 年 12 月，日本以招标方式颁发了 3G 牌照；2001 年 10 月，NTT DoCoMo 开通了世界上第一个 WCDMA 服务。落后于日本 9 年，我国在 2009 年 1 月 7 日颁发了三张 3G 牌照，分别是中国移动的 TD-SCDMA、中国联通的 WCDMA 和中国电信的 WCDMA 2000。

中国电信获得的是较成熟的 CDMA 标准，由于其高通垄断着 CDMA 专利，导致业界只有威睿和高通能生产 CDMA 芯片，生产 CDMA 手机的门槛和成本太高导致手机企业参与生产 CDMA 手机的积极性不高。

中国移动获得最不成熟的 TD-SCDMA 标准，当时 TD-SCDMA 尚未有成熟可用的手机芯片，中国移动无奈之下只好花费 6.5 亿刺激手机芯片企业开发 TD-SCDMA 芯片，直到 2012 年，联发科推出成熟廉价的 TD-SCDMA 芯片。

中国移动的 TD-SCDMA 为自主研发，因此在 3G 用户数量、终端数量、运营地区上都存在一定的劣势，失去了领跑的机会，只能将翻身的希望寄予 4G 时代。

3.1.4　4G 时代，真正的自由沟通

3G 是高速 IP 数据网络，虽然上网已经变得不是什么奢侈的事情，但是还不能满足人们的需求。所以，在 3G 普及度并不高的时候，4G 的研发已经开始了。4G 通信系统可称为广带接入和分布网络，可将上网速度提高到超过 3G 移动技术的 50 倍，可实现三维图像高质量传输。

4G 有多个叫法，国际电信联盟（ITU）称其为 IMT-Advanced 技术，其他的还有 B3G、BeyondIMT-2000 等叫法。

2009 年初，ITU 在全世界范围内征集 IMT-Advanced 候选技术。2009 年 10 月，ITU 共征集到了六个候选技术。这六个技术基本上可以分为两大类：一类是基于 3GPP 的 LTE 的技术；另外一类是基于 IEEE 802.16m 的技术。

2012 年 1 月，正式审议通过将 LTE-Advanced 和 WirelessMAN-Advanced（802.16m）技术规范确立为 IMT-Advanced（俗称 4G）国际标准。我国主导制定的 TD-LTE-Advanced 同时成为 IMT-Advanced 国际标准。常见的 4G 标准如下。

1）LTE：它改进并增强了 3G 的空中接入技术，采用 OFDM 和 MIMO 作为其无线网络演进的唯一标准。由于 WCDMA 网络的升级版 HSPA 和 HSPA + 均能够演化到 FDD-LTE，我国自主研发的 TD-SCDMA 也可绕过 HSPA 直接向 TD-LTE 演进，所以这一 4G 标准获得的支持是最大的。

2）LTE-Advanced：LTE 技术的升级版，正式名称为 Further Advancements for EUTRA。LTE 是 3.9G 移动互联网技术，那么 LTE-Advanced 说是 4G 标准则更加确切一些。LTE-Advanced 包含 TDD 和 FDD 两种制式。TD-SCDMA 将能够进化到 TDD 制式，而 WCDMA 网络能够进化到 FDD 制式。中国移动主导的 TD-SCDMA 网络可绕过 HSPA + 网络而直接演进到 LTE。

3）WiMax：全球微波互联接入，另一个名称是 IEEE 802.16。WiMax 的技术起点较高，能提供的最高接入速度是 70Mbit/s，这个速度是 3G 所能提供的宽带速度的 30 倍。

4）Wireless MAN-Advanced：WiMax 的升级版，即 IEEE 802.16m 标准。802.16m 最高可以提供 1Gbit/s 无线传输速率，还将兼容未来的 4G 无线网络。

美国最大的移动运营商 Verizon 选择的是 LTE，布局了上百个城市，后期开始向 LTE-

Advanced 演进；第二大移动运营商 AT&T 采取 HSPA + 和 LTE 技术并驾齐驱；第三名的 Sprint 则重压 WiMax，不过后来也开始布局 LTE，走双战略路线。欧洲和美国类似，选择 WiMax 以及 LTE 两种网络标准制式的居多。

全世界发展最快的是韩国，2011 年开始，韩国三大电信运营商 SKT、KT 和 LGU + 就开始部署 LTE 4G 网络。日本 4G 的发展情况跟韩国差不多，日本 4G 的发展虽然没有造成运营商格局的变化，但却成就了异常繁荣的移动互联网市场。

3.2 5G 的独特之处

3.2.1 边缘计算

边缘计算是在靠近物或数据源头的网络边缘侧，融合网络、计算、存储、应用核心能力的分布式开放平台，就近提供边缘智能服务。

从边缘计算联盟（ECC）提出的模型架构来看，边缘计算主要由基础计算能力与相应的数据通信单元两大部分构成。随着底层技术的进步以及应用的不断丰富，近年来全球物联网产业实现爆发式增长，这也为边缘计算提供了更多的应用场景。

5G 通信的超低时延与超高可靠性要求，使得边缘计算成为必然选择。在 5G 移动领域，移动边缘计算是 ICT 融合的大势所趋，是 5G 网络重构的重要一环。

互联网数据中心（IDC）表示，到 2020 年，将有超过 500 亿的终端与设备联网，而有约 50% 的物联网网络将面临网络带宽的限制，约 40% 的数据需要在网络边缘分析、处理与储存。因此，边缘计算市场规模将超万亿，成为与云计算平分秋色的新兴市场。

虽然云计算中心具有强大的处理性能，但是边缘计算不仅能够克服云计算网络带宽与计算吞吐量的性能瓶颈，还能够更实时地处理终端设备的海量"小数据"，并保证终端的数据安全。

5G 时代，将会是一个"边 + 云"的"边云协同"时代，边缘计算与云计算各取所长、协调配合。

在 4G 网络标准的制定中，由于并没有考虑把边缘计算功能纳入其中，导致出现大量"非标"方案、运营商在实际部署时"异厂家设备不兼容"、网络互相割裂等问题，常需要进行定制化的、特定的解决方案。这不仅提高了运营商成本，还造成网络架构不能满足低时延、高带宽、本地化等需求。

为了解决 4G 痛点，早在 5G 研究初期，MEC（Multi-acess Edge Computing，多接入边缘计算）与 NFV 和 SDN 一同被标准组织 5GPPP 认同为 5G 系统网络重构的一部分。2014年，ETSI（欧洲电信标准协会）成立了 MECISG（边缘计算特别小组）。

在 2018 年，3GPP 的第一个 5G 标准 R-15 已经冻结。3GPP SA2 在 R15 中定义了 5G 系统架构和边缘计算应用，其中核心网部分功能下沉部署到网络边缘，RAN 架构也将发生较大改变。

随着 5G 商用，MEC 边缘云的应用将进入百花齐放、百家争鸣的开放阶段。

3.2.2 超低时延

1. 上行时间延迟

上行时间延迟（从手机到基站）：当手机有一个数据包需要发送到网络端，需要向网络端发起无线资源请求的申请（Scheduling Request，SR），告诉基站"我有数据要发啦！"

基站接收到请求后，需要 3ms 解码用户发送的调度请求，然后准备给用户调度的资源；准备好了之后，给用户发送信息（Grant），告诉用户在某个时间到某个频率上去发送它想要发送的数据。

用户收到了调度信息之后，需要 3ms 解码调度的信息，并将数据发送给基站。基站收到用户发送的信息之后需要 3ms 解码数据信息，完成数据的传送工作。整个时间计算下来是 9ms。

2. 下行时间延迟

下行时间延迟（从基站到手机）：当基站有一个数据包需要发送到手机，需要 3ms 解码用户发送的调度请求，然后准备给用户调度的资源，准备好了之后，给用户发送信息，告诉用户在某个时间到某个频率上去接收它的数据。用户收到了调度信息之后，需要 3ms 解码调度信息并接收解码数据信息，完成数据的传送工作。整个时间计算下来是 6ms。所以，总共的双向时延是 9ms + 6ms = 15ms。

2015 年 3 月初，中国上海，在 3GPP RAN 第 67 次会议上，终于迎来了关于减少 LTE 网络时间延迟的研究项目（SI）立项（RP - 150465 New SI Proposal：Study on Latency Reduction Techniques for LTE）。

2018 年，LT Erelease 15 标准确立，LTE 的网络延迟理论上可以降至双向 2.7ms（下行 0.7ms + 上行 2.0ms)，LTE 用户面时延（Source：URLLC Servicesin 5G Low Latency Enhancements for LTE，Thomas Fehrenbach，Rohit Datta）。至此，LTE 的无线网络延迟改善已达极限。

那么梦寐以求的 1ms 时间延迟怎么实现? 剩下的使命需要 5G 来完成。

3.2.3　实时在线

功耗问题是困扰着物联网技术发展的最大障碍。因为物联网的节点太多，而且由于很多条件的限制，终端没有办法充电，只能在初次装入电池后，寄希望于终端自身节省电能，使用得越久越好。为了解决这个问题，3GPP 专门推出了针对广域物联网的窄带物联网技术，通过限定终端的速率（物联网终端对通信的实时性一般要求不高）、降低使用带宽、降低终端发射功率、降低天线复杂度（SISO）、优化物理层技术（HARQ，降低盲编码尝试）、采用半双工，从而使终端的耗电量降低。而 5G 还会在这个基础上走得更远，如通过降低信令开销使终端更加省电，使用非正交多址技术以支持更多的终端接入等。

3.2.4　智能制造

5G 作为支撑智能制造转型的重要使能技术，结合云计算、大数据、人工智能等技术，助力企业实现生产设备智能化以及生产管理智能化，打造更柔性的生产线，并将分布广泛的人、机器和设备连接起来，构建统一的工业互联网络。

引入 5G 边缘计算、网络切片等新技术，运营商可以为企业提供更专业、更安全的云网一体化新型智能基础设施和轻量级、易部署、易管理的解决方案，助力企业向柔性制造、自动化生产、智能化方向演进。

据此，企业向柔性制造、自动化生产和无线数字化方向演进的过程中，可以按照自己的人员配置，便捷而灵活地选择方向。例如，将部分现场设备计算能力上移，特别是图像质检等流程，基于 5G 边缘云可以实现综合调度和快速迭代。其他如 5G 赋能工业 AR、车间巡检等场景，都可以实现效率的提升，从而使成本下降。

作为新一代信息技术，5G 将从移动互联网扩展到移动物联网领域，与经济社会各领域深度融合，全面构筑经济社会发展的关键信息基础设施，培育经济发展新动能，拓展民生福祉新内涵。

3.2.5　高移动性

近年来，智能手机、平板计算机等移动设备的软、硬件水平得到了极大提高，支持大量的应用和服务，为用户带来了很大的方便。基于 5G 的移动云计算是一种全新的 IT 资源或信息服务的交付与使用模式，它是在移动互联网中引入云计算的产物。移动网络中的移动智能终端以按需、易扩展的方式连接到远端的服务提供商，获得所需资源，主要包含基础设施、平台、计算存储能力和应用资源等。

在移动云计算中，移动设备需要处理的复杂计算和数据存储从移动设备迁移到云中，降低了移动设备的能源消耗并弥补了本地资源不足的缺点。此外，由于云中的数据和应用程序存储和备份在一组分布式计算机上，降低了数据和应用发生丢失的概率。移动云计算还可以为移动用户提供远程的安全服务，支持移动用户无缝地利用云服务而不会产生时延、抖动。移动云是一个云服务平台，支持多种移动应用场景，例如移动学习、移动医疗、智能交通等。尽管移动云计算能够大大增强移动终端的计算能力并降低终端能耗，但是由于移动智能终端与云计算中心的端到端网络传输时延与带宽具有不稳定性，因此移动云计算的通信通道传输时延无法保证。

3.2.6　频谱效率高

无线频谱是运营商最宝贵的资源。如果把无线网络比作一片稻田的话，无线频谱就是种植这些水稻的土地。如果土地本来就少，还想要高产的话，则只能从培育良种上下功夫。

移动通信的每一代发展，都相当于培育出了更高产的水稻品种，再结合开荒，把以前难以利用的贫瘠土地也想办法用上，才能实现产量的数倍增长。

对于通信来说，提升产量就是要在同样大小的带宽上，实现更快的数据传输速率。4G 和 5G 可以支持多种不同的系统带宽，要衡量它们的能力的话，就需要算下单位带宽的传输速率，也叫作频谱效率。

$$速率(Mbit/s)/带宽(MHz) = 频谱效率(bit/(s \cdot Hz))$$

通过上式就计算出了频谱效率，也就是每秒时间内，在每赫兹的频谱上，能传输多少比特的数据。具体见表 3 - 1。

表 3-1　4G 与 5G 传输能力对比表

	4G	5G
带宽	20Mbit/s	100Mbit/s
双工模式	FDD	TDD
调制方式	256QAM	256QAM
天线数	4	64
帧结构	FDD 下行	5ms 单周期
峰值速率（下行）	391.63Mbit/s	7.21Gbit/s
频谱效率（下行）	19.58bit/(s·Hz)	72.1bit/(s·Hz)

在表 3-1 中，5G 的理论频谱效率是 4G 的 3.68 倍，LTE 用的是最主流的 4 天线发射，每个小区和每个用户能实现的流数相同，都是最多 4 流；而 5G 则使用 64 天线发射，虽然每个用户还是只能支持最多 4 流，但在 Massive MIMO 技术的加持下，整个小区同样的频谱可以多个用户复用，一共实现 16 流，在峰值速率上碾压 4G。也就是说，Massive MIMO 技术带来的多用户多流传输，是 5G 理论频谱效率提升的关键。对单个用户来说，5G 的频谱效率就和 4G 相当了，速率的提升主要靠系统带宽的增大。

3.3　5G 时代的智慧水利

3.3.1　全面感知与闭环控制

随着智慧水利的提出，全面感知成为势在必行之举。当下智慧水利的感知，主要聚焦于物联网、卫星遥感、无人机、无人船和视频监控技术，采集自然水循环和社会水循环的各种指标数据以及状态、位置等数据，从不同方面对自然水循环和社会水循环的指标要素进行全天候不间断的监测，从而获得大量的、综合性的信息。充分利用图像识别和语音识别等人工智能技术，对采集的数据进行挖掘，获取有用的信息，再辅助以大数据、图像识别等现代化的智能处理手段进行信息分析，建立对江河湖泊、水利工程、水利管理活动等水利全要素天地一体化全面动态感知，从而获得对水利全要素信息的全面掌握。信息的传输成为全面感知发展的制约。

而 5G 时代的到来，为全面感知和闭环控制提供了无限可能。5G 技术具有超高速、超大链路、超低时延的特性，这为全面感知监测提供了实现的可能。5G 的超高速实现物联网、卫星遥感、无人机、无人船和视频监控数据的高速传输；5G 的超低时延和更快的边缘计算为数据挖掘提供了更加高效的策略。随着 5G 技术的发展，智慧水利的全面感知与闭环控制更加完善，也让智慧水利的发展更进一步。

3.3.2 万物皆服务

5G 技术的发展带动了 IT 服务交付和消费方式的转变。"即服务"（As-a-service）体系最初专注于以"软件即服务"（Software-as-a-service）的模式提供软件技术，但很快扩展到其他领域，如平台即服务（Platform-as-a-service）、基础架构即服务（Infrastructure-as-a-service）、数据中心即服务（Datacenter-as-a-service）等。与此同时，基于订阅的模式也在不断演进，以满足企业在物联网（IoT）和机器智能等趋势推动下展开数字化转型之旅的需求。为了跟上数字化趋势的步伐，实现工业 4.0 愿景，企业正在寻求优化流程，实现更出色的灵活性和性能效率。"一切即服务"（Anything-as-a-service），也被称为"万物皆服务"（Everything-as-a-service）或"XaaS"，在这种情况下横空出世，颠覆了市场，提供了一种旨在增强企业信息化每个环节的一体化软件包，包括软件、网络、平台、安全性和应用等。

从 1G 到 5G，移动通信作为一种服务，其内涵发生了三次重大的跃迁：1G、2G 到3G，服务内容从语音、短信跃迁为基于流量的移动互联；3G 到 4G，服务能力从移动互联网跃迁为移动宽带；4G 到 5G 带来的第三次跃迁将是全局性的、质变性的，移动通信将从服务大众转变为服务社会，从有限开放转化为内生开放，从标准化、长流程、孤立化服务转化为定制化、快捷化、端到端服务。甚至毫不夸张地说，在 5G 时代，网络本身已经转化为服务，这就是 NaaS（网络皆服务）。

NaaS 的概念很早之前就有了，但直到 5G 现在发展的阶段，这个概念才逐渐转化为现实，这是由于 5G 独有的架构、功能、性能能够支撑整个移动通信网络满足多场景、多指标需求，能够与各类新技术融合协同，进而支撑网络成为服务。

3.3.3 "千人千面"

俗语"千人千面，百人百性"的意思是一千个人就有一张个不同的面孔，一百个人就有一百个不同的性格，指人人都有自己独特的个性，就和人人都有和别人不同的相貌一样。

对于智慧水利来说,"千人千面"则更多地体现在不知道每个人需要什么水利业务的支撑,但它知道你要的相关业务需要什么支撑,为每个用户提供各自关注的图层、重点业务、重点水利对象、重点统计成果等各类信息个性化定制。具有建立动态构建复杂应用场景的强大能力,具备智慧推荐、智慧寻优的人工智能服务能力,5G 时代的单元边缘数据效率、低时延为智慧水利的"千人千面"提供了无限可能。

第4章

5G＋水利物联网

4.1 5G 在传统水利传感器中的应用

4.1.1 水资源监测设备

各级水资源管理系统中都广泛存在水资源监测设备，它们可以远程监测水库、湖泊、河流、行政边界控制断面、地下水开采井、地表水供水渠道（管道）、入河（湖）排污口等水源地的水质、水量、水位，还可以自动控制或远程控制阀门、水泵、闸门等设备。

基于水利传感器的水资源监测设备可以分为水量监测设备和水质监测设备。

1. 水量监测设备

水资源水量监测主要包括供水水源地、行政边界控制断面的水量监测，地表水供水渠道、管道的水量监测，主要取水口、入河（湖）排水口的水量监测，地下水的取水量监测等。监测设备主要包括流量测量仪、水位测量仪、流速仪和测深仪。

（1）流量测量仪 流量测量包括明渠流量和管道流量测量两大类。明渠流量监测仪包括声学时差法明渠流量计、声学多普勒剖面流速仪、堰槽流量计等，其中声学多普勒剖面流速仪又分为固定式和走航式两类。管道流量监测仪包括声学时差法管道流量计、声学多普勒管道流量计、电磁管道流量计、电子远传水表、IC 卡冷水水表、涡街流量计等。

1）声学时差法明渠流量计。声学时差法明渠流量计主要用于自动测量明渠断面某一水层或多个水层的平均流速，可同时测量水位。适用于流态较稳定、有一定水深的断面。使用时应用断面面积参数和用流速仪等标准测流设备标定的流速系数。

2）声学多普勒剖面流速仪。声学多普勒剖面流速仪主要用于自动测量明渠断面上某

053

一水层或垂直剖面的水流速度，包括固定式声学多普勒剖面流速仪和走航式声学多普勒剖面流速仪。固定式声学多普勒剖面流速仪不宜在大跨度河道以及含沙量较大、水深较浅的河床使用，使用时应用流速仪和测深仪等标准测流设备标定流速系数。走航式声学多普勒剖面流速仪是一种需渡河载体（如小船、缆道）的测流方法，在渡河的同时实现流量测量，能一次同时测出河床的断面形状、水深、流速和流量，适用于大江大河的流量监测，但不宜在较浅河流采用走航测量。

3）堰槽流量计。堰槽流量计适用于渠道或小支流的流量在线测量，多用于有一定比降的中小渠道的流量测量。堰槽流量计包括薄壁堰、宽顶堰、三角形剖面堰、巴歇尔槽等多种形式，应根据所测断面实际情况进行选择。

4）声学时差法管道流量计。声学时差法管道流量计采用时差法原理测量管道内的平均流速。主要用于供水管道流量测量，可自动记录和输出测得的流速、流量、累积水量，也可用于各种形状的过水涵洞的水量计量。可分为插入式、管段式和外夹式。外夹式可用于管道流量的移动监测。

5）声学多普勒管道流量计。声学多普勒管道流量计采用多普勒原理测量管道内的流速分布。适用于管道中固体悬浮物浓度不小于 60mg/L 流体的流量测量，主要用于取水管道的水量计量，可自动记录和输出测得的流速、流量、累积水量。可分为插入式、管段式和外夹式。外夹式可用于管道流量的移动监测。

6）电磁管道流量计。电磁管道流量计根据法拉第电磁感应定律来测量管道内导电介质体积流量，有分体型和一体型，适用于供水管道流量测量，可自动测量管道内水流的平均流速，并转换成流量，能显示和输出平均流速、瞬时流量和累积水量。

7）电子远传水表。电子远传水表是冷水水表加装水流量信号的机电转换和信号处理单元组成，加装的电子装置不应妨碍机械指示装置的读数。它具有数据处理与信息存储信号远程传输等功能，可实现远程抄表。电子远传水表适用于较小口径供水管道的水量计量。

8）IC 卡冷水水表。IC 卡冷水水表是以冷水水表为基表，IC 卡为信息载体，以及控制器和电控阀所组成的一种具有结算功能的水量计量仪表，适用于较小口径供水管道水量计量。用户需要利用 IC 卡充值用水，可根据提取用水户卡中的信息对用水量进行管理。

9）涡街流量计。涡街流量计应用流体振荡原理来测量流量，在测量工况体积流量时几乎不受流体密度、压力、温度、黏度等物理特性的影响。主要适用于封闭满管中稳定的或者变化缓慢的单相液体流量的测量。

（2）水位测量仪　水位测量仪是测量明渠（江河、湖库等）或地下水水位的仪器，主要有浮子式水位计、压力式水位计、超声波水位计、雷达水位计、激光水位计、电子水尺等几种。

1）浮子式水位计。浮子式水位计利用浮子感应水位升降，以机械方式直接传动记录或带动水位编码器实现自记。主要用于对便于建造水位测井的江河、湖泊、水库、河口、渠道等明渠水位的监测，以及船闸及多种水工建筑物处的水位测量。直径和测深条件许可的地下水井也可用浮子式水位计。

2）压力式水位计。压力式水位计基于所测水体静压与该水体的水位高度成比例的原理进行测量，常用的有投入式压力水位计和气泡式压力水位计两种。主要用于不便建水位测井的明渠水位监测。投入式压力水位计也适用于地下水位测量。压力式水位计使用时要注意定时率定。

3）超声波水位计。超声波水位计应用声波反射的原理来测量水位，分为液介式和气介式两大类。主要用于不便建水位测井的明渠水位测量。超声波水位计精度略低，适用于水位变幅小、温度变化不大的监测点。

4）雷达水位计。雷达水位计利用电磁波反射的原理来测量水位，属于非接触型水位测量。主要用于不便建水位测井的明渠和不适宜采用浮子式水位计进行水位测量的情况。雷达水位计具有测量范围大、测验精度高、不需建井等优点，但对仪器的安装与维护有一定的条件限制。

5）激光水位计。激光水位计运用激光测距原理进行水位测量，适用于水位变化较小的明渠水位测量，多用于水工建筑物测流时的水位监测。激光水位计具有测量范围大、测验精度高、不需建井等优点，但测量时需要水面有专用反射板。

6）电子水尺。电子水尺在本标准中主要指电极式和磁致伸缩式水尺。电极式电子水尺利用水的导电性原理，通过测量分布电极的电信号来测量水位。磁致伸缩式电子水尺由探测杆、电路单元和浮子三部分组成。测量时，电路单元产生的电流脉冲产生环形磁场，探测杆外浮子沿探测杆随液位变化而上下移动，同时产生一个磁场。当电流磁场与浮子磁场相遇时产生"返回"脉冲，将"返回"脉冲与电流脉冲的时间差转换成脉冲信号，从而计算出浮子的实际位置，测得水位。电子水尺主要适用于水位变化不大的明渠水位测量，多用于水工建筑物及堰槽测流时的水位监测。

（3）流速仪　流速仪是测量河流、湖泊和渠道等水体的水流速度的仪器，主要有转子式流速仪、声学多普勒点流速仪、电磁流速仪、电波流速仪等。通过流速测量及断面面积可推算出断面流量。

1）转子式流速仪。转子式流速仪是利用水流动力推动转子旋转，根据转动速度推算出流速的仪器，分为旋杯式和旋桨式两种。旋杯式主要用于较低流速的测量，旋桨式主要用于较高流速的测量。转子式流速仪适用于点流速测量，通过已知的固定过水断面面积、流量系数计算出流量。转子式流速仪需要定期进行检定和校准。

2）声学多普勒点流速仪。声学多普勒点流速仪是运用多普勒原理测量点流速的仪器，适用于点流速测量，通过已知的固定过水断面面积和流量系数计算流量。可用于长期自动测量河流、湖泊、渠道、管道等点流速；因其体积小，也可用于浅水低流速的测量。

3）电磁流速仪。电磁流速仪是利用法拉第电磁感应定律测量流体流速，是可长期工作的自动点流速仪。

4）电波流速仪。电波流速仪是一种利用微波多普勒原理的测速仪器，是一种非接触式测流仪器，适合在桥上或岸上测量一定距离外的水面流速。其测量速度快，测速的准确性低于转子式流速仪，但在非接触式流速仪中，其测速准确性比较好。其适用于漂浮物多或夹带污物的排水、高洪和含沙量大等应用常规测量方法困难的场合，包括明渠流量的移动监测。

5）流速流量记录仪。与转子式流速仪配套使用，用于记录、测算流速和流量。

（4）测深仪　测深仪是新一代全数字化产品，具有防尘、防水、抗震等功能，是集水深测量、软件图形导航、定位数据、水深数据采集功能于一体的测量设备，是海洋、江河、湖泊、土地深度测量和开采、港口、航道疏浚工程测量的理想设备。

1）超声波测深仪。超声波测深仪适用于江河、湖泊、水库、渠道等水体水深的测量，但不适合于河底有水草等杂物环境下的测量。

2）激光测深仪。通过从空中发射激光脉冲记录海面和海底反射的时间差来测量水深的装置。

2. 水质监测设备

水质在线监测应根据监测对象选择适当的水质参数和在线自动监测仪器。对于水功能区河道水质自动监测，以常规水质五项参数（水温、pH值、溶解氧、电导率、浊度）和水功能区纳污总量考核指标COD、氨氮为监测参数。对于水功能区湖库水质自动监测，除以上七项外，可加选对湖库富营养化有重要影响的总磷、总氮两项参数进行监测。

可以是单一参数传感器，也可以是多参数一体化水质在线自动监测仪（主要包括水温、pH值、溶解氧、电导率、浊度等参数）。多参数监测仪主要适用于水质在线预警站，也可配合其他水质分析仪组成水质在线自动监测站。对于水质参数超过检测方法要求测量范围的，水质分析仪应能具有自动对水样进行稀释后进行分析测量的功能。

1）水温监测仪。适用于井水、江河水、湖泊和水库水，一般采用温度传感器直接测量水的表层温度。测定方法参见国标 GB/T 13195—1991。

2）pH 监测仪。适用于饮用水、地面水及工业废水，一般利用玻璃电极或甘汞电极测定 pH 值。测定方法参见国标 GB/T 6920—1986。

3）电导率监测仪。适用于天然水，利用电导率仪或电导电极测定电导率。测定方法参见国标 GB/T 13580.3—1992。

4）浊度监测仪。适用于饮用水、天然水等低浊度水，最低检测浊度为 1 ~ 3 度。测定方法参见国标 GB/T 13200—1991。在线自动分析仪的原理目前与国标推荐方法的原理可以不尽相同。

5）溶解氧监测仪。适用于天然水、污水和盐水，利用电化学探头法进行测定。测量盐水时，需对含盐量进行校正。测定方法参见行业标准 HJ 506—2009。

6）COD 测定仪。COD 测定有重铬酸钾法和 UV 法两种方法。UV 法 COD 测量仪主要适用于水质预警站监测，重铬酸钾法 COD 测量仪适用于水质在线自动监测站使用。应满足经典的 2h 消解 COD 测定方法的基本原理，应内置标准 COD 测试曲线或支持用户自建曲线。测定方法参见行业标准 HJ 828—2007 和 HJ/T 191—2005。COD 反映的是受还原性物质污染的程度，由于只能反映能被氧化的有机物污染，因此，COD 测定仪主要应用于污染水体或工业废水的测定。其值低于 10mg/L 时，测量的准确度较差。

7）高锰酸盐指数（CODMn）分析仪。适用于饮用水、水源水和地表水水质监测。测定方法参见国标 GB/T 11892—1989。CODMn 反映的是受有机污染物和还原性无机物质污染程度的综合指标。由于在规定的条件下，水中的有机物只能部分被氧化，因此，CODMn 分析仪一般用于污染比较轻微的水体或者较清洁水体的测定，不适用于工业废水、高有机污染等水体的测定。

8）氨氮测定仪。适用于饮用水、地表水和废水水质监测。若水样中含有悬浮物、余氯、钙镁等金属离子和硫化物等，需做适当的预处理，消除干扰后再进行测定。测定方法参见行业标准 HJ 535—2009 等。氨氮以游离氨或铵盐的形式存在于水中，氨氮是评价水体污染和"自净"状况的重要指标。氨氮测定仪有氨电极测量仪和氨氮分析仪两种形式。氨电极测量仪主要适用于水质预警站监测，氨氮分析仪适用于水质在线自动监测站使用。

9）总氮测定仪。适用于地表水水质监测，可测定水中亚硝酸盐氮、硝酸盐氮、无机铵盐、溶解态氨及大部分有机氮化合物的总和。测定方法参见行业标准 HJ 636—2012 等。总氮指水中各种形态无机和有机氮的总量，是饮用水源地和水功能保护区重要的监测指标。总氮测定仪适用于水质在线自动监测站使用。

10）总磷测定仪。适用于地表水、废污水的水质监测。测定方法参见国标 GB/T 11893—1989 等。总磷指水中各种形态磷的总量，是饮用水源地和水功能保护区重要的监测指标。总磷测定仪适用于水质在线自动监测站使用。

11）水质自动分析仪。水质自动分析仪主要是指能够自动抽取水样，并对水样进行自动分析、测量的水质在线分析仪器。一般需要配备多种分析试剂，并需要一定的测量时间。水质自动分析仪可以根据监测目的选择适当的水质监测参数，通过集成多种水质监测参数仪器，实现水质在线自动监测功能，构建水质在线自动监测站。对于水质参数超过测定方法要求的测量范围的，水质自动分析仪器应能具有自动对水样进行稀释后进行分析与测定的功能。

4.1.2　江河湖泊监控体系

江河湖泊具有重要的资源功能、生态功能和经济功能，近年来，我国各地区积极采取措施，加强河湖的治理、管理和保护，在防洪、供水、发电、航运、养殖等方面取得了显著的综合效益。但是，随着经济社会快速发展，我国在河湖管理保护中出现了一些问题。例如，一些地区入河湖污染物排放量居高不下，一些地方侵占河道、围垦湖泊、非法采砂现象时有发生。水资源是人类生存的最重要的自然资源，我国水资源分布不均，人均水资源短缺。多年来粗放型经济发展使水资源受污染严重，因此必须对水域的水位、漂浮物、水岸垃圾进行监测，对于异常出现的大量漂浮物、动物尸体等情况，实现责任溯源、强化河湖长制管理。同时，需要对水位、降雨量、警戒预警、漂浮物、水岸垃圾、盗采河砂、闸门启闭的行为监控，保证河湖流域内的安全与有效监管。据调查，我国有 1/3 的河段不能满足灌溉水质的要求。近年来，我国政府对水质治理的力度不断加大，"绿水青山就是金山银山"的观念逐渐被越来越多的人意识到。河流湖泊监控为河长制建设提供科学数据支撑。

以江河湖泊监控系统为例，其主要用于监视河流湖泊水利运行情况。在线监测系统通过各种监测仪，探测到水域的温度、湿度、风速、风向、雨量、水质、水流速、水量、视频图像或图片等数字化信息，通过 GPRS/CDMA 通道，上传到在线监测监视中心，同时可通过内部网络登录各种内部管理系统和调度自动化系统。监控中心设有 LCD 拼接大屏幕系统，各种在线监测数据、图像、视频和抢修车辆位置等信息能直观地显示在大屏幕上，使监控人员能及时监控现场情况，准确判断状态，指挥车辆和专业人员处理各种检修和抢修工作。

江河湖泊监控系统的主要功能包含探测空气温度；探测水质；探测水流速；探测风速和风向；探测气压；探测雨量；能上传视频图像或图片，实时监控现场；具备太阳能供电；具备防雷击设计；设计防腐、防高磁、防高压设计；传输通信通道可以兼容 PRS、CDMA、3G、Internet 或性能更优越的通信形式。

4.1.3 防汛抗旱监控体系

在我国，部分地区一直深受水灾和旱灾的影响。人们为了发展经济对环境造成了非常严重的破坏，常会发生例如干旱、洪涝、台风以及泥石流等自然灾害。因此，我国必须要加强防汛抗旱体系，不断研究新的解决对策，最大限度地减少自然灾害带来的损失。

1. 我国防汛抗旱减灾面临的挑战

1）以人为本的科学发展观对防汛抗旱工作提出了更高要求。我国是以科学发展观为指导的社会主义国家，不能因水旱灾害发生重大人员伤亡，或出现大范围、长时间供水中断的情况。因此，水旱灾害防御必须着眼于满足人民群众的需要，把满足人民群众的根本利益作为防御工作的出发点和落脚点，把防洪保人民生命安全、抗旱保生活用水放在工作的首位。

2）全球气候变化对防汛抗旱工作提出了更高要求。近年来，在全球变暖的大背景下，我国的气候也发生了明显变化，以洪涝、干旱为主要特征的水矛盾更加凸显，强台风、强暴雨、特大洪水、特大干旱发生的频率加大，发生的方式也不断变化，特别是局部强降雨和突发的山洪、泥石流、滑坡的发生几无前兆，给防御工作带来极大的挑战。

3）粮食安全的形势对防汛抗旱工作提出了更高要求。我国粮食已连续几年增收，但粮食供需仍处于紧平衡状态，一旦发生大范围的重大水旱灾害，粮食紧平衡状态极易被打破，从而引发粮食安全问题。在当前市场流动性充裕的情况下，很容易被人借旱灾大肆炒作，放大灾害的减产预期，加剧粮价波动，进而影响到我国的物价水平，影响我国粮食安全，引发社会和经济问题。

4）现代化对防汛抗旱工作提出了更高要求。随着科技的发展和现代化水平的提高，人类在享受现代文明的同时，对现代化的依赖程度也越来越高，现代化本身抗御水旱灾害的局限性和脆弱性也日益显露。因此，现代化在给人类带来便利的同时，也使人类对现代化产生很强的依赖，这种依赖一旦因水旱灾害而失去，必将产生更大的灾害，甚至引起大的社会动荡。

2. 5G 无线网络视频监控系统

在5G无线网络的支持下，通过对信息技术与多媒体视频监控系统的合理运用，有利于实现5G无线网络视频监控系统的构建。该系统在实践应用中的基本原理为：在视频压缩编码模块的作用下，能够对摄像头拍摄到的图像进行处理，并通过性能可靠的无线通信网终端，将图像发送到指定的区域，5G网络促使其中的数据能够进行实时交互、加密、解码等。在运用5G无线网络视频监控系统的过程中，用户可根据自身的需求，通过手机或者其他移动设备获取到系统中的图像信息。同时，由于该系统的使用实现了5G网络与计算机网络、信息技术的有效融合，并包含了监控中心、承载网络、中心平台等功能，促使自身服务功能完善的同时为其实际应用范围打下了坚实的基础，因此，需要在防汛抗旱应急通信中加强该系统的使用，满足信息处理的需求。

5G无线网络视频监控系统在防汛抗旱应急通信中的应用分析如下。

（1）监控方面的应用　为了满足防汛抗旱应急通信需求，全面提升其监控水平，应注重5G无线网络视频监控系统的引入，在组网方案的支持下，实现对防汛抗旱相关设施的实时监控，具体表现在以下几个方面。

1）水库方面的监控。在5G无线网络视频监控系统的作用下，防汛抗旱应急通信中能够对水库蓄水水位、闸门、水库附近区域的环境状况等进行监控，确保了水库的安全使用。

2）河道方面的监控。通过对该视频监控系统的灵活使用，能够对河道相关的水文情况、水面清洁度等进行监控，促使相关人员能够对河道情况有更多的了解。

3）防汛通信监控及其他方面的应用。在可靠的传输设备的支持下，配合使用防洪通信设备及水文监测设备，能够为水利信息传输平台的稳定运行提供保障，实现防汛通信实时监控。同时，在现场指挥、防汛抗旱工作落实、特殊情况报警等方面，也需要注重该系统的使用。

（2）承载网络及中心平台构建方面的应用　结合防汛抗旱应急通信的实际情况，可知其实践过程中对可靠的系统组网方案依赖性强。通过对其中的承载网络及中心平台的有效构建，能够实现对防汛抗旱区域具体情况的实时分析，并对相关的信息进行针对性处理。因此，防汛抗旱通信中应通过5G无线网络视频监控系统的作用，构建出符合自身所需的承载网络及中心平台，具体表现在以下几个方面。

1）选择当前运营商支持的 5G 网络作为应急通信中的承载网络，并对该网络中的视频信息传输效率进行充分考量，实现防汛抗旱应急通信中的远程视频。

2）在构建适用性强的中心平台时，要充分发挥防汛抗旱应急通信及 5G 无线网络视频监控系统的优势，从用户访问、登录管理、控制信号协调等方面入手，实现防汛抗旱应急通信中的监控中心平台的构建。

（3）信息高效传递、建设效益持续增加方面的应用　在 5G 无线网络视频监控系统构建中，充分考虑了用户的实际需求，并实现了智能化设备使用，在复杂的地理环境中应用效果良好，在实现信息实时采集、分析的基础上，确保了信息的高效传递，并通过低成本网络建设的方式，有利于增加防汛抗旱应急通信设施实践应用中的经济效益，具体表现在以下几个方面。

1）系统中通过对前端视频采集部分、访问客户端、中心平台等部分的优化配置，避免了防汛抗旱应急通信中使用光纤，促使整体的建设成本降低，为其在基础设施实践应用中的效益增加打下了基础。

2）系统中所包含的设施智能化程度高，能够将防汛抗旱区域的视频图像信息及时传递到指挥中心，促使相关决策的制定与实施更具合理性，提高了其中的信息利用效率。

4.1.4　灌区监控体系

1. 大中型灌区用水监控现状分析

大中型灌区既是我国粮食生产的支柱，在保障农业灌溉、维持生态平衡和支持社会经济发展等方面起着重要的作用，同时也是农业方面的用水大户。对农业用水进行管理是我国实施最严格的水资源管理体系的重要组成部分，将对大中型灌区的用水进行监控作为一项基本工作是农业用水管理的重要组成部分。国外对渠系自动化和用水管理技术的研究十分广泛，借用现代化信息管理技术改进了灌区用水管理系统，采用自动化和遥测技术控制渠系的运行，合理分配水资源和优化规划灌溉系统。国内也非常重视灌区供水模型和软件的研究，建立了多种基于灌溉的用水规划和管理调度模型，开发了相应的灌溉预测和决策支持系统，并结合我国国情对水计量技术和产品进行了研究和开发，使灌溉用水管理朝着信息化、高效的方向发展。然而，目前还缺乏简单、通用的灌区用水管理优化模型和软件以及水量测量设备，优化调度决策、计量方法、灌区用水管理、动态配水模型和数据通信方法等尚未形成一套完整的相关技术产品体系。

目前，水行政管理机构已能监测大中型灌区的总体水位、流量等，形成了一定规模的观测网络，收集和积累了大量的数据，在水资源管理和开发中发挥了重要作用。此外，我国越来越重视与灌区有关的信息技术研究，并增加了技术和财力资源。硬件研究方面，专注于开发水位和流量传感器；在软件研究方面，重点是开发用于灌区用水管理的应用软件和用水管理数据库。一些大中型灌溉区通过节约用水的改革改进了用水测量设备，并在用水监测方面取得了良好的成果。但总体而言，我国大中型灌区的用水监测还存在一些问题。

1）灌区用水监控基础设施建设薄弱，监测手段落后。目前，我国在农业中普遍缺乏灌溉测量设备，特别是在灌溉地区的末级渠道计量设备。相关调查数据显示，在大型灌溉项目中，平均约 $3700hm^2$ 有一个水位和流量观测点。由于观测设备比较稀少，所以无法实时监测用户的用水量。近年来，虽然有一些在灌溉区内兴建的水计量设备，但由于缺乏全面的水计量设备规划和严重的投资不足，灌区内的水计量设备数量非常有限，布局不合理，一些设施陈旧、损坏，无法正常运行。大多数灌区的监测方法都比较落后，水资源管理主要依靠"读数、抄写和报告"，灌区监测数据存在测量结果精度低、信息传递不及时、时效性差等缺点，影响了灌区监测数据的质量。再由于大多数灌区对水计量设备的维修不重视、投资不足，导致水计量设备寿命缩短，或在损坏时无法及时得到有效维修，以至于影响灌区的用水监控工作。

2）灌区信息化水平较低，迫切需要提高灌区管理人员的信息化意识和技术水平。对于灌区来说，用水信息是优化灌区水资源分配的基础，传统的灌区用水量测量方法在用水信息的收集上具有及时性和准确性较差的缺点，不能达到及时测量、准确测量、合理分配用水量的要求，主管部门难以及时掌握灌区用水量情况。一些灌区也在努力建设信息化系统，但由于灌区管理人员对信息化技术的掌握较差，无法充分利用和管理、维护已建立的信息系统，新老系统无法保证共同使用，不但没有减轻反而加重了灌区工作人员的负担。随着时间的推移，已建立的系统逐渐老化落后，由于无法更新和改革而逐渐被淘汰，灌区的管理又回到了原来的状态。

对灌区工作人员的分工调整比较普遍，这导致基层工作人员在调整后对基层管理业务不熟悉。此外，由于工作人员缺乏必要的培训，导致知识更新缓慢、专业素质较低，难以适应现代水利发展的需要。这使得基本数据采集的监控和管理很容易遇到困难，无法保证数据收集的准确性和标准化。

3）灌区监控指标不明确，评价指标不一致。影响灌区用水效率的因素有很多，导致无法明确监控指标。在一些灌区，统计的目标主要是灌区取水量，不定期监测排水量，灌区监测管理工作主要是监测具体的用水量，如何结合抽排水量、用水量和取水量的统计还需要改善。

目前，还没有统一的灌区用水效率评价指标体系，不统一的用水效率评价方法导致评价结果不统一，从而无法对灌区的用水效率状况进行全面评价，无法对比不同灌区的用水效率状况。这对大中型灌区用水效率的监测和指导影响较大。

4）灌区用水监控管理制度不健全，用水监控缺乏制度保障。目前，大部分灌区在用水量计量数据统计、用水监测责任等方面都没有完善的管理制度，这就导致了灌区水监测管理的混乱和无序，影响了灌区水监测数据的质量，对灌区优化配置、水资源决策判断和合理利用产生了影响。完善大中型灌区用水监测和管理制度，既能加强灌区用水管理，又能规范用水收费标准，从而确保建立和规范灌溉用水秩序。

2. 用水效率监控系统框架

大中型灌区的用水效率监控系统是衡量大中型灌区用水效率和用水总量控制的重要信息来源。监控系统需要建立在自动采集和传输的基础上，通过改造和建设信息采集传输基础设施，配备先进的设备与仪器，提升收集、传输和处理信息的自动化程度，提高信息收集的准确性和传输的及时性，形成一个相对完整的信息收集系统，为管理和监测大中型灌区的取用水提供及时和准确的信息服务。

大中型灌区用水效率监控系统框架如图 4 - 1 所示。

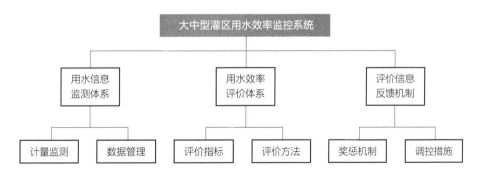

图 4 - 1　大中型灌区用水效率监控系统框架图

3. 监控系统建设内容

大中型灌区用水效率监控系统的结构主要包括三个部分：用水信息监测体系、用水效率评价体系和评价信息反馈机制。通过建设和完善大中型灌区的用水效率监控系统，能够全面、及时地掌握各单位用水效率的情况，实行最严格的水资源管理制度，实行"三重红线"的考核和管理。具体建设内容主要如下所示。

（1）用水信息监测体系

1）计量监测。建立大中型灌区用水计量监测管理体系，改善整个抽取、使用和排水过程的计量设备，同时配备符合《用水单位水计量器具配备和管理通则》（GB 24789—2009）等相关标准的用水计量设备和仪表。依照国家和省级水资源监控项目建设进展，大力推进大中型灌区远程监测系统建设，加快远程传输水表监控设备安装进度，一步一步实现动态监控。

2）数据管理。在大中型灌区建立用水统计制度，用水统计的原始记录和统计台账要连续、完整、规范，按时、准确报送各种用水报告，并及时向水行政主管部门报送上年度用水和排水明细表、废弃物和污水处理情况、水费支付情况、用水效率变化等资料。水行政主管部门为大中型灌区制定了档案管理方法，规范了档案资料的收集、管理、使用、统计和归档，系统地反映了大中型灌区用水的历史过程。水行政主管部门应该负责核实监测数据的准确性和真实性，及时报告和公布监测数据，并将监测数据作为增减用水计划、选择节水单位、评价区域用水效率的指标和重要的参考依据。

（2）用水效率评价体系　指的是在现有的灌区用水效率评价研究的基础上，按照可比性和科学性相结合、静态和动态相结合、层次性和系统性相结合、定量和定性相结合的指标选择原则，在分析大中型灌区用水特点及水分利用效率影响因素的基础上，提出的田间水利用系数、节水灌溉面积率、亩均灌水量、灌溉水利用效率和渠系水利用效率等，用以建设的大规模灌区用水效率的评价指标体系，见表4-1。

表4-1　大中型灌区用水效率评价指标体系

评价体系	指标意义
亩均灌水量	反映灌区单位面积用水情况和灌水技术水平
渠系水利用效率	综合反映灌区渠系工作状况和灌溉管理水平，是衡量灌区管理水平的重要指标
田间水利用系数	反映灌区田间工程状况和管理水平以及灌水技术水平
灌溉水利用效率	综合反映灌区灌溉工程质量、灌溉技术水平和灌溉用水管理水平
节水灌溉面积率	反映灌区灌水技术水平

在国内外有几十种综合评估方法，在用水效率评估方面就有十几种方法。通过全面比较，本书采用层次分析法作为大中型灌区水效率评价的方法。该方法满足了大中型灌区用

水效率评价的要求。其特点是评价结果的可靠性相对较高，误差小，评价指标不多等。该方法也很好地应用于《节水型社会评价指标体系和评价方法》（GB/T 28284—2012）。

（3）评价信息反馈机制 评价信息反馈机制包括奖惩机制和调控措施。奖惩机制是为了提高大中型灌区用水效率的积极性。根据大中型灌区用水量测量和监测数据，采用建立的大中型灌区水效率评价指标体系和层次分析法，对大中型灌区的用水效率进行评价。所获得的评价结果分为四类：优秀、不优秀、合格和不合格。根据大中型灌区用水效率评价结果，对于评价结果合格以上的，将给予对应的奖励；对于评价结果不合格的，必须及时提出纠正措施、并且给出相应的警告或通知。

调控措施是对评价结果不合格的大中型灌区，根据水行政主管部门提供的用水效率评价信息，结合其用水特点和存在不足的情况，提出适当的控制措施，主要包括技术措施和管理措施，以实现提高用水效率的目标。

4.2 5G 在水利机器人中的应用

4.2.1 水利无人机

1. 无人机系统组成及分类

（1）无人机系统组成 无人机系统又称为无人机驾驶航空器系统（Unmanned Aircraft System，UAS）。一般将无人机及其配套通信站、起飞（发射）回收装置、无人机运输、储存和检测装置统称为无人机系统。无人机系统组成如图 4 - 2 所示。

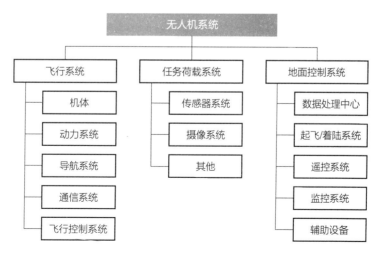

图 4 - 2 无人机系统组成

搭载有不同传感器的无人机会得到不同的数据结果。无人机可以搭载一个或多个不同的传感器，如数码相机、数字摄像机，同时可以收集不同的数据，如照片、影像。结合GPS和惯性导航系统，数据可以快速连接和转换。

（2）无人机的分类　根据不同的标准将无人机可分为不同的类型。

1）按应用的领域分类：无人机可分为军用无人机和民用无人机。民用无人机又分为专业无人机和消费无人机。专业无人机一般用于科研、公共管理、商业等领域；消费无人机一般用于大众消费。

2）按驱动方式分类：无人机可分为油驱动和电力驱动两类。油驱动无人机的优点是飞行时间长，但潜在的危险是不安全，如果坠机，可能发生火灾；电力驱动的无人机更安全，但受到电池容量的限制，有飞行时间短的缺点。

3）按形状和结构分类：无人机可分为无人直升机、固定翼无人机和旋翼无人机，其他类型包括无人驾驶飞艇、无人驾驶伞翼机和仿生无人机。旋翼无人机拥有的螺旋桨数量越多，飞行就越稳定，也越容易操作，可折叠，可垂直起飞与降落，对环境要求低；固定翼无人机起飞采用滑跑或弹射起飞的方式，着陆采用伞降或滑跑着陆的方式，对环境有一定的要求，飞行距离、载重等比旋翼无人机高得多；体型较大、油驱动的无人直升机需要由专业操作人员操作。

4）依据续航时间和荷载（或飞机重量）进行分类：无人机可分为大型无人机、中型无人机、小型无人机和超轻型无人机。大型和中型无人机可以携带物品的重量在20kg以上，飞行2h以上，同时可以使用摄像平台和测量级姿态定位系统。小型和超轻型无人机体积小、重量轻，载重通常在5kg以下，飞行时间不到1h。

2. 无人机在水利行业中的应用

（1）快速应急响应　2018年8月，黑龙江省大庆区肇兰新河青肯泡段，因上游降雨量大而产生蓄滞洪区，部分地区河道出现险情。在这次紧急救援中，防洪工程管理处的无人机小组得到了指示并快速做出反应，以最快的速度进入了发生险情的空域，从空中观察河道，进入人员和车辆无法进入的区域，观察险情水情，现场巡查，搜索来水，将历史数据和现场图像数据进行比较，为防汛指挥和决策提供准确的数据基础。无人机在洪水抢险行动中的快速反应证明，旋翼无人机具有体积小、重量轻、操作方便简单、飞行距离远等优点，在灾难和事故现场有很大的应用前景。

（2）对蓄滞洪区进行预警　通过无人机的搭载设备收集的数据和遥感航拍数据，可以建立三维模型，支持水利管理部门进行直观分析、决策和指挥。无人机在水利工程、旱情和汛情监测的三维仿真系统中发挥了重要作用。

（3）防汛指挥调度 水害发生后，决策部门必须及时掌握灾情现场的实时发展状况。首先，无人机起飞以初步了解空域，从而安排飞行任务，确定关键摄影对象，确定飞行距离，确定飞行路线。然后，进行飞行任务，利用无人机搭载的设备拍摄实时全景动态图像，利用远程通信和数据传输系统将数据传回后方指挥中心，使决策人员能够直观地看到灾区的宏观图像，及时反映的灾情和洪水程度的变化，使指挥和决策更有效、更专业、更准确。应急指挥车的移动会议系统也可用于电视会议，与后方一起确定灾害救援计划，协助做出调遣决定，并对洪水进行专业、有效的控制。

（4）对数据进行实时采集 无人机技术被用于动态监测其管辖范围内的水域，实时记录其管辖范围内水域的变化，逐步实现水管理信息化，以满足经济、社会发展和水管理的需要。利用监测结果建立流域变化和非法占用水资源的数据库，作为水资源管理的依据。地面站点可以根据实时观测的数据对水文数据进行动态实时分析。

（5）河（湖）长制信息化管理 在常规的河流巡逻中，无人机技术的出现可以自动、智能地快速获取空间遥感信息，如土地、资源和环境，同时具有实时传输高分辨率图像、检测高风险区域、成本低、灵活性好等优点。它能及时将河道高清晰度的影像输入河（湖）长制管理信息平台，以达到"准确"的监测和记录河岸和湖岸线状况、非法占用土地、非法排放等，推动和完善多方面的综合管理，如河长制下的河道治理等。

4.2.2 水面、水下机器人

1. 水面机器人

水面机器人是水、陆、空机器人家庭的重要组成部分。它们在工业、科学和军事领域发挥着重要作用。我国水利行业在不断探索水面机器人的应用，目前，在水利行业被广泛使用的水面机器人是无人驾驶的测量船（简称无人船）。

无人船在水利行业中的应用主要在水下和水面测绘方面。传统的测量设备和工作方法在工作中受到很大的限制。例如，在危险的水域，很难进行测量；在浅水区和水库，大型的调查船无法到达工作地域，所以调查是不可能的。由于无人船区别于传统的测量方法的机动性、灵敏度和安全性，被广泛地用于许多水上作业。

（1）水质监测 伴随着水污染日益严重，政府已开始采取一系列预防和管理措施，水质监测尤其重要。大型的人工驾驶船只一般很难进入环境较复杂的地域，这类问题都可以被无人船很好地解决。无人船配备了多种传感器，可测量目标水域的水质参数，如 pH

值、溶解氧等。

（2）水库水下淤泥厚度勘测　水库可以为周边地区提供自来水和灌溉用水，大坝上的水力发电机也可以发电，水库还可以防范洪水。水库中淤泥的堆积对水库的容量有较大的影响，会减少水库的容量从而造成水库的洪水灾害。相关工作人员需要调查水库水下的地形和淤泥堆积情况。人工测量需要大量的时间和精力，而且很难获得水下地形的精确空间分布。无人船配备了多频测深仪、多波束声呐和其他设备，可用于探测水下淤泥状况，弥补传统的探测方式在复杂和极端水域的局限性。

（3）应急救援　传统救援船的整体结构比较重，不方便在救援区内行进，具有较高的危险系数。结构小巧的救援无人船配备吊钩、扶梯和救生圈，机械化的救援设备可降低体力劳动强度，提高救援效率。救援无人船也配备了声波振动生命探测仪，许多声呐装置被安装在船体周围，它可以根据声音在不同位置的细微差异来判断幸存者的具体位置，这为救援工作带来了巨大的便利。

2. 水下机器人

作为人类探索深海的主要设备，水下机器人一直受到世界各国的重视，在过去的几年里，它们在开发海洋资源和深海探测中发挥了重要作用。我国的水利行业也在不断地探索水下机器人的应用，水下机器人目前主要用于水库勘探、安全检查和大坝检测。由于水库环境具有特殊性，观察型揽控水下机器人（ROV）在水利行业中被广泛使用。

（1）水下机器人的分类　水下机器人也被称为潜水器，主要分为载人潜水器（HOV）、载人/无人两用潜水器和无人潜水器（UUV）三种类型。载人潜水器主要用来代替潜水员进行深海水下作业。由于载人潜水器关系到人员的安全问题，被用于支持完整和复杂的生命保障系统，所以它们的尺寸和重量很大，现在主要用于科学研究和深海调查。水下无人机器人主要由自主水下机器人（AUV）、自主/遥控两用水下机器人（ARV）和缆控水下机器人组成。

（2）水下机器人的现状

1）国外水下机器人的现状。世界上第一个真正的 ROV 诞生于 1960 年。从事水下机器人研究的主要有伍兹霍尔海洋研究所、麻省理工学院、斯坦福大学等机构。其中，由伍兹霍尔海洋研究所设计的"海神号"遥控潜水器于 2009 年下水，成功潜到 10,902m 深处。

凭借智能机器人技术的优势，日本在水下机器人方面也取得了长足的进步。1995 年，日本海洋研究中心开发的"海沟号"ROV 成功地潜到 11022m 深的马里亚纳海沟，创造出了潜水器最大作业深度的纪录。此外，法国和加拿大也有深潜 4000～6000m 的 ROV。

观察型 ROV 在技术上并不难，在许多国家都有成熟的产品，如法国 ECA 公司的 H300 和 H800 型的 ROV、加拿大 Inuktun 公司的 ROV Video-Ray、美国 SeaBotix 公司的 LBV 以及加拿大 Seamor Marine 公司的 Seamor ROV 系列等。

在 AUV 方面，国外的开发和研究工作起步较早，最近几年在商用方面取得了一系列的成果。水下工作深度在 100m 左右，主要用于海底地形勘探和水文信息收集等。

2）国内水下机器人的现状。不同于国外，我国对水下机器人技术的研究起步相对较晚，但在过去的几十年里，水下机器人技术的发展取得了显著成果。其中，国际上相同类型的水下机器人的下潜深度记录被"蛟龙"号 HOV 刷新，而 ARV、AUV、ROV 等方面的深度水下机器人都是独立研究和开发的，技术水平处于世界领先地位。

目前，我国在 ROV 研发方面已经有了长足的发展，并且被广泛应用在开发海洋、救援和军事等方面。2003 年 9 月，我国自主研发的 ROV 第一次在北极科学考察被使用。2002 年 12 月，我国第一台自走式海缆埋设机 "CISTAR" 在中国沈阳自动化研究所被成功研制，该设备不仅可以用于在海底埋设电缆和光缆，而且能在海底进行光缆的监测和维护。2004 年，上海交通大学成功研制出一种下潜深度为 3500m 的水下采样机器人——"海龙"。

2014 年，我国首台自主研制的"海马"号 ROV 成功完成了最大潜水深度 4502m 的下潜试验，这是我国开发的遥控无人潜水系统在当时最大的潜水深度和最高的本地化率。2017 年，沈阳自动化研究所自主开发的深潜 ROV 成功潜水至 5610.8m，将我国的深海 ROV 技术提升到 6000m，成为仅次于美国、日本和法国的能够独立开发 6000m 级 ROV 的国家。2019 年，"潜龙三号"在大西洋应用成功，标志着我国深海勘探型水下机器人步入实用化、常态化阶段。"潜龙四号"是中国大洋协会采购的产品化 6000m 自主水下机器人，是一款面向用户应用需求的定制化自主水下机器人产品。其主要技术指标较"潜龙一号"有较大幅度的提升，可靠性更好。2020 年，"潜龙四号"首次执行大洋调查任务。

（3）水下机器人技术在水利行业中的应用

1）水下检测水库大坝渗漏。对于止水破坏和面板堆石坝面板破损引起的渗漏、混凝土坝接缝渗漏，ROV 可用于携带声呐设备、高分辨率摄像头和其他渗漏检测设备，在上游坝面对渗漏进行普遍检查，并对损坏情况进行详细检查。ROV 的定位系统可以用来定位渗漏位置，并为后续的加固处理提供设计数据。

2）水下检测水工建筑物混凝土缺陷。水工建筑物在水下运作多年，由于各种原因，可能会发生混凝土损坏、冲刷侵蚀、结构变形等问题，可使用 ROV 搭载水下机械臂、高清摄像头等设备进行水下混凝土缺陷检测。这样做大大提高了检测效率和便捷性，成本也比使用潜水员低。

3）检测水工建筑物金属结构（闸门、拦污栅等）隐患。当水工建筑物金属结构被损坏或腐蚀时，ROV 也可以用于水下检测并标记。

4）检查水工建筑物水下淤积等。搭载多波速测深、扫描声呐系统等设备的 ROV 可以快速检查闸门前淤积、坝前水库淤积等水下淤积。

5）水下检测各种新建水利水电工程。应用于各类应急抢险工程的水下检查、应急检查等。

5G＋智慧水利大脑

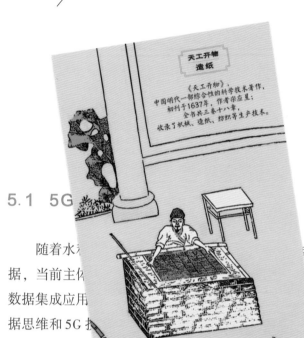

5.1 5G

随着水利……多类型、多来源、多时相的海量水利数据，当前主体……遍存在存储组织难、数据吞吐处理难、数据集成应用……水利信息化工作的需求，急需引入大数据思维和5G……水利业务提供支撑。

5.1.1 数据标……

水利行业的……述，此节侧重于讨论数据标准的管理。数据标准管理……

（1）标准生成……分类、信息项等生成标准文档，支持导出为多种格式……

（2）标准映射……的资源进行关联映射，即实现数据标准的落地执行，……系，包括元数据与数据标准的映射、元数据与数据质……的映射，能提供在线的手工映射配置功能，并能对映……

（3）变更查询　……询发布或废止的标准的历史变更轨迹。

（4）映射查询　查询标准项与元数据之间的落地情况。

（5）维护标准　对标准状态进行管理，包括增删改、审核、定版、发布、废止等。

（6）标准版本查询　对发布状态的标准进行版本管理。

（7）标准导出　按照当前系统中发布的最新标准或者选择版本来下载标准信息。

通过统一的数据标准的制定和发布，结合制度约束、系统控制等手段，实现系统数据中台数据的完整性、有效性、一致性、规范性、开放性和共享性管理，为数据资源管理活动提供参考依据。

5.1.2　数据治理

数据治理是指从使用零散数据变为统一数据，从具有很少或没有组织和流程治理到机构全业务范围内的综合数据治理，从尝试处理零散数据混乱状况到统一数据井井有条的一个过程。

数据中台数据治理能力的建设，需要引入数据治理的核心思想和技术，从制度、标准、监控、流程几个方面提升开放的数据信息管理能力，解决目前所面临的数据标准问题、数据质量问题、元数据管理问题和数据服务问题。

1. 数据治理核心驱动力

（1）数据标准规范化　规范化管理构成数据平台的业务和技术基础，包括数据管控制度与流程规范文档、信息项定义等。

（2）数据关系脉络化　实现对数据间流转、依赖关系的影响和来源分析。

（3）数据质量度量化　全方位管理数据平台的数据质量，实现可定义的数据质量检核和维度分析，以及问题跟踪。

（4）服务电子化　为数据平台提供面向业务用户的服务沟通渠道。

2. 数据治理核心技术

（1）统一数据标准　对数据进行分类、口径、模型等规则的标准化统一管理。

（2）元数据管理　以建立企业级数据模型、指标体系为切入，将业务分类、业务规则、数据立方体纳入元数据管理。

（3）数据质量管理　建立跨专业、全过程的数据质量管理体系，保障数据信息的准确、规范、完整和一致。

（4）数据生命周期管理　实现数据生命周期的多级管理，将数据使用频度和资源占用合理分配。

5.1.3　数据模型

数据中台需要支持不同的业务应用。为了使数据中台具有灵活性和扩展性，能够完成不同业务数据的处理，需要将数据处理的模型和算法独立出来，以适应不同的业务需求。在具体的实施中，依据大数据处理的目标，定义和选择合适的水利数据处理模型。

数据中台通过管理各种数据分析模型，加载样本数据，创建调度任务，产生中间或最终结果，提供给不同的应用系统或者用户进行访问、查询等。它采用具有国际标准的企业级服务接口进行封装，从而能够满足不同的需求。平台通过基于 Oozie 工作流的方式，可视化地监控每个分析模型的运行情况，并且能够对分析模型进行评价和优化，这也是目前系统的创新点之一。水利数据模型如图 5 – 1 所示。

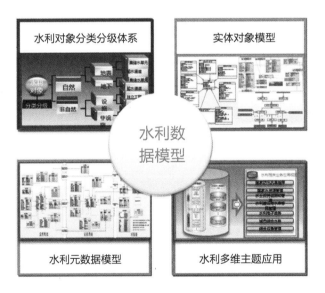

图 5 – 1　水利数据模型

5.1.4　数据服务

面向服务体系架构，统一应用支撑平台，主要对防汛抗旱、水资源管理、水土保持等水利核心业务，以及电子政务等重要政务进行整合，将各种业务和政务应用中通用的系统功能进行复用，形成统一的数据交换、地图服务和用户管理，并在此基础上进行封装，形成可以调用的服务，通过服务的调用和再封装等技术，实现水利业务应用的协同。将具有通用性的第三方产品，如 GIS、报表工具、全文检索、工作流引擎等，统一集中部署在应用支撑平台中，通过服务的调用和再封装等技术，实现水利业务应用的使用。水利应用整合共享顶层架构如图 5-2 所示。

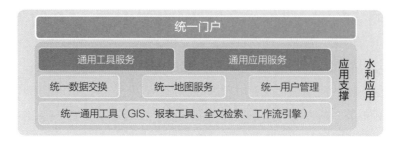

图 5-2　水利应用整合共享顶层架构

水利业务应用服务按照服务注册中心、服务请求者、服务提供者三个角色，遵守具体的技术规范，进而实现分布式资源的共享和服务。水利应用整合服务管理模式如图 5-3 所示。

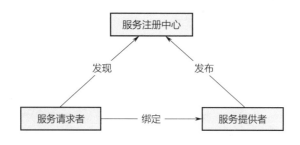

图 5-3　水利应用整合服务管理模式

5.2　5G＋业务中台

5.2.1　GIS 引擎

相信大家对国内的百度地图、高德地图等相关应用软件已经十分熟悉了。如今，百度、高德地图在手，神州大地任我走。美团、滴滴、微信、QQ、京东、淘宝、墨迹天气等软件也随处可见地图的身影。通过这些应用，人们可以浏览地图、定位自己的位置、查找自己想知道的兴趣点、设定导航、搜索交通路线、查询相关信息等。而这些只是 GIS 引擎最基本的一些功能。这些应用中的地图只是 GIS 的表现形式之一，GIS 深层内涵是对空间信息的处理，因此 GIS 更大一部分是在行业中的应用。

WebGIS 是网络技术应用于 GIS 的产物，是实现 GIS 交互操作的一条最佳解决途径。在 Internet 的任意节点，用户都可以浏览 WebGIS 站点中的空间数据、制作专题图、进行空间信息检索和空间分析。WebGIS 不但具有传统 GIS 的功能，而且利用 Internet 优势的还具有特有功能。这些特有功能包括用户不必在自己的本地计算机上安装 GIS 软件就可以在 Internet 上访问远程的 GIS 数据和应用程序，进行 GIS 分析，在 Internet 上提供交互的地图和数据。

1. WebGIS 的概念

WebGIS 就是展现于网络上的 GIS。在 20 世纪 80 年代，出现的大量 GIS 软件基本上都是 C/S（客户端/服务器）模式的，即首先需要在本机上装有专业的 GIS 软件，然后用户根据需求使用这些 GIS 软件。当然，这种桌面端的 GIS 软件有其天然的优势，例如开发相对简单、不需要 Internet 支持，以及具有更多的复杂功能、响应相对迅速等。但同时，其缺点更是不容忽视。首当其冲的便是不便于推广，而不便于推广的原因在于 C/S 系统本身天然的劣势，再有如不便于更新，不便于跨平台，不便于用户在不安装指定客户端的情况下使用。

从 21 世纪开始，Internet 进入了爆发式增长阶段，网络的铺设以及网速都有了大幅度增加和提升，这为 WebGIS 的发展提供了坚实的大环境。于是，基于 B/S（浏览器/服务器）的 GIS 系统越来越多地开始提供服务，并且随着 RIA（富网络应用）技术、AJAX（动态网页）技术的出现和成熟，WebGIS 也基本能展现出与 C/S 一样的效果和功能。而 WebGIS 的大发展，更是用户的需求，Google 地图和百度地图等服务提供商的大规模扩张便是最好的证明。

所谓 WebGIS，就是将 GIS 所能提供的功能，以 B/S 技术展现给用户，使用户只需要在浏览器上便能使用这些 GIS 功能的。

2. WebGIS 的框架

WebGIS 既然是 Web 系统，所以必然是 B/S 模式。Web 上的数据展示或者用户交互，都是和服务器进行通信的。服务器可以是本地主机，或者是远程主机、云主机，如国内的阿里云、百度云等提供的虚拟主机或者独立云主机等。其主要特点就是服务端（也可以理解为后端程序）部署在服务器，客户端（浏览器前端网页，或者是移动终端，如手机、平板、PDA 等）直接访问，客户端提供接口或者消息，和服务端进行通信，上传数据、获取数据展示等。

WebGIS 三层架构（如图 5 – 4 所示）主要为展示层、地图服务层、数据层，通过 UML 图形进行理解。

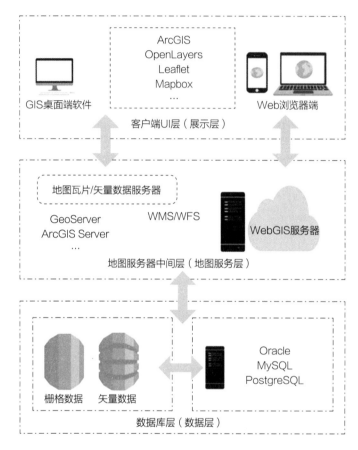

图 5 – 4　WebGIS 三层架构

5.2.2　报表引擎

1. 报表引擎的作用

1）分离报表的实际业务数据和展现形式，只需准备元数据，后续数据展现工作由报表引擎来完成。例如一些小计行、字段合并、大小写等都不应该写在 SQL 语句中。

2）采用多源分片和动态格间计算技术能够高效地完成复杂报表工作，缩短产品开发周期，提高产品质量。

3）通过提供的业务对象和简单的 SQL 语句构造向导，可以让业务人员制作简易报表。

4）考虑数据上报功能，系统解决项目和公司的数据来往业务，不需要给每个公司报表单独做一个模块。

5）原来单据中编码会夹杂报表功能代码，报表引擎可以分离报表和实际单据业务功能，使得模块功能更清晰、可维护性更高。

6）提供报表推拉模式，可以由用户订阅关心的报表，使其能够方便地查看需要的数据。

7）通过提供保存查询条件的功能，可以使得公司负责人员打开报表就能看到预期的结果，免去重复性的输入。

报表引擎根据报表格式，提取数据中的原始数据，依据定义的报表算法，进行自动计算；在提取报表主题及算法运算过程中，报表引擎依据定义的各种参数，实现所需的运算；对于用户自定义数据源，根据实际的情况，连接数据库，进行数据采集；提供快速集成各种类型数据库接口，完成数据的接入与采集。

2. 七款开源报表工具

1）Metabase。它在 GitHub 上评价很高，适合业务人员使用，界面美观，安装简单，体验感很好。但是支持的数据源少，只有 12 种，不支持 Hive、Kylin，支持的图表类型仅 14 种，比 Superset 少。图表可视化选择多、设置灵活，提供的数据格式也较多，可以创建集合，分组管理图表、看板和定时任务，有简单的图表钻取功能，但无法复杂联动。支持文档和定时发送邮件，源代码质量好，结构清晰整洁。

2）JimuReport。JimuReport（积木报表）是免费的企业级 Web 报表工具。它致力于"专业、易用、优质"的报表设计器和大屏设计器（暂不开源）。它可以帮助用户像用 Excel 一样设计页面，快速得到一个酷炫的大屏，有几十种模板任选。它还支持打印设计、数据报表、图形报表和大屏设计器。

3）UReport 2。UReport 2 是第一款基于 Apache 2.0 协议的开源的中式报表引擎，主打高性能的 Java 报表引擎，提供完善的基于网页的报表设计器，能快速完成各种复杂的中式报表。UReport 2 提供了全新的基于网页的报表设计器，这非常方便，可以在各种主流浏览器（IE 浏览器除外）中运行，打开浏览器就能完成成各种复杂报表的设计与制作。

4）Reportico。Reportico 是一个深受用户喜爱的报表设计工具，是免费的。它可用来设计报表、创建报表菜单和配置，支持图形、分组、下载、表达式处理和数据转换，可导出 HTML，PDF，CSV 格式报表，可通过 CSS 修改报表外观。

5）Superset。Superset 是一款由 Airbnb 开源的、目前由 Apache 孵化的，基于 Flask - appbuilder 搭建的现代化的企业级 BI（商业智能）Web 应用程序。它通过创建和分享 dashboard，为数据分析提供了轻量级的数据查询和可视化方案。

6）JasperReports。JasperReports 是目前 Java 开发者最常用的报表工具，它是一个纯用 Java 开发的开源的程序库。用户能够透过它，利用 Java 语言来开发具有报告功能的程序。虽然它的文档要收费，但其使用感很好。JasperReports 的模板采用 XML 格式，从 JDBC 数据库中撷取合适的资料，并把资料在屏幕或打印机中显示，或以 PDF、HTML、XLS、CSV、XML 等格式储存。它可以在 Java 环境下像其他 IDE 报表工具一样来制作报表，JasperReports 支持的输出格式很丰富，对图形报表的支持也较全面。

7）Grafana。Grafana 是一款采用 Go 语言编写的开源应用，主要用于大规模指标数据的可视化展现，是网络架构和应用分析中流行的时序数据展示工具。Grafana 在其他领域也被广泛使用，包括工业传感器、家庭自动化、天气和过程控制等。Grafana 支持许多不同的数据源。每个数据源都有一个特定的查询编辑器，该编辑器定制的特性和功能是公开的特定数据来源。它的探索功能可以将面板从仪表盘中剥离，以便深入了解指标和日志，这样就可调试问题、拆分视图，对不同的查询结果进行比较，使操作更加容易。

3. Echart

Echart 是百度开发的一款纯 JavaScript 开源软件，支持包括 IE、Chrome、Firefox 在内的多种浏览器。Echart 提供了丰富的 API 接口以及文档，通过合理设置并结合后台传送的 JSON 数据，即可展示所需的数据主题。与其他开源的数据可视化工具相比，Echart 主要有以下一些特点。

1）引入简单，配置便捷。开发人员仅需在视图层面引入 Echart 的 JS 文件，即可通过 Ajax 调用后台的模型层以及控制层，传递需求和回送结果。Echart 具有丰富的图形展示控制手段，通过 option 的设定即可控制数据展示形式、值域以及其他控制细节。

2）图表种类丰富。Echart 底层依赖开源渲染引擎 Zender，支持 Canvas 方式渲染，拥有包括柱状图、雷达图、地图在内的可视化图表类型，能够提供坐标系、时间轴、工具箱等多个交互式组件。通过 Ajax 技术以及自身的事件机制，可实现数据主题图形与后台的数据联动，增强了数据整合及挖掘的能力。

3）数据轻量化传送。Echart 图形组件支持 JSON 格式数据的异步加载。随着版本的迭代发展，其常见图表已经支持千万级数据的渲染，为相关人员提供了较好的性能体验。

5.2.3　工作流引擎

工作流最早起源于生产组织和办公自动化领域，它是针对平时工作中的业务流程活动而提出的一个概念，目的是通过将工作分解成定义良好的任务或角色，根据一定的原则和过程来实施这些任务并加以监控，从而提高效率、控制过程、提升客户服务、增强有效管理业务流程等。为了更好地实现某些业务工作目标，可以利用计算机在很多个参与人之间按某种既定原则自动传递文档、信息或者任务。

1. 工作流的种类

工作流是在整个工作区中发生的，有些是结构化的，有些是非结构化的。当数据从一个任务转移到另一个任务时，工作流就存在了。但是，如果数据没有流动，就没有工作流。例如，遛狗、去杂货店和取干洗衣物等，这些不是工作流，而是任务管理。主要的工作流有以下三种。

1）流程工作流（Process Workflow）。当一组任务具有可预测性和重复性时，就会发生流程工作流。也就是说，在项目开始之前，工作人员已明确数据的流转方向。例如采购申请批准工作流，一旦申请提交，每一步处理工作相对固定，工作流几乎不会有变化。

2）项目工作流（Project Workflow）。项目具有类似于流程的结构化路径，但在此过程可能具有更大的灵活性。项目工作流只适用于一个项目。例如发布一个新版本的网站，工作人员可以准确预测项目的任务流程，但是这个任务流程不适用于另一个网站的发布。

3）案例工作流（Case Workflow）。在案例工作流中，对于数据流转的方向是不明确的。只有收集到大量的数据时，数据流转的方向才会比较明显。例如保险索赔，一开始并不知道如何处理，只有经过一番调查，才会明确。

2. 工作流引擎的概念

工作流引擎能够提供流程搭建工具、表单开发工具，以及和第三方系统的集成能力等。业务环节跨部门、跨业务线参与，或者需要多人审批的，建议引入工作流，也就是现在常说的业务流程管理（Business Process Management，BPM）。业务流程管理可以固化企业业务流程，降低纸质化办公以及员工间的沟通成本，破除数据孤岛，实现企业业务流程的自动化，提高办公效率。

工作流引擎是软件开发中不可避免的重要一环。所谓工作流引擎，是指工作流作为应用系统的一部分，提供对各应用系统有决定作用的根据角色、分工和条件的不同决定信息传递路由、内容等级等核心解决方案。

工作流引擎包括流程的节点管理、流向管理、流程样例管理等重要功能。

开发一个优秀的软件系统，系统界面是最基础的部分，数据库之间的信息交换是必备条件，而根据业务需求开发出符合实际的程序逻辑，并在一定程度上保证其稳定性、易维护性才是根本。稳定性自不必说，易维护性则要保证模块化和结构化，这样可以在业务流程发生变化，例如决策权的改变、组织结构的变动时，产生全新业务逻辑。而工作流引擎解决的就是这个问题。如果应用程序缺乏强大的逻辑层，就会变得容易出错，如信息的路由错误、产生死循环等。

举个简单的例子，一辆汽车，外观很漂亮，但是如果发动机有问题，那它就变成了一个摆设，势必会问题不断。而应用系统的拓展性就好比汽车的引擎转速，其他车百公里加速只要 10s，而你的则需要 1h（业务流程变动需要更长时间的程序修改），孰优孰劣，一目了然。再者引擎动不动就熄火（程序逻辑发生死循环），那这样的车谁还会要呢？

3. 服务架构

服务架构指面向服务的体系结构，是一个组件模型。它将应用程序的不同功能单元通过这些服务之间定义良好的接口和契约联系起来。接口是采用中立的方式进行定义的，它应该独立于实现服务的硬件平台、操作系统和编程语言。工作流引擎使得构建在各种这样的系统中的服务，可以以一种统一和通用的方式进行交互。

4. 工作流机制案例

如何构建一个灵活的办公自动化（OA）工作流机制？可能开始有很多人用 Domino 来做，后来到了 ASP. NET 的时候，许多公司老板、首席技术官（CTO）等都开始要上工作流引擎实现企业信息审批流程化。基于企业的实际需求，本公司也在近几年开发了标准企业级的工作流引擎——LeaRun，并获得了双软认证，各项指标及客户反映都不错，其基本思路如下。

1）定义每步操作，即定义流程步。定义流程步主要包括：操作的接口地址、操作参数、操作类型（起始操作、中间操作等）。定义操作的目的是在接下来为每步操作设置关系和定义流程时，选用这些定义好的操作步。

2）定义操作的参数。除了需要有接口地址外，还需要定义操作参数。

3）定义操作步之间的关系。这就是说要定义一个流程中每个操作步的前驱、后继操作步。

4）定义流程。必要的信息包括：流程名称等基本信息、定义流程的各个操作步以及流程规则。流程的基本信息这里不再赘述。流程步的定义比较复杂，需定义步骤类型（起始、中间、终结）、入口步骤、出口步骤、通知模式、人员、角色、发送通知的内容等。

5）涉及跳步情况的定义。例如，需要根据参数的不同提交到不同的步骤进行审批，这里称为流程步骤变迁规则设置。需设置的内容包括：原步骤、目标步骤、变迁方向（正/负）、条件规则（判断参数时用与还是用或）。接着设置参数、参数值及比较条件。

6）授权管理。这个比较简单，判断提交人是否处于授权状态，从而进行授权处理。

上述只是基础逻辑，在实际编写过程中还要考虑各企业的实际情况，LeaRun 框架内置的工作流引擎仅供参考。

5.2.4　统一用户管理

统一用户管理是为了方便用户访问组织机构内所有的授权资源和服务，简化用户管理，基于轻型目录访问协议（LDAP）或基于数据库，对组织机构内的所有应用实行统一的用户信息的存储、认证和管理。

统一用户目录管理要遵循以下两个基本原则。

1）统一性原则。实现对目前已知用户类型进行统一管理；对包括分支机构在内的整个组织机构内的所有用户进行用户目录复制和统一管理；对门户的用户体系和各应用系统各自独立的用户体系进行统一管理；对新进员工/用户到员工用户离开进行整个生命周期的管理。

2）可扩充性原则。能够适应对将来扩充子系统的用户进行管理。

1. 统一用户身份管理

（1）规范用户数据源　实施统一身份认证前，企业的用户数据可能存在于各个应用系统中，每一个应用系统都有一套自己的用户数据，没有统一的数据源，用户数据也不尽相同。例如，A 系统中的用户登录账号为拼音，而 B 系统中的用户却是使用工号编码登录。此外，用户信息新增或变更的实时性和同步性很难保证。因此，需要规范管理各应用系统的用户数据，实施统一用户管理。

将企业中人力资源管理系统或其他管理人员数据的系统作为用户数据的权威数据源。当人员信息出现新增或变更时，统一用户身份管理系统获取用户创建或修改事件，定期扫描新变更的用户记录。统一用户身份管理系统将这些事件同步给每个连接的应用系统中，各系统根据规则修改相应信息。要求各系统不能私自创建账号或对用户基础信息做出任何修改，保持与权威数据源的数据一致。因此，利用统一用户身份管理能够统一管理企业内用户和组织机构的基本信息，并自动地为所有和统一用户身份管理系统集成的应用系统进行用户账号创建、变更、注销等操作。

（2）用户生命周期管理 一个完整的用户身份生命周期管理包含以下几个阶段。

1）用户注册。在权威数据源系统（如人力资源管理系统）中对用户进行注册，确定用户要注册的部门、岗位分配等信息，并在权威数据系统中建立用户账户。

2）统一用户信息。通过接口将用户信息同步至统一用户身份库，统一用户身份管理系统通过对身份库的监控，根据规则将其同步至统一用户身份管理系统。

3）账户分发、审批和授权。系统管理员在统一用户身份管理系统中对新增的账户进行审批和授权，分配该账户在其他应用系统的使用权限并将账户同步至相关的应用系统中。

4）变更。当用户的分配部门或岗位、密级等其他信息发生变化时，系统管理员在权威数据源中对用户信息进行修改和更新，然后由统一用户身份管理系统统一更新并同步该用户关联的其他信息系统中的账户信息。

5）密码管理。由统一用户身份管理系统统一接管用户在其他应用系统中的账户和密码信息，密码策略按照企业保密规定统一执行。采用统一密码的方式，即企业门户密码与其他应用系统密码保持一致，在企业门户中集成用户的密码管理模块，用户将企业门户密码更改后，接口会把新密码同步到各应用系统中。

6）销户。当用户离职以后，首先由系统管理员在权威数据源中停用或注销该用户账户，然后把用户状态同步到统一用户身份库，再将用户状态推送至与该用户关联的应用系统中，完成企业门户和各应用系统的统一注销用户账户工作。

2. 统一身份认证机制

统一身份认证机制为其他信息系统提供相同的认证策略和认证方式，该机制可以有效识别用户身份的合法性。用户通过计算机登录某个信息系统时，通过浏览器访问该信息系统的登录页面，获取随机数和认证服务器证书，然后客户端将认证请求和用户证书发送给该信息系统的服务器，服务器转发认证请求和用户证书给认证服务器，认证服务器认证后，将用户证书序列号返回给系统服务器，由系统服务器通知客户端登录信息系统。统一身份认证支持电子密钥、数字签名和用户名/口令等多种认证方式，充分满足用户的安全认证需求。

对于安全级别要求较高的信息系统，也可以考虑在自身系统中额外加入身份认证模块，如二次密码、问题验证和令牌等认证方式。

这种统一身份认证机制，能够解决多个系统分别独立认证的弊端。例如，用户需要分别单独登录各信息系统，多个认证系统增加了管理成本和重复开发的成本等。因此，建立统一身份认证机制对用户实行统一认证和统一授权管理对企业的系统集成是非常必要的。

3. 单点登录实现原理

当企业信息系统繁多，用户分别拥有各个信息系统的不同用户名和密码，访问一个系统时，输入一套用户名和密码验证登录，而当他要访问其他系统时，需要再次输入这个系统的用户名和密码，这些一次又一次的验证工作大大降低了用户的系统体验度，间接影响了工作效率。而如果将用户认证、系统授权、用户全生命周期管理作为一种基础服务，从应用系统中独立出来，用户在登录企业门户时只需主动进行一次身份认证即可，后续访问其他应用系统时，都可以根据这种基础服务，判断是否是授权系统和合法用户。这个思路就是单点登录。

统一身份认证中的关键技术，是单点登录（Single Sign On，SSO）技术。利用单点登录技术进行统一身份认证，实现一次登录，整网漫游，是目前比较常用的企业业务整合、一键登录的方法之一。用户登录企业门户时登录一次，即可完成全网身份认证识别，获得其他信息系统或应用平台的授权，从而在多个应用系统间自由转换。

4. 单点登录技术认证方式

通常根据业务系统的情况，与门户接入单点登录可以采用以下两种方式：一种是基于Cookie 的单点登录认证方式，另一种则是基于 Header 的单点登录认证方式。

基于 Cookie 方式的单点登录认证，是利用客户端页面中存储的加密登录信息，由第三方业务系统提供验证页面，自主解析该业务系统用户名与密码信息，通过身份认证模块利用解析后的账号和属性信息对用户身份进行验证，查询数据库中该用户的资源信息并返回资源列表。通过认证后，自动跳转至获取的目标 URL 地址。当用户通过单点登录系统的认证后，单点登录系统把该用户关联的账号信息和 URL 地址通过注入机制添加到 Cookie 中，并给相关业务系统发送请求，业务系统获取账号信息，验证用户身份信息后，决定是否允许该用户跳转至所请求的系统资源。

基于 Header 方式的单点登录认证，是将已认证的用户身份信息插入一个请求 HTTP 头中，该 HTTP 头是以第三方服务器为目的地的请求，HTTP 头信息可以使已联结的第三方服务器上的应用程序根据用户身份信息执行属于该用户的特定操作。客户端浏览器请求受保护的第三方服务器上的应用程序，网关认证系统对该用户进行身份认证，建立新的基本认证头，将请求发送到第三方服务器的应用程序上，第三方服务器的应用程序不需要再次认证用户身份，而是直接读取基本认证头中的用户身份信息，并进行相应的用户操作。

5. 信息系统统一身份认证管理标准

所有集成的信息系统在集成到统一用户身份管理系统后，必须遵循以下标准。

1）应用系统提供门户系统专有的登录验证跳转页面，为了方便后期维护，建议不要复用系统自身登录页面。

2）应用系统必须禁用密码修改功能，应用系统密码统一在统一用户身份管理系统中修改，然后通过同步机制同步到所有应用系统中。

3）应用系统中不能独自添加、修改、禁用、删除用户。如果新注册用户为正式员工，或用户信息发生变更时，必须在用户数据源系统（如人力资源管理系统）中进行新账户注册或数据更新，然后通过同步机制依次同步到统一用户管理系统，再通过统一分配与授权同步到其他应用系统中，否则无法完成在企业门户中的单点登录。

4）如果应用系统使用统一用户身份管理系统提供的标准组织机构，应用系统组织标准机构的创建、修改、删除必须通过统一用户身份管理系统进行同步。

5）用户访问应用系统的验证页面时，验证页面需能解析 Cookie 中的账号信息，以及请求的目标地址。应用系统完成用户认证后，必须能够定向到用户访问的目标地址页面，不能转向到应用系统首页或其他页面。

6）业务系统在判定用户请求的目标地址的时候，应判断所请求的地址是否是系统自身的登录页面，如果是，则应自动跳转至登录成功后的页面。

对于 C/S 模式的业务系统，需要业务系统进行改造，通过 JSP 页面获取登录信息后，可以实现从 JSP 页面启动 C/S 客户端，并跟进获取到登录信息并登录至 C/S 系统中。

5.3　5G +智能中台

5.3.1　机器视觉

机器视觉是人工智能领域正在快速发展的一个分支。简单来说，机器视觉就是用机器代替人眼来做测量和判断。机器视觉系统是通过机器视觉产品（即图像摄取装置，分 CMOS 和 CCD 两种）将被摄取目标转换成图像信号，传送给专用的图像处理系统，得到被摄目标的形态信息，将像素分布和亮度、颜色等信息，转变成数字化信号；图像系统对这些信号进行各种运算来抽取目标的特征，进而根据判别的结果来控制现场的设备动作。机器视觉是一项综合技术，包括图像处理、机械工程技术、控制、电光源照明、光学成像、传感器、模拟与数字视频技术、计算机软/硬件技术（如图像增强和分析算法、图像卡、I/O 卡等）等。一个典型的机器视觉应用系统包括图像捕捉、光源系统、图像数字化模块、数字图像处理模块、智能判断决策模块和机械控制执行模块。机器视觉系统最基本的特点就是提高生产的灵活性和自动化程度。在一些不适于人工作业的危险工作环境或者人工视觉难以满足要求的场合，常用机器视觉来替代人工视觉。同时，在大批量重复性工业生产过程中，用机器视觉检测方法可以大大提高生产的效率和自动化程度。

机器视觉早期发展于欧美和日本等国家，并诞生了许多著名的机器视觉相关产业公司，包括光源供应商日本的 Moritex、镜头厂家美国的 Navitar、德国的 Schneider、德国的 Zeiss、日本的 Computar 等，工业相机厂家德国的 AVT、美国的 DALSA、日本的 JAI、德国的 Basler、瑞士的 AOS、德国的 Optronis，视觉分析软件厂家德国的 MVTec、美国的 Cognex、加拿大的 Adept 等，以及传感器厂家日本的 Panasonic 与 Keyence、德国的 Siemens 和 Omron 及 Microscan 等。尽管近十多年来全球产业向中国转移，但欧美等发达国家与地区在机器视觉相关技术上仍处于统治地位，其中美国的 Cognex 与日本的 Keyence 几乎垄断了全球 50% 以上的市场份额，全球机器视觉行业呈现两强对峙状态。在诸如工业 4.0 战略、美国再工业化和工业互联网战略、日本机器人新战略、欧盟"火花"计划等战略与计划以及相关政策的支持下，发达国家与地区的机器视觉技术创新势头高昂，进一步扩大了国际机器视觉市场的规模。

相比发达国家，我国直到 20 世纪 90 年代初才有少数的视觉技术公司成立，相关视觉产品主要包括多媒体处理、表面缺陷检测以及车牌识别等。但由于市场需求不大，同时产品本身存在软/硬件功能单一、可靠性较差等问题，直到 1998 年开始，我国机器视觉才逐步发展起来，其发展经历了启蒙、发展初期、发展中期和高速发展几个阶段。

1）机器视觉启蒙阶段。自 1998 年开始，随着大量的国外电子相关企业在我国投资建厂，企业迫切需要得到大量机器视觉相关技术的支持，一些自动化公司开始依托国外视觉软/硬件产品搭建简单专用的视觉应用系统，并不断地引导和加强我国客户对机器视觉技术和产品的理解和认知，让更多相关产业人员了解到视觉技术带给自动化产业的独特价值和广泛应用前景，从而逐步带动机器视觉在电子、特种印刷等行业的广泛应用。

2）机器视觉发展初期阶段。2002 年—2007 年，越来越多的企业开始针对各自的需求寻找基于机器视觉的解决方案，以及探索与研发具有自主知识产权的机器视觉软/硬件设备。在 USB 2.0 接口的照相机和采集卡等器件方面，逐渐占据了入门级市场；同时，在诸如检测与定位、计数、表面缺陷检测等应用与系统集成方面取得了关键性突破。随着国外生产线向国内转移以及人们日益增长的产品品质需求，国内很多传统产业如棉纺、农作物分级、焊接等行业开始尝试用机器视觉技术取代人工视觉来提升质量和效率。

3）机器视觉发展中期阶段。2008 年—2012 年，出现了许多从事工业照相机、镜头、光源到图像处理软件等核心产品研发的厂商，大量中国制造的产品步入市场。相关企业的机器视觉产品设计、开发与应用能力，在不断实践中也得到了提升。同时，机器视觉在农业、制药、烟草等多行业得到了深度广泛的应用，培养了一大批系统级相关技术人员。

4）机器视觉高速发展阶段。近年来，我国先后出台了促进智能制造、智能机器人视觉系统以及智能检测发展的政策文件。《中国制造 2025》提出实施制造强国，推动中国到 2025 年基本实现工业化，迈入制造强国行列；《高端智能再制造行动计划（2018—2020 年)》提出中国智能检测技术在 2020 年要达到国际先进水平。得益于相关政策的扶持和引导，我国机器视觉行业的投入与产出显著增长，市场规模快速扩大。据高工产业机器人研究所（GGII）统计，2017 年中国机器视觉市场规模达到 70 亿元，同比增速超 25%，高于其他细分领域。同时，我国机器视觉正逐渐向多领域、多行业、多层次应用延伸。目前，我国机器视觉企业已超 100 余家，如凌华科技、大恒图像、商汤、旷视、云从科技等；机器视觉相关产品代理商超过 200 家，如广州嘉铭工业、微视图像等；系统集成商超过 50 家，如大恒图像、凌云光子等。产品涵盖从成像到视觉处理与控制整个产业链，总体上视觉应用呈现百花齐放的旺盛状态。

尽管目前我国机器视觉产业取得了飞速发展，但总体来说，大型跨国公司占据了行业价值链的顶端，拥有较为稳定的市场份额和利润水平；我国机器视觉公司规模较小，如作为中国机器视觉系统的最大供应商，大恒新纪元科技只占有 1.4% 的全球市场份额；与美国的 Cognex、日本的 Keyence 等大企业相比，许多基础技术和器件，如图像传感器芯片、高端镜头等仍全部依赖进口，国内企业主要以产品代理、系统集成、设备制造，以及上层二次应用开发为主，底层开发商较少，产品创新性不强，处于中、低端市场，利润水平偏低。

5.3.2 大数据

1. 大数据的定义

2011 年 5 月，麦肯锡全球研究所发布了《大数据：创新、竞争和生产力的下一个前沿》报告。报告中正式提出了"大数据"一词，从此"大数据"成为金融、科学研究和商业领域的热门话题。麦肯锡认为"大数据是指超过典型数据库软件收集、存储、管理、分析能力的数据集"。大数据的典型定义有以下两种。

1）国际数据公司（International Data Corporation，IDC）对大数据的典型定义。使用类型、速度、体量和价值（Variety、Velocity、Volume、Value）来定义大数据。其中，类型包括半结构化、结构化和非结构化等；速度是指大数据的采集和处理必须快速、及时，才能实现大数据价值的最大化；体量是指数据量大；价值意味着大数据具有巨大的社会价值。

2）国家标准与技术研究院（NIST）对大数据的典型定义。将 IDC 的 4V 特征中的"价值"替换为"变化"，突出伴随着时间变化，数据也在变化的特征。

全面了解大数据的定义和特点，对更好地理解大数据面临的各种困难有很大的帮助。

2. 大数据的特点

具体来说，大数据具有以下四个基本特征。

1）数据体量巨大。其每天需要提供的数据超过 1.5PB（1PB = 1024TB），这些数据如果打印出来将超过 5000 亿张 A4 纸。到目前为止，人类生产的所有印刷材料的数据量仅为 200PB。

2）数据类型多样。现在的数据类型不仅是文本形式，更多的是图片、视频、音频、地理位置信息等多类型的数据，个性化数据占绝对多数。

3）处理速度快。数据处理遵循"1s 定律"，可从各种类型的数据中快速获得高价值的信息。

4）价值密度低。以视频为例，1h 的视频，在不间断的监控过程中，可能有用的数据仅有 1s、2s。

3. 大数据的作用

1）对大数据的处理与分析正成为新一代信息技术融合应用的结点。移动互联网、物联网、社交网络、数字家庭、电子商务等是新一代信息技术的应用形态，这些应用不断产生大数据。云计算为这些海量、多样化的大数据提供存储和运算平台。通过对不同来源数据的管理、处理、分析与优化，将结果反馈到上述应用中，将创造出巨大的经济和社会价值。

大数据具有催生社会变革的能量，但释放这种能量，需要严谨的数据治理、富有洞见的数据分析和激发管理创新的环境。

2）大数据是信息产业持续高速增长的新引擎。面向大数据市场的新技术、新产品、新服务、新业态会不断涌现。在硬件与集成设备领域，大数据将对芯片、存储产业产生重要影响，还将催生一体化数据存储处理服务器、内存计算等市场。在软件与服务领域，大数据将引发数据快速处理与分析、数据挖掘技术和软件产品的发展。

3）对大数据的利用将成为提高核心竞争力的关键因素。各行各业的决策正在从"业务驱动"转变"数据驱动"。对大数据的分析可以使零售商实时掌握市场动态并迅速做出应对；可以为商家制定更加精准有效的营销策略提供决策支持；可以帮助企业为消费者提供更加及时和个性化的服务；在医疗领域，可提高诊断的准确性和药物的有效性；在公共事业领域，大数据也开始在促进经济发展、维护社会稳定等方面发挥重要作用。

4）大数据时代科学研究的方法与手段将发生重大改变。例如，抽样调查是社会科学的基本研究方法。在大数据时代，可通过实时监测、跟踪研究对象在互联网上产生的海量行为数据，进行数据挖掘与分析，揭示出规律性的东西，提出研究结论和对策。

4. 大数据的分析

大数据不仅意味着数据大，最重要的是对大数据进行分析，只有通过数据分析才能获取很多智能的、深入的、有价值的信息。越来越多的应用涉及大数据，而这些大数据的属性，包括数量、速度、多样性等，都是呈现了大数据不断增长的复杂性，所以大数据的分析方法在大数据领域就显得尤为重要，可以说是决定最终信息是否有价值的决定性因素。大数据分析普遍存在的方法和理论如下。

1）可视化分析。大数据分析的使用者有大数据分析专家，同时还有普通用户，他们二者对于大数据分析最基本的要求就是可视化分析，因为可视化分析能够直观地呈现大数据的特点，同时能够非常容易被读者所接受，就如同看图说话一样简单明了。

2）数据挖掘算法。大数据分析的理论核心就是数据挖掘算法，各种数据挖掘算法基于不同的数据类型和格式才能更加科学地呈现出数据本身具有的特点，也正是因为这些被全世界统计学家所公认的各种统计方法（可以称之为真理）才能深入数据内部，挖掘出公认的价值。另外一个方面，也是因为有这些数据挖掘算法才能更快速地处理大数据。如果一个算法得花上好几年才能得出结论，那大数据的价值也就无从说起了。

3）预测性分析。大数据分析最终要的应用领域之一就是预测性分析，从大数据中挖掘出特点，科学地建立模型，之后便可以通过模型带入新的数据，从而预测未来的数据。

4）语义引擎。非结构化数据的多元化给数据分析带来新的挑战，我们需要一套工具系统地去分析与提炼数据。语义引擎需要有足够的人工智能足以从数据中主动地提取信息。

5）数据质量和数据管理。大数据分析离不开数据质量和数据管理。高质量的数据和有效的数据管理，无论是在学术研究还是在商业应用领域，都能够保证分析结果的真实性和有价值。

5. 大数据的处理

（1）采集　　大数据的采集是指利用多个数据库来接收来自客户端（Web、App 或者传感器形式等）的数据，并且用户可以通过这些数据库来进行简单的查询和处理工作。例如，电商会使用传统的关系型数据库 MySQL 和 Oracle 等来存储每一笔事务数据。除此之外，Redis 和 MongoDB 这样的 NoSQL 数据库也常用于数据的采集。

大数据的采集的主要特点和挑战是并发数高，因为同时有可能会有成千上万的用户进行访问和操作。例如火车票售票网站和淘宝，它们并发的访问量在峰值时可达上百万，所以需要在采集端部署大量数据库才能支撑。如何在这些数据库之间进行负载均衡和分片是需要深入思考和设计的。

（2）导入/预处理　　虽然采集端本身会有很多数据库，但是如果要对这些海量数据进行有效的分析，还是应该将这些来自前端的数据导入到一个集中的大型分布式数据库，或者分布式存储集群，并能在导入的基础上做一些简单的清洗和预处理工作。也有一些用户会在导入时使用来自 Twitter 的 Storm 来对数据进行流式计算，以满足部分业务的实时计算需求。

导入与预处理过程的特点和挑战主要是导入的数据量大，每秒钟的导入量经常会达到百兆，甚至千兆级别。

（3）统计与分析　　统计与分析主要利用分布式数据库或者分布式计算集群，来对存储于其内的海量数据进行分析和分类汇总等，以满足大多数常见的分析需求。在这方面，一些实时性需求会用到 EMC 的 GreenPlum、Oracle 的 Exadata，以及基于 MySQL 的列式存储 Infobright 等；而对于一些批处理，或者基于半结构化数据的需求可以使用 Hadoop。

统计与分析的主要特点和挑战是分析涉及的数据量大，对系统资源，特别是输入/输出（I/O）会有极大的占用。

（4）挖掘　　与前面统计和分析过程不同的是，数据挖掘一般没有什么预先设定好的主题，主要是在现有数据上面进行基于各种算法的计算，从而起到预测（Predict）的效果，实现一些高级别数据分析的需求。比较典型的算法有用于聚类的 k-means、用于统计学习的 SVM 和用于分类的 NaiveBayes，主要使用的工具有 Hadoop 的 Mahout 等。挖掘过程的特点和挑战主要是用于挖掘的算法很复杂，并且计算涉及的数据量和计算量都很大，常用的数据挖掘算法都以单线程为主。

整个大数据处理的普通流程至少应该满足这四个步骤，才能算得上是一个比较完整的大数据处理。

6. 区块链

区块链为分布式的共享账本或数据库。区块是数据的存储单元，记录了一定时间内各个节点的全部交易信息，每个新数据块的区块头中都将包含区块生成的时间戳，并引用前一个区块的哈希值，由此各个区块按时间先后顺序形成链式的数据结构。区块链记录对于所有节点均开放和透明，由于数据间时间顺序非常清晰，因此区块链可以部分或全部存储于不同的节点。当一个节点的数据遭到篡改，其他节点记录的数据可以对数据原始性进行有效的校验。当节点较多时，可以防止任何区块中的数据被篡改。这将在互联网中营造一个可信的系统环境。

区块链由比特币派生而来，区块中存储的记录通常称为交易。交易即为支付或收取比特并确认的过程，由各个节点发起和确认，并记录于区块。对于建筑工程而言，原材料的采购、入库、出库等均可被视为交易。

哈希算法（Hash Algorithm）也称散列算法，可以把任意长度的输入（文本、图片、表单等）通过一定的计算，生成固定长度的字符串，即称为哈希值或散列值。常用的算法有 SHA-256，即生成 256 位的二进制数，通常表示为 64 位的十六进制数。哈希算法具有如下特点：正向计算速度很快；输出值对输入值极为敏感，数据稍有差别即可导致输出的哈希值迥异；哈希运算逆向困难，通过哈希值很难推测原始的输入内容，只能通过暴力性尝试。通常可以将哈希值作为输入值的数字指纹，用于校验数据的原始性。

智能合约是数字化的承诺，交易达成后，系统即自动执行后序的操作。例如，买家确认收货后，支付系统则自动将资金汇入卖家账户。智能合约是实现智慧化的关键，区块链技术为智能合约的执行提供有力的保障。

电子签名的实质是非对称加密算法的应用。非对称加密算法通常包含配对的公钥和私钥。私钥仅个人持有，公钥公开存储，公钥加密的内容仅私钥可以解密，反之亦然。当参与者需要对交易进行确认时，只需采用个人持有的私钥对交易的摘要（哈希值）进行加密。若公钥可破译加密信息，则说明签字者身份可靠；将破译所得的摘要与原始信息的哈希值进行对比，即可确认文件的原始性。基于电子签名法的规定，可靠的电子签名与手写签名或盖章具有同等的法律效力，可以用于电子存证。区块链去中心化的特点，也使得电子签名能够与中心化的公钥加密技术形成互补，逐渐成为第三方电子签名服务的标配。

2019 年 10 月 24 日，中共中央政治局召开了以"区块链技术发展现状和趋势"为主题的第十八次集体学习，习近平总书记强调，我们要把区块链作为核心技术自主创新的重要突破口，明确主攻方向，加大投入力度，着力攻克一批关键核心技术，加快推动区块链技术和产业创新发展。近年来，区块链技术及应用的相关研究热度空前，国家自然科学基金项目资助数量与金额、研究论文数量逐年持续上升，研究主题、资助机构、项目种类等均极其丰富。

近年来，区块链技术的应用价值被全球诸多知名科技企业和国家科技机构关注，如 Microsoft、IBM、Facebook、华为、阿里巴巴等，使得区块链技术不断升级和创新。区块链的发展历史可以归纳为三个阶段：区块链 1.0，即 2009 年起以比特币为代表的数字货币阶段；区块链 2.0，即 2013 年开始，以以太坊为代表的数字货币与智能合约融合，区块链开始投入实际应用的阶段；区块链 3.0，即 2015 年至今，借用私有链和联盟链的概念将区块链技术应用到各领域，如医疗、物流、档案管理、版权、物联网、车联网、能源交易等领域，促进了许多先前无法实现的商业模式。

目前，区块链在水利和环保领域的应用还处在构想阶段，相关研究报道尚不多见，个别研究人员针对区块链在 PM2.5 数据传输方面的应用做了初步探索，但该研究构建的区块链系统只适合简单的信息交易，链码仅支持查询和发布功能，尚不能满足过程复杂且烦琐的水环境自动监测要求，也未涉及数据加密传输与存储。

第 6 章

5G＋智慧水利业务应用

6.1 水资源管理智能应用

6.1.1 流域水利要素可视化应用

1. 空间数据采集、处理和制作

流域空间数据包括流域的关键要素地理信息（包括水文站、水电站、水系、流域控制范围）和三维模型数据（包括三维地形、流域枢纽三维模型）。

（1）流域的关键要素地理信息采集 流域的关键要素地理信息采集是指将现有的包含地理信息的流域地图、仪器观测成果、航空航天工具拍摄的照片、遥感影像视频或照片、文档记载资料等转换成计算机可以识别和编辑的数字形式。流域的关键要素地理信息采集分为属性数据采集和图形数据采集。属性数据采集经常是通过人工赋予编码后键盘直接输入。图形数据采集可通过图形采集设备完成，是图形数据数字化的关键步骤。数据采集准确性的保障尤为关键，所以，对所采集的数据需要进行后期检查、修正和处理。流域的关键要素地理信息采集方法有以下几种。

1）定位设备测量。包括 GPS、全站仪、大平板、移动测绘等。其特点是精度高、效率较低。该方法适合水电站、水文站等站点的测量。

2）数字化设备测量。设备包括数字化仪、扫描仪、摄影测量等。设备特点：测量范围大，速度快。该方法的使用范围包括大面积的流域水系 GIS 数据采集。

3）通过 ArcGIS 在现有矢量地图中提取站点、水系等地理空间信息。

4）数据交换的方式。流域的关键要素地理信息的属性信息采集可通过对不同格式来

源的数据进行数据交换的方式来提取。如从 CAD 制图文件中采集流域的地理信息属性信息。这种方法提高了流域 GIS 信息的采集工作效率。

（2）流域的关键要素地理信息处理　国家相关部门对流域的地理信息的采集已经基本完成。

（3）三维模型数据的采集与制作　三维模型用于展示流域枢纽的空间信息。三维模型由点和其他类型要素构成，也可以通过算法实现。其采用虚拟方式储存，或存储于计算机文件中。因为三维模型本身是不可见的，所以需要通过贴图或者明暗处理来使其展现层次。三维模型的构建方法主要有以下几种。

1）通过软件进行建模。目前市场上有很多优秀的建模软件，如 3Dmax、CAD 等。它们的共同特点是利用立方体、球体等基本几何元素，通过平移、旋转、拉伸、布尔运算等一系列几何运算来构造复杂的几何场景。三维建模主要包括几何建模（运动学建模）、物理建模、行为建模（物理建模）、对象建模（对象行为）和模型分割等。其中，几何建模的创建和描述是虚拟场景建模的重点。

2）利用仪器设备建模。三维扫描仪是三维建模的重要工具之一。建模对象为现实生活中的真实物体。三维扫描仪可以将现实生活中的物体数字化，方便计算机直接读取与处理。其操作简单、可控性高。三维扫描仪的对象是三维的物体，并非二维平面扫描，相对于传统的平面扫描仪和照相机，其特点是可以提取现实三维物体的空间坐标。照相机捕捉的图像为二维图像，没有空间物体的内部结构信息和空间坐标，而三维扫描仪的扫描结果可以直接用于动画建模。三维扫描仪又有彩色扫描仪和黑白扫描仪之分，彩色扫描仪可以得到空间物体的色彩信息和物体表面的纹理。更高级的扫描仪层出不穷，已经具备获取三维物体的内部结构功能。相比传统的相机其优势非常明显，三维扫描仪的缺点是机器造价高，采集信息的速度较慢，且采集到的信息可能过于详细，可控性不高。目前，利用雷达原理，新一代的三维扫描仪可以使用光学和声学元器件作为探头，对空间物体进行深度扫描，通过空间物体反射的光或声判断其内部构造，采集高精度的空间结构信息。

3）基于图像、视频建模。基于图像的建模与绘制（IBMR）是一个非常热门的研究领域，IBMR 更是开辟了当代计算机图形学发展的新方向。IBMR 技术和传统的几何建模与绘制相比具有许多优势。IBMR 技术在当代发展迅速，各方面取得了很多重大突破，甚至有改变人们对传统计算机图形学的认识的可能。由于图像本身包含着丰富的属性信息和图形信息，因此从图像中还原真实的场景是可行的。基于图像的建模提供了从二维平面提取三维空间信息的新思路。与传统的建模软件或三维扫描仪相比，基于图像的建模方法具有成本低、真实感强、自动化程度高等优点，具有广泛的应用前景。

4）倾斜摄影测量技术建模。倾斜摄影技术（Oblique Photography Technique）是测绘领域高新技术渗入的产物，在倾斜摄影技术之前，拍摄的图像角度的局限性直接影响了建模的效率和准确性，倾斜摄影真正将原本的拍摄局限性打破。航空倾斜摄影可以真实地反映流域枢纽的空间信息，结合空间定位技术可以赋予其地理信息，通过后期处理可得到更加丰富、更加精确的空间信息，生成高精度的三维模型。倾斜摄影测量技术建模相比于传统建模优势很大：首先，其突破了传统摄影技术的抛射角度的局限性，可以模拟人眼从多个角度拍摄实体，通过后期软件处理可以生成精度更高的三维模型；其次，其建模成本相比与传统的软件建模和三维扫描仪建模更低，非常适用于海量数据三维建模的场景；此外，相比于人工建模，通过倾斜摄影生成的三维模型数据量更小，大大提高了建立三维空间场景的效率。在流域枢纽三维建模中，倾斜摄影测量建模相比于三维数字化仪和传统图像建模在精度和效率方面都有很大优势。

2. 空间数据组织与共享

空间数据作为 WebGIS 的应用核心，其组织的好坏直接影响 GIS 系统的性能。由于空间数据的存储方式、数据格式、数据结构多种多样，需要将各类的数据进行统一组织与管理，实现数据共享。空间数据的特点是数据量大，包括了地理信息数据和属性数据，因此大量的空间数据必须遵循"由大变小""化整为零"的原则。空间数据库的异构形式包括了数据库系统异构和数据格式异构两种形式。当前空间数据库产品众多，包括 Oracle Spatial、SQL Server Spatial、My Spatial、PostGIS 都是在已有的对象 – 关系型数据库基础上提供的扩展功能。且由于数据的采集方式多样、处理方法和工具不同，产生的空间数据的格式也不尽相同，常用的格式有 SHP、KML、GeoJSON 等。空间数据模型是空间数据的组织和设计数据库模式的基本方法，其三要素是空间数据结构、空间数据操作和空间数据完整性约束。

1）空间数据结构。空间数据结构用来描述空间数据的类型、内容、属性等。空间数据结构是空间数据模型、空间数据操作、空间数据约束的基础。空间数据类型的多样化决定了空间数据结构的多样化，它包含点、线、面、点集合、线集合、面集合等类型。

2）空间数据操作。空间数据操作是指当前数据对象可实现的相关操作和规则。空间数据模型包含多种空间数据操作，如标记地理位置点、定义图像坐标系等。

3）空间数据完整性约束。空间数据完整性约束是指各个空间数据之间的相互作用关系。

PostGIS 是具有空间存储能力的开源关系型数据库，并且提供了包含空间对象、空间索引、空间操作函数和空间操作符在内的空间信息服务功能，对于空间坐标信息的存储采用 Geometry 或者 Geograchy 类型的字段来表示。PostGIS 支持的数据结构种类包括点、线、面、点集合、线集合、面集合等类型。PostGIS 空间数据的共享方式采用 GeoServer 模式，不同用户根据自己的需求通过请求 GeoServer 上不同格式的空间信息完成数据的共享。

3. 流域关键要素的加载

三维流域水资源管理虚拟仿真平台的流域地理信息包括水文站、水电站、水系、流域控制面等信息。Cesium 提供了多种类型要素的加载接口。首先，需要将水文站、水电站、水系、流域控制面等要素，从数据库中读取出来转为 GeoJSON 格式。GeoJSON 是一种专为地理信息数据量身定制的一种编码格式，GeoJSON 以 JSON 格式存储地理信息的属性和几何特征。一个健全的 GeoJSON 结构是一个独立的对象，JSON 对象通过键（key）和值（value）的形式组成，对象中的属性值即该要素的几何信息或者特征信息。每个 GeoJSON 结构可以表示一种几何类型，包括点、线、面、点集合、线集合、面集合。GeoJSON 是一个独立的对象，GeoJSON 对象内可以有任意数目的成员键值对，其中 type 属性确定了该 GeoJSON 对象的地理信息类型，它的常用值包括：Point（代表点要素类型）、MultiPoint（代表点集合要素类型）、LineString（代表线要素类型）、MultiLineString（代表线集合要素类型）、Polygon（代表面要素类型）、MultiPolygon（代表面集合要素类型）、Feature、FeatureCollection 或者 GeometryCollection。其中，点、线、面、点集合、线集合、面集合类型的对象的 coordinates 成员存储了该对象的几何结构。对于 GeometryCollection 类型，GeoJSON 对象的 geometries 成员的值为一个数组，数组中包含多个 GeoJSON 几何对象，这为批量加载几何要素提供了便捷的方法。将水电站、水文站、水系、流域控制面等要素通过 Postgis 发布到 GeoServer，将数据格式调整为 GeoJSON，通过 GeoServer 的 WFS 服务获取水电站、水文站、水系、流域控制面等要素的 GeoJSON 对象。Cesium 提供了读取 GeoJSON 数据类型的接口（GeoJsonDataSource），读取的数据存储在 GeoJsonDataSource 对象中，每个 GeoJsonDataSource 对象都是由若干个 Entity 成员构成的，每个 Entity 成员就代表着一个要素，水电站、水文站、水系、流域控制面等要素都以 Entity 的形式加载到三维流域水资源管理模拟仿真平台上。

4. 三维模型格式转换与加载

三维流域水资源管理虚拟仿真平台三维模型主要是流域枢纽的三维建模数据加载。流域枢纽三维原始模型的来源有多种途径，包括软件建模、仪器建模、图像建模、倾斜摄影等。GLTF 是一种免版税的规范，用于应用程序高效传输和加载三维场景和模型。GLTF 最大限度地降低了三维存储空间的大小，以及解压和使用这些数据所需的运行处理时间。GLTF 为三维数据存储和服务定义了一种可扩展的通用发布格式，该格式简化了构建数据结构的工作，并支持跨行业的操作使用。就 GLTF 格式而言，虽然以前有很多三维格式，但是各种三维模型渲染程序都要处理很多种的格式。GLTF 是对三维格式的汇总，综合各种数据格式的优点，构建最优的数据结构，以提高其兼容性以及扩展性。GLTF 格式文件可通过多种途径转换而来，常用的转换插件包括 3DS Max Exporter、Maya Exporter、Blender gLTF 2.0 Exporter 等。将常用的 3DS 三维模型转换为 GLTF 格式的步骤如下。

1）将 3DS 格式的三维模型转换为 OBJ 格式。这一步需要借助 3DS MAX 内置的格式转换功能，单击 3DS MAX 左上角的图标，再单击导出选项，导出格式选择 OBJ 格式，将材质导出到默认路径，纹理和贴图保存为 .png 格式。

2）将 OBJ 格式的数据转换为 OpenCollada 类型的 DAE 格式的数据。此步骤需要安装 OpenCollada 插件，导出结果里会有一个 Images 文件夹，用于存放纹理贴图。

3）将 DAE 格式转成 GLTF 格式。此步骤需要转换工具 ColladaToGLTF.exe，在 Windows 下进入命令行，并进入到 ColladaToGLTF.exe 所在的文件下，输入下面的命令进行转换：

-fDAE 模型路径 -e

将转换得到的 GLTF 模型（包括 images 文件夹、DAE 格式的数据）整个复制到自己需要的路径，调用 Cesium.Model.fromGLTF()接口加载即可完成三维模型的加载。

6.1.2　降雨径流精细化预报

1. 降雨预报应用

目前，主流的降雨预报主要有 WRF 模式和卫星预报模式两种模式。

（1）WRF 模式　WRF 模式系统采用高度模块化、并行化和分层设计技术，分为驱动层、中间层和模式层，用户只需要与模式层打交道。在模式层中，动力框架和物理过程都是可调整的，为用户采用各种不同的选择、比较模式性能和进行集合预报提供了极大的便利。采用全新的程序设计，重点考虑从云尺度到天气尺度等重要天气的预报。模式中的各种参数可根据用户需求自行设定。

1）WRF 模式的基本结构。完整的 WRF 模式主要由四大部分构成：外部数据、WRF 前处理模块、模式计算模块以及后处理模块。WRF 模式结构如图 6 - 1 所示。

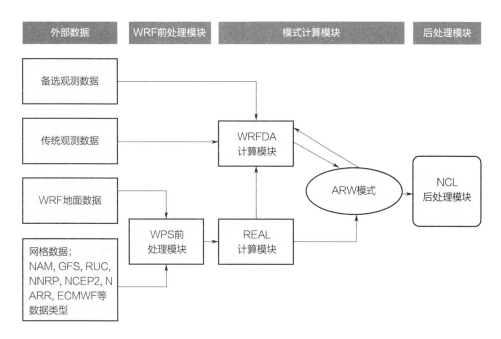

图 6 - 1 WRF 模式结构示意图

2）WRF 模式的动力框架。WRF 模式提供了两种动力框架，即由 NCAR 开发的欧拉质量坐标（Advanced Research WRF，ARW）和由 NCEP 开发的高度坐标（Nonhydrostatie Mesoseale Model，NMM）。两种框架的主要不同之处在于垂直坐标和格点格式的选择。考虑到 NMM 框架存在开发时间较早、动力学框架陈旧、程序规范化与标准化程度不高等问题，质量坐标框架（ARW）的空间差分精度更高，是现在流行的框架。

3）结果可视化渲染技术。该步主要对研究区域内的 WRF 模型降雨预测的结果进行可视化渲染。在原有系统处理的 WRF 降雨预报结果的基础上延伸可视化模块，对原有的数据传输方式进行了优化，提高了数据传输的速度，减少了数据文件的大小和 GIS 服务端的压力，最终达到毫秒级别的可视化渲染效果。

（2）卫星预报模式 气象卫星自上而下观测到地球上的云层覆盖和地表面特征的图像。利用卫星云图可以识别不同的天气情况，确定它们的位置，估计其强度和发展趋势，为天气分析和天气预报提供依据。气象卫星由于接收范围广、观测频次稳定、时间精度较高、不受地理条件本身限制，因此可应用于各种地形条件的流域。

如今多数流域的短期降雨径流预报很大程度上受到降雨预报的制约，但降雨时空分布和强度变化极不均匀，定量观测雨量非常困难。为此，对流域开展高精度的短期降雨模拟和预报，可有效提高该地区降雨预报精度，并为流域水文预报提供重要的气象信息。对于临近降雨预报，现行方法多采用雷达和气象卫星数据估算。由于雷达不适用于地形起伏的山区，而气象卫星覆盖范围广，时间精度较高，不受地理条件本身限制，对于各种地形条件的流域均可应用，因此气象卫星云图数据更适合用于临近降雨预报。同时，地球同步卫星（静止卫星）可以连续拍摄云图，有很好的时间连续性和空间分辨率，利用时空分辨率高的卫星遥感资料估算降雨，尤其在没有实测系统的地区是非常重要的。

2. 径流预报应用

为了最大限度地发挥流域水库的经济效益，实现流域内水资源统一规划管理、水资源合理配置，需对流域水库进行月、汛期、年等多种时间尺度的径流预报。目前，在研究建设中主要用到的预报模型包括新安江模型、水箱模型和 API 模型。

（1）新安江模型　　新安江模型是一个分散性的概念模型，在我国湿润、半湿润地区得到了广泛应用。新安江模型的一个重要特点是三分，即分单元、分水源、分阶段。分单元是指把整个流域划分成为许多单元，这样做主要是为了考虑降雨分布不均匀的影响，其次也便于考虑下垫面条件的不同及其变化；分水源是指将径流分为三种，即地表、壤中和地下，三种水源的汇流速度不同，地表最快、地下最慢；分阶段是指将汇流过程分为坡面汇流阶段和河网汇流阶段，两个阶段的汇流特点不同，在坡地，各种水源汇流速度不同，而在河网则无此差别。

新安江模型主要由四部分组成。

1）蒸散发计算。蒸散发分为上层、下层和深层。

2）产流计算。采用蓄满产流概念。

3）水源划分。采用自由水蓄水库进行水源划分，水源分为地表、壤中和地下三种径流。

4）汇流计算。汇流分为坡面、河网汇流两个阶段。按线性水库原理计算河网总入流。河道汇流采用马斯京根分段连续演算法进行计算。

（2）水箱模型　　水箱模型又叫坦克模型，由日本菅原正巳博士在 1961 年提出，并不断发展成为一种被各国广泛采用的水文预报模型。水箱模型是串联蓄水式模型，它由垂直安放的几个串联水箱组成。该模型是一种概念性径流模型，由于它能以比较简单的形式来模拟径流形成过程，把由降雨转换为径流的复杂过程简单地归纳为流域的蓄水容量与出流的关系进行模拟，因此它具有很大的适应性。从这点出发，将流域的雨洪过程的各个环节

（产流、坡面汇流、河道汇流等），用若干个彼此相联系的水箱进行模拟。以水箱中的蓄水深度为考量，计算流域的产流、汇流以及下渗过程。若流域较小，可以采用若干个相串联的直列式水箱模拟出流和下渗过程。考虑到降雨和产流、汇流的不均匀，因而需要分区计算较大流域，可用若干个串并连组合的水箱，模拟整个流域的雨洪过程。

流域的出流和下渗是含水量的函数，而且出流会随着含水量的增加不断加速，而下渗也会随着含水量的增加而增加，但会有极限值。

水箱模型虽然是一种间接的模拟，模型中并无直接的物理量，但是此模型的弹性很好，对各种大小流域、各种气候与地形条件都可以应用。简单的水箱模型，包括一系列垂直串联的水箱，每个水箱有边孔和底孔。边孔出流代表径流；底孔出流代表下渗，它又是下面水箱的入流。水箱模型中包含三种参数：边孔的高度 h、边孔的出流系数 α、底孔的出流系数 β。

设 P 代表时段雨量，E 代表时段蒸发量，x 代表水箱的蓄水深度，y 代表时段径流量，z 代表时段下渗量，对时段 t 来说，则有

$$y(t) = \alpha[x(t) - h] \tag{6-1}$$

$$z(t) = \beta x(t) \tag{6-2}$$

t 时段内水箱蓄水容量的变化为

$$\Delta x = P(t) - E(t) - y(t) - z(t) \tag{6-3}$$

水箱模型的输入为降雨量，输出为出流 Q。水箱模型以水箱中水深为参数来计算流域内降雨与径流关系及汇流过程，其将流域的降雨径流过程的各个环节（地表径流、壤中流、地下径流、河道汇流等），用若干个彼此相联系的水箱进行模拟。

（3）API 模型　API 模型是数十年来长江流域洪水实际作业预报中采用的主要预报模型。降雨径流相关曲线有各种形式，我国普遍使用的是产流量和降雨量与前期影响雨量三者的关系，通常称为 API 模型。API 模型是在成因和统计相关的基础上，用多场洪水的流域平均降雨量和相应产生的径流总量以及影响洪水的主要因素（最常用的是前期影响雨量）建立的相关图，即 $P \sim P_a \sim R$ 相关图。当场次洪水资料较少时，采用简化的 $P + P_a \sim R$ 相关图代替 $P \sim P_a \sim R$ 相关图，由降雨来推求产流量，然后采用单位线进行流域汇流计算，得到流域出口断面的流量。

使用 $P + P_a \sim R$ 关系曲线进行净雨量计算，一般是根据降雨初期的 P_a 值，把时段雨量序列变成累积雨量序列，用累积雨量查出累积净雨，由累积净雨转化成时段净雨序列。

P_a 由前期雨量计算，也称前期影响雨量，是反映土壤湿度的参数。其计算公式为

$$P_{a,t} = K \ (P_{a,t-1} - P_{t-1}) \tag{6-4}$$

根据计算出的流域平均降雨量 P 和对应的净雨 R，以及相应的前期影响雨量 P_a 便可建立降雨径流相关图。显然，P_a 是影响降雨径流关系最主要的因素，因为流域的产流决定于非饱和带的物理特性，而前期影响雨量的物理含义是土壤含水量，它反映了非饱和带土壤的物理性质。

用 $P + P_a \sim R$ 相关图作流域降雨径流计算的步骤是：摘录 $P + P_a \sim R$ 曲线的各点坐标，把 $P + P_a \sim R$ 曲线坐标和计算开始时的前期影响雨量 P_a，作为模型参数赋值给计算程序中的相应变量，首先根据 $P + P_a \sim R$ 曲线和时段降雨量逐点计算各个时段的净雨，然后根据时段单位线和时段净雨序列计算出每个时段的径流量。

6.1.3 洪水预报调度一体化

洪水预报调度一体化是智慧水利业务中一个重要的组成部分，也是智慧水利一个重要的研究方向。当前洪水预报调度一体化业务主要是运用分布式水文模型及水动力模型耦合应用，实现网格化、多要素洪水预报，提升洪水预报的能力和水平。重点基于网格化水文单元进行洪水预报，根据实况和调度信息进行双向耦合，结合洪水知识图谱及深度学习算法等实现精细化滚动预报，并拓展影响预报和风险预警功能。

根据预报模型的数据情况，预报数据处理方式分为有资料和无资料两种。有资料流域是指有雨量、水位和流量观测资料，而且历史观测资料不少于5年的流域。有资料流域可采用经验模型、新安江模型、水箱模型、SCS模型、融雪模型、河道洪水演进模型及分布式洪水预报模型。无资料流域是指水文观测资料不完整，不足以采用常规模型和方法构建预报方案的流域。对于无水文资料的河流，根据当地预报方案编制和实时作业预报实践，开展水文比拟法、推理公式、基于分布式单位线的流域水文模型等模型参数移植规律性分析比较适宜。

预报方案编制主要是按照山洪灾害风险区，提取风险区基本信息，包括风险区面积、周长、型心点高程、出口点高程、形状系数、辖区内河流最长汇流路径长度及比降、河道（河段）长度及比降、河道（河段）出口断面简化形式等。结合预报的目标或对象、预报的时效和精度要求、可利用的历史资料、进行作业预报时能得到的实时资料、预报依据要素向预报目标要素转化的基本物理过程、物理图景或者其间的因果关系、需处理的特殊现象或特殊问题和可以利用的硬件条件等开展方案编制，同时支持方案的检索与维护等功能。

防洪调度是对水库防洪调度工作提供支持。根据实际调度需求设置水库中来水过程,同时可通过系统设置防洪调度时段约束,在系统中选择调度优化目标,为管理人员提供水库防洪调度方案。综合考虑水文预报信息、电网运行需求和水库防洪和综合利用等因素,通过给定各防洪调度时段的控制模式及控制参数,展示详细的调度过程。通过设置不同防洪调度目标,可对水库防洪调度过程进一步进行区分。

调度抢险主要包含防洪形式分析、调度方案优化、调度仿真模拟、抢险技术支持等功能,基于雨情、水情、气象降雨预测、实时工情数据、社会经济等数据,结合二三维可视化、VR/AR、BIM 等技术手段,动态展示水利工程调度过程,辅助防洪形势分析、模拟、仿真调度方案,利用图表结合的形式进行展示,及时对即将或者可能发生的灾害进行提醒,提高洪水调度智能化和科学化水平,多措并举,全力为抗洪抢险提供技术支撑。

系统为模型建立可视化交互界面,规范模型输入数据接口,并构建模型专用数据库表结构。专业管理人员可根据实际需求选择相应模型,通过可视化界面读取降雨数据,最终得到预报结果,并将预报结果存储于数据库中。径流预报计算功能可实现未来径流的预测。

水库防洪发电优化调度模块主要包括两大功能。

1)水库防洪优化调度子模块。专业决策人员进入水库防洪发电优化调度模块后,可通过可视化操作界面选择水库防洪优化调度子模块,在满足大坝自身以及上下游防洪保护对象的防洪标准前提下,选择流域预报来水过程、时段约束、优化目标,实现以防洪为基础的调度方案制作,并可进行调度结果查看、生成调度决策报告。

2)发电优化调度子模块。专业决策人员进入水库防洪发电优化调度模块后,可根据实际需求选择发电优化调度子模块,通过设置来水过程、时段约束、优化目标,开始计算,在满足各水库设计拟定的多年平均电能的设计指标前提下,生成调度决策方案,并将结果数据存储在此模块的专用数据表中,同时可一键生成调度决策报告。

6.2 水环境水生态智能应用

6.2.1 江河湖泊长效保护与动态管控应用

我国湖泊数量众多、类型多样、资源丰富,面积大于 $1km^2$ 的约有 2300 个,总面积达 71000 多 km^2。作为重要的国土资源,湖泊具有调节河川径流、发展灌溉、提供工业和生活用水、繁衍水生生物、沟通航运、改善区域生态环境以及开发矿产等多种功能,在国民经济发展中发挥着重要作用。

　　然而，随着我国工业化和城镇化进程的不断发展，各种环境问题凸显。时任中国人民大学环境学院院长马中曾表示，水污染问题不是自然原因，而是人为原因、社会原因、经济发展共同作用的结果。湖泊也不例外，据了解，当前我国湖泊污染日益严重，湖泊管理与保护面临着严峻挑战。

　　一是湖区防洪能力依然偏低。特别是受河道淤积、城镇及圩区面积扩大、河湖面积减少等因素影响，防洪减灾的难度进一步增加。二是湖泊萎缩退化形势严峻。在气候变化和人类活动的双重作用下，一些湖泊出现了水位持续下降、集水面积和蓄水量不断减小的现象，有的湖泊甚至干涸。自 20 世纪 50 年代以来，我国大于 $10km^2$ 的湖泊中，干涸面积为 $4326km^2$，萎缩减少面积为 $9570km^2$，减少蓄水量 516 亿 m^3。三是湖泊水质恶化趋势尚未遏制。水体富营养化问题严重，一些湖泊出现水华暴发、水体缺氧等现象，不少湖泊水质已沦为Ⅴ类或劣Ⅴ类。四是湖泊生态功能严重退化。一些地区对湖泊资源的不合理开发与利用，破坏了湖泊生态系统平衡，导致湖泊生物多样性锐减，湖区植被衰退，湖周土地沙化，湿地严重萎缩，湖泊生态系统急剧退化，严重威胁着周边地区的生态安全。

1. 国际湖泊水环境保护和治理应用

　　国际环境保护发展经历了"先污染，后治理"到"边污染，边治理"，再到今天的"发展中保护，保护中发展"的艰难历程。国内外无数治水经验和教训从正反两方面告诫人类，治水活动不仅要符合自然规律，而且要适应经济社会的发展规律。任何一个流域或区域，在经济社会发展的不同阶段，治水的目标、要求、投入能力与管理水平也是动态变化的。

　　湖泊富营养化已成为世界范围内普遍存在的环境问题。从 20 世纪 30 年代首次发现富营养化现象至今，全世界已有 30% ~40% 的湖泊和水库受到不同程度富营养化的影响。从 20 世纪 50 年代开始，国际上才真正开始关注富营养化，并逐步开展了相关研究。在欧美日等国家和地区，因为经济社会发展快，湖泊富营养化发生得早，其治理成效显著。特别是日本的琵琶湖的治理得到了世界公认，成为湖泊富营养化治理的典范；位于美国和加拿大边境的五大湖，1960 年—1970 年出现了严重的富营养化问题，尤其是五大湖之一的伊利湖，经过 30 年的治理，富营养化问题得到基本解决；位于德国、瑞士和奥地利三国之间的博登湖的保护成为跨国湖泊协调治理的样板；欧盟为协调各成员国高效治理河湖污染，出台了《欧盟水框架指令》，并提出了流域综合治理方法；包括中国在内的发展中国家，如菲律宾内湖、巴拉圭伊帕卡拉伊湖、非洲乍得湖等湖泊富营养化正处于关键治理期。

　　各国治理湖泊富营养化的经验和方法各有不同。如日本治理琵琶湖的经验主要表现在组织机构、管理体系、严格的标准及法规与全民参与的综合治理等方面;芬兰湖泊治理的经验是政府对水资源保护和水污染治理的力度较大,配套的法律法规和相关的技术措施到位,污水处理技术先进,环境管理责任主体明确,且具有严格的奖惩制度,采取对湖区进行产业集群与合理的资源开发有机结合的模式,十分重视解决面源污染对湖泊区域的影响。

总体而言,国际湖泊富营养化治理的经验主要有如下几方面。

1)坚持生态优先。基于生态优先的治理思路表现为对水生态环境特征的尊重与重视,在富营养化治理中占有突出位置。日本琵琶湖起初曾采取综合开发政策,导致湖泊富营养化失控,生物多样性锐减,自然和生态景观遭到破坏,之后尽管投入巨资来改善其水质,但未见成效。直到20世纪90年代,地方政府对综合开发政策进行反思,开始考虑和实施"综合保护政策",才慢慢取得成效。芬兰对湖泊开发与保护采取对湖区进行产业集群和合理的资源开发有机结合的模式,其开发与保护的关键在于各个产业协调发展。湖区周边造纸厂较多,通过建立森林产权制度,明确森林所有者的责、权、利,并建立相应的奖惩机制,作为林业可持续发展的根本保证。同时,要求林业和纸浆造纸企业以多种形式建设速生、丰产原料林基地,并将制浆、造纸、造林、营林、采伐与销售结合起来,形成良性循环的产业链,从而带动林业和造纸业共同发展,形成林、浆、纸一体化循环发展,而这些发展必须符合环境保护要求,实现"林、纸、环"多赢。

2)制定分阶段治理目标。富营养化的治理是一个长期过程,因为非生物环境的改变需要数年,而生态环境的恢复则需要更长的时间,不可能在短期内就看到湖泊富营养化的消除,必须制定分阶段目标,进行长期治理和监控。美国为了治理五大湖,制定和实施了许多土地使用管理措施,如减少耕地、轮作、废料的使用及存储管理、沿湖区新开发项目的延缓或限制、开发带的限定等,其目的是减少土壤侵蚀,防止农业或城区土壤营养物流失。日本琵琶湖治理分为两个阶段,第一阶段为1972年—1997年,历时25年;1999年至今为第二阶段,出台了"母亲湖21世纪规划",该规划为1999年—2020年的22年规划,分2期,第1期为1999年—2010年,第2期为2010年—2020年,规划的主要目标是水质保护、水源涵养及自然环境与景观保护。

3)加强多部门协同合作。水资源的管理涉及多部门,所以有必要多部门合作管理湖泊。五大湖及流域管理涉及不同层次多家管理机构,管理机构从上到下分为国际组织、联邦组织和民间组织。美加两国政府之间管理五大湖的部门涉及湖区各级政府、流域管理机构、科研机构、用水户和地方团队,所有机构将作为一个环境保护团体开展工作和进行相互合作。琵琶湖保护治理成功的原因之一就在于有多层次化的组织机构。由于琵琶湖的重要性，日本相关省厅设有专门的琵琶湖管理机构，如日本国土交通省琵琶湖河川事务所、日本环境省国立环境研究所和生物多样性中心等。琵琶湖所在的滋贺县设有滋贺县琵琶湖环境部，琵琶湖、淀川水质保护机构等负责琵琶湖的保护与管理。日本政府将琵琶湖流域分成 7 个小流域，按流域设立流域研究会，每个研究会选出一位协调人，负责组织居民、生产单位等代表参与综合规划的实施。博登湖流域横跨四国，通过强化多国合作治理，建立跨界综合治理模式。博登湖因为没有明确划定边界，共同合作机制更为重要，也正是因为没有划定边界，所以沿湖各方把整个湖的水体保护作为自己的职责。博登湖管理的三个主要合作机构分别是博登湖国际水体保护委员会、博登湖 – 莱茵水厂工作联合、博登湖国际大会。通过成立国际湖泊管理机构，共同制定湖泊管理法律，控制重点面源污染，在多国联合治理的努力下，到 21 世纪初，博登湖的水质基本恢复到污染前水平。

4）制定并完善相关法律法规。法律手段的强制性相对于政策手段的指导性更易产生直接的富营养化治理效果。世界各国湖泊富营养化治理对法律手段都有充分应用。美、加针对五大湖富营养化治理，早在 1972 年就签署了五大湖水质协议，同年，美国制定了清洁水法。随着五大湖富营养化治理的推进，对其水质协议进行了多次修改，以适应保护治理的需求。日本琵琶湖所在的滋贺县为了治理和保护琵琶湖，制定了《琵琶湖综合开发特别措施法》《琵琶湖富营养化防止条例》等法律法规。

合适的技术措施是治理湖泊富营养化的重要手段。对于一个富营养化湖泊，治理前首先要评价湖泊富营养程度，然后根据富营养化成因和程度，因地制宜地选择相应的治理技术。针对五大湖区，已经开展了相关环境问题学术研究，加强湖区环境监测，并成立了美国大湖环境研究实验室，研究提出恢复和维持五大湖生态平衡、限定磷排放总量的治理策略。

入湖营养负荷增加会使水体营养物质浓度急剧增加，导致藻类暴发、溶氧耗尽等富营养化问题。因此，外源消减与控制是治理湖泊富营养化的先决条件。但是，部分湖泊仅治理外源不能从根本上治理富营养化，内源足以延缓甚至阻止湖泊治理效果。因此，还需采取湖内技术以消除内源。美国威斯康星几个湖泊，通过向湖中投加铝盐，形成絮状氢氧化铝，沉入湖底后与磷离子结合形成不溶性沉淀，减少内源磷的释放率，20 世纪 70 年代早期经过处理，10 年后水质出现了很大改善。该方法应用于深水湖泊的效果较好。

2. 国内湖泊水环境保护和治理应用

我国不同湖区湖泊问题各异，如青藏高原区湖泊类似俄罗斯湖泊，长江流域区湖泊类似日内瓦湖等发达国家湖泊。发达国家在近百年间的发展过程中逐步出现的环境问题，在我国几十年间集中显现。因此，国外湖泊治理保护的经验及启示也要结合我国国情，汲取其精华为我所用。

1）健全和完善法律法规体系，为湖泊的保护和治理提供保障。流域管理问题是河湖水环境管理的核心内容之一。根据湖泊流域具体情况制定有针对性的流域水污染防治及管理法规，做到有法可依是发达国家治理湖泊的共同特点。目前，我国已初步形成湖泊管理方面的法律法规体系，但并无湖泊管理专门性法律，仅有 2011 年发布的《太湖流域管理条例》行政法规。《河道管理条例》作为江河湖泊水资源利用和防治水害的法规，在包括湖泊、人工水道等在内的河道管理中起到举足轻重的作用。却鲜有针对湖泊生态系统保护的相关规定，难以满足国家层面湖泊保护立法需求。因此，从流域层面考虑并制定湖泊保护法律法规尤为重要，《太湖流域管理条例》为从流域出发保护湖泊水资源提供了示范。此外，我国地方层面的立法多集中于长江中下游地区，而广大北方地区湖泊保护立法工作尚需推进。作为我国湖泊管理依据的相关立法，可采用"全国性专门湖泊法规""湖泊流域立法"与"一湖一策"相结合的模式。

2）建立统一的流域管理体制，探索建立各机构间的协调机制。以流域为单元的湖泊及流域一体化综合管理模式是实现湖泊保护的必然选择。流域单元统一管理是《欧盟水框架指令》的一个重要制度，强调了立法目标、管理机制和欧盟内跨成员国和跨行政区的协调合作。目前，我国湖泊保护治理模式大多只是针对水体本身采取相应措施，较少考虑污染物入湖前的过程，效果不甚显著。我国湖泊归属于水利、渔业、交通、环保、市政和林业等十多个部门，各部门之间权责关系不明晰，各自为政，缺乏沟通和协调。湖泊多头管理、职能分散、相关机构协调不力等问题严重制约着湖泊的有效管理。需要把山水林田湖作为一个生命共同体，由一个部门负责领土范围内所有国土空间用途管制，对山水林田湖进行统一保护与修复。按照生态系统完整性要求，建立职能有机统一、运行高效的生态环境保护大部门体制。

3）做好平台服务，促进经济、社会和科技领域政策与水领域政策相结合。根据《欧盟水框架指令》启示，我国应把经济政策、社会政策、科技政策与湖泊政策相结合，为湖泊治理提供良好的社会环境、经济基础和技术支撑，全方位推动湖泊治理。在经济政策方面，应借鉴欧盟经验对湖泊供水与水处理服务进行经济分析，既要考虑供水和水处理服务成本，又要考虑因环境破坏带来的环境与资源成本。我国湖泊管理除了应遵循传统的污染者付费原则和税费政策外，还需考虑采取包括提高水价、水权交易、鼓励私人投资等措施。在社会政策方面，一方面，应培养发展和吸引众多科技、教育和商业管理人才，增强湖泊地区人才优势；另一方面，改造湖泊地区基础设施，如污水处理厂更新、交通系统完善等。在科技政策方面，应充分利用现有教育和科研能力，通过资金、人员、政策支持，加快与湖泊相关系统管理学等领域研究，为湖泊流域治理提供支撑。

4）划定湖泊保护红线，建立水质、水量和水生态系统一体化管理体系。就湖泊管理内容而言，我国多强调污染控制，忽视对水量和湖泊水生态系统的综合管理。而欧美水域规划战略目标早已发生了战略性转变，已不再局限于污染控制。《欧盟水框架指令》对于河流状况的评估体系包括生物质量、水文情势、物理化学指标三大类。河流湖泊环境保护战略目标，不仅包括污染控制和水质保护，还包括水文条件恢复、河流地貌多样性恢复、栖息地保护及生物群落多样性恢复等。博登湖分别采用了保护生态系统的三大管理措施，即严格控制湖泊及周边开发建设，保护湖泊湖滨带，实行河湖同治。在我国最严格的水资源管理制度中，关键工作之一便是建立水功能区限制纳污红线，但除了纳污红线外，保护湖泊还需划定水位红线与湿地红线等湖泊保护红线。因此，要树立水量、水质和水生态系统全方位的综合管理理念，加强湖泊水质监测与评价，将水生生物监测与评价纳入日常水环境监测。在湖泊生态修复实施过程中，保持自然生态特征是湖泊治理的重要基础。借鉴欧盟区分一般污染物和重点污染物的做法，分别采取不同程度的排放控制措施，且还要确定对各类污染物采取控制行动的优先顺序，逐步建立水质、水量和水生态系统一体化管理体系。

5）加强源头控制、过程截污，加快构建湖泊环境保护和污染治理工程系统。各国治污实践，特别是湖泊富营养化治理案例充分表明，从源头上控制污染源非常重要。加强污染物源头治理，减少污废水排放是富营养化治理最根本和有效的措施之一。通过严格的污水排放管理来减轻水污染是德国一直以来水污染治理的主要手段，同时，又严格控制工业废水的排放，具体措施包括：一方面实行行政审批与许可制度，另一方面在审批时要求相应设施与程序适用最先进的技术来避免水污染。加强源头控制、过程截污，加快构建湖泊环境保护和污染治理工程系统是解决我国湖泊富营养化问题的关键一环。

6.2.2 土壤侵蚀定量监测和人为水土流失精准监管应用

土壤侵蚀被认为是当今全球土壤退化的主要形式之一，也是我国面临的主要环境问题之一。它不仅破坏土地资源，引起土地生产力下降，而且造成泥沙淤积于河湖塘库中，加剧流域洪涝和干旱等灾害的发生，严重地威胁着人类的生存和发展。

土壤侵蚀监测是指通过野外调查、定位观测和模拟实验，为研究水土流失规律和评价水土保持效益提供科学数据所开展的观察与测验工作。土壤侵蚀监测根据不同的监测对象、不同的监测层次，采用不同的监测方法与技术，可以从地面和空中进行监测。地面监测是在有代表性的区域，建立若干地面监测点，利用各种降雨、径流、泥沙观测仪器和设备，进行单因子或单项措施的观测，获取土壤侵蚀及其治理效益的数据，为土壤侵蚀预报和评估提供必需的各项参数。该法可以提供地面真实测定结果，但数据积累周期长、范围小。水蚀区可以采用坡面径流小区、控制站等方法监测；风蚀区可采用沉降管、定位插钎、高精度摄影等方法监测。

空中监测可通过遥感方法实现，主要应用遥感手段，包括航天、航空、卫星遥感设施获取地面图像信息。遥感图像的信息量丰富，具有多波段性和多时效性，可进行各种加工合成处理和信息提取；可获取大范围的地表植被覆盖、侵蚀类型等信息，具有较强的宏观性和时效性。但该方法对侵蚀过程、泥沙输移等不能监测。

综合运用多种监测技术和方法，可以提高监测精度，完善和改进监测技术手段。同时，建立相应的数据库和信息系统，提高土壤侵蚀预报的准确性，为水土保持规划和防治政策的制定提供依据。

1. 用于土壤侵蚀监测的技术方法

自从土壤侵蚀研究以来，土壤侵蚀监测技术不断发展。常规的土壤侵蚀监测方法主要包括调查法、径流小区法、侵蚀针法、水文法、模型估算法和遥感解译法等。常规方法野外工作量大、效率低、周期长，不能适应现代土壤侵蚀监测高时效性、自动化、系统化的发展趋势。随着现代认识和技术水平的发展，土壤侵蚀监测技术出现多学科的交叉结合，监测精度也实现由定性到半定量、定量和精确定量的提升。先进的多元数据遥感监测、航拍技术、多孔径雷达技术、光电探测技术等开始融入土壤侵蚀监测领域。

（1）核素示踪　随着核素分析技术的发展，核素示踪成为土壤侵蚀监测的一种新方法。核素示踪在不改变原地貌、不需要固定的野外观测设施的条件下对土壤侵蚀进行定量表达，具有成本小、劳动强度低、分析和量化精度高等特点。

（2）沉积泥沙反演　湖泊或塘库沉积泥沙是流域侵蚀土壤的汇集，记录流域近期环境变化。沉积泥沙反演法利用保存在湖泊或塘库泥沙沉积序列中的各种信息来重构流域土壤侵蚀和沉积过程。

（3）现代原位监测　随着现代数据采集、无线传输和数据自动分析技术的发展，现代原位观测成为土壤侵蚀监测发展的新方向。不同于径流小区、侵蚀针等传统原位监测技术，以土壤侵蚀自动监测系统为代表的现代原位监测满足了监测数据时效性和完整性的要求，适应系统化、自动化需求，构成基于光电探测、无线数据传输和远程控制等技术，集气象、水文、土壤、泥沙、水质数据采集、传输、分析、管理、评价和输出为一体的立体监测平台。

（4）现代地形测量　　土壤侵蚀和沉积在地形上表现出细微变化，采用现代地形测量技术监测土壤侵蚀和沉积的前提是能够甄别出这种微地形变化，即需要满足精度要求。传统土壤侵蚀调查借助地形图在野外目视判读勾绘侵蚀图斑，只能实现定性或半定量的评价。数字化测量技术的发展解决了传统方法费时费力、精度低的缺点。

（5）三维激光扫描　　三维激光扫描仪在不接触被测目标、不对流域坡面产生人为干扰的情况下获取目标若干点数据，进行高精度的三维逆向模拟，重建目标的全景三维数据或模型。其基本原理是：由激光脉冲二极管周期性发射激光脉冲，经旋转棱镜射向目标，电子扫描探测器接收并记录反射回来的激光脉冲，产生接收信号，光学编码器记录整个过程的时间差和激光脉冲角度，微计算机根据距离和角度计算采集点三维信息。目标范围内连续扫描便形成"点云"数据，经后处理软件对"点云"处理后，转换成绝对坐标系中的模型，并以多种格式输出。土壤侵蚀监测对两个时相的目标扫描数据进行配准和叠加处理，分析与计算土壤侵蚀和沉积量。

（6）差分 GPS　　全球定位系统（GPS）的实时动态测量技术采用实时处理两个测站载波相位观测量的差分方法，实时三维定位，精度可达到厘米级。其基本原理是：两台 GPS 接收机分别作为基准站和流动站，并同时保持对 5 颗以上卫星的跟踪。基准站接收机将所有可见卫星观测值通过无线电实时发送给流动站接收机。流动站根据相对定位原理处理本机和来自基准站接收机的卫星观测数据，计算用户站的三维坐标。利用 GPS 获取目标多时相 DEM，并将其配准到同一坐标系，对比获取目标的土壤侵蚀量或沉积量。

（7）摄影测量　　摄影测量技术发展到当代，经历了模拟摄影测量、解析摄影测量和数字摄影测量三个发展阶段。特别是数字摄影测量的出现，融合了摄影测量和数字影像的基本原理，应用计算机技术、数字影像处理、影像匹配、模式识别等技术，将摄取对象以数字方式表达。GPS 辅助动态精密定位，实现空中自动三角测量，提高摄影测量的效率和精度，即利用安装在飞行器上和设在地面多个基准站的 GPS 获取航摄仪曝光时刻摄影站的三维坐标，将其视为附加摄影测量观测值引入摄影测量区域网平差中，以空中控制代替地面控制来进行区域网平差。

（8）差分雷达干涉测量　　合成孔径雷达（SAR）以飞机或者卫星为搭载平台，通过接收能动微波传感器发射微波被地面反射的信息来判断地表的起伏和特征。SAR 同时还记录反射电磁波的相位信息。合成孔径雷达干涉测量技术（InSAR）是将 SAR 单视复数（SLC）影像中的相位信息提取出来，进行相位干涉处理得到目标点的三维信息。

（9）低空无人飞行器遥感系统　　低空无人飞行器遥感是随计算机、GPS 和飞行控制技术发展而兴起的一种遥感测量系统，集飞行器控制技术、遥感传感技术、通信技术、GPS 差分定位技术于一体，以无人飞行器为飞行平台，以高分辨率数字遥感设备为机载传感器，获取低空高分辨率遥感数据。性能稳定、质量轻的无人驾驶飞行平台是该系统的基本硬件设施。遥感传感器和控制系统用于获取遥感影像，是系统的重要组成部分。

（10）光电侵蚀针系统　　光电侵蚀针是在一个透明的聚丙烯管中依次排列的一组光电池感应可见光，入射子激光发出的光生载流子在外加偏压下进入外电路后，将光信号转变为电信号，形成可测光电流，根据探针传感器产生的电压与探针暴露长度正比例关系推算侵蚀深度。光电侵蚀针可自动监测土壤侵蚀和沉积过程，连续记录地貌变化。

土壤侵蚀监测技术众多，不同的方法有其适用的时空尺度和前提。实践证明，三维激光扫描、差分 GPS、核素示踪、沉积泥沙反演、自动测量系统等一批新方法和新技术适应土壤侵蚀监测的理论发展和实际需要，具有巨大的潜力，是今后土壤侵蚀监测研究的方向。现今，我国水土保持监测的技术在不断提高，监测成果不断积累，有力地支持了国家水土保持生态建设。随着土壤监测技术的不断发展和广泛应用，实现水土流失动态监测所需要的技术已经不成问题，关键在于如何建立一个适合本地区实际情况的动态监测模型。

党的十九大报告指出，坚持人与自然和谐共生，必须树立和践行绿水青山就是金山银山的理念。这一要求吹响了新时代生态文明建设的号角，也为新时期水土保持工作指明了方向。水土保持监督管理是有效遏制人为水土流失、保护生态环境的重要行政手段。

2. 城市水土流失监管工作内容

深圳市在全国最早成立了市水土保持监测总站，各区也相继成立了监测站。近年，深圳市为强化生产建设项目水土流失监管，市、区积极引入第三方服务，落实监督监测经费，建立了专业的监督监测队伍，对全市生产建设项目根据项目特点进行日常巡查，保障各项监管措施的顺利落实。

（1）监管类型

1）监管生产建设单位编报水土保持方案的情况及是否存在未批先建行为。

2）监管生产建设单位开展水土保持后续设计以及水土保持后续设计落实情况，主要针对水土保持初步设计和施工图设计是否开展，建设单位、施工、监理是否严格按照水土保持后续设计，落实覆盖、拦挡、排水、沉砂等相关的防护措施。

3）监管生产建设项目是否造成直接水土流失危害或者存在水土流失危害隐患等情形，及时督促生产建设单位、施工单位落实整改。

4）监管其他未依法履行水土保持法定义务的情况，包括：未按照水务主管部门监督检查整改要求及时整改；未按时缴纳水土保持补偿费；主体工程已竣工验收，未申请开展水土保持设施验收；未妥善落实项目红线范围内水土保持设施管护责任。

（2）城市水土流失监管处理方式

1）发送限期整改通知书。

2）各级水行政主管部门向各建设单位的上级主管部门、建设主体或公众通报。

3）组织新闻媒体报道。

4）依法实施行政处罚。

3. 城市水土流失监管展望

水土保持是我国一项基本国策，但目前公众对城市水土保持的认识不足，保护水土资源的意识淡薄。深圳市作为全国改革创新的先行城市，在双区驱动的引领下，将继续完善水土流失监管，为深圳市生态文明建设和城市的健康发展提供坚实的支撑。

1）加强相关部门之间的联动。协调房建、轨道交通、道路建设等行业主管部门将水土保持工作纳入其日常监管评比工作，提升水土保持监管效果，加大信用惩戒力度。

2）全面落实水土保持后续设计。将水土保持措施全面纳入工程建设体系，保障水土保持措施费用；施工单位按图施工，有效落实施工期各项水土保持措施。

3）积极探索新技术应用。加强泥沙监控、视频监控、移动巡查、高分遥感、无人机倾斜摄影等新技术应用，以全面提升水土保持监管效能，实现全天候、全市域、全生命周期监管。

城市水土流失监管不仅要依靠生产建设项目参建单位自觉履行水土保持相关义务，落实生产建设项目各项水土保持措施，也要依靠水务主管部门通过常规的日常巡查巡检、公众或媒体的举报，及时发现生产建设项目水土保持违法行为，督促生产建设单位整改，必要时采取行政强制手段，确保城市水土保持工作扎实、有效地实施。

6.2.3 水土保持信息系统

1. 系统整体架构

提高生产建设项目水土保持监管效率，进一步减少人为水土流失破坏。水土保持监督管理工作是一项政策性很强的工作，涉及面宽，影响广泛，必须提高行政效率，所以很有必要开发建设水土保持信息系统。

水土保持信息系统的建设紧紧围绕国家法律、法规及规范性文件，结合管理职能，实现水土保持监督管理主要业务的网上运行和网络化电子数据交换，加快部门内部、部门之间和上下级机构之间的信息传递速度，支撑贯穿水土保持各级部门、职责清晰、过程可控、协调联动的电子化和网络化管理体系，提高水土保持行政效率，以信息化手段帮助工作人员实时、动态、全面掌握生产建设项目水土保持工作状况，加强水土流失预防监督管理各项业务间的衔接和统一，贯彻一体化管理思路，实现水土保持监督管理业务的上下协同，提高生产建设项目水土保持行政管理效率、动态监管能力和社会服务水平。

水土保持信息系统包括生产建设项目一体化监管平台。生产建设项目一体化监管平台由生产建设项目监督管理系统、生产建设项目自动识别系统、遥感监管协同工作系统、目标责任考核系统、移动一体化系统、生产建设项目可视化系统六个模块组成。

下面以甘肃省水土保持信息系统为例进行详细说明。水土保持信息系统建设遵循甘肃智慧水利总体框架，按照数据源层汇聚数据，数据中台处理和共享交换数据，智能中台运用AI、模式识别等先进信息技术整合现有信息资源和业务系统，搭建水土保持信息系统，为甘肃省生产建设项目一体化监管提供支撑。水土保持信息系统总体框架如图 6 - 2 所示，包括数据源层、智慧水利大脑层、智慧水利应用层，为上层用户提供可视化、定制化服务。

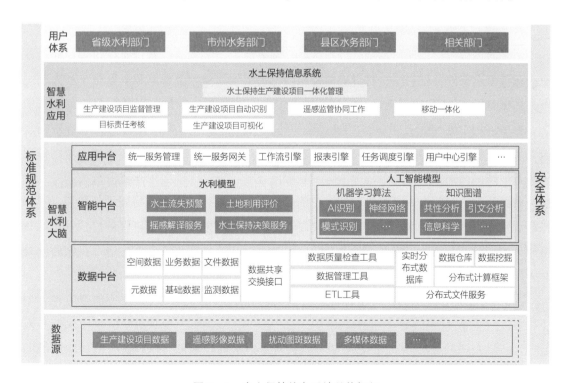

图 6 - 2　水土保持信息系统总体框架

1）数据源层。包括生产建设项目数据、遥感影像数据、扰动图斑数据、多媒体数据等。

2）智慧水利大脑层——数据中台。通过汇集土壤侵蚀、水保项目、水保监测、土地利用等各类数据，经过数据清洗、数据比对整合、数据加工、数据融合等手段，制定统一的水土保持数据标准，形成统一的数据资产，提供统一的数据服务、自动化和标准化数据共享服务。

3）智慧水利大脑层——智能中台。依托知识图谱库建立数据预处理、机器学习算法、模型评估和预测等能力之间的关系，实现水土流失预警分析、遥感解译服务、辅助决策的业务数据分析需求。

4）智慧水利大脑层——应用中台。以数据为抓手，基于微服务架构技术，为水土保持信息系统提供统一服务管理、统一服务网关、工作流引擎、报表引擎、任务调度引擎、用户中心引擎等基础组件，提高功能组件的复用性，便于快速开展新业务。

5）智慧水利应用层。水土保持信息系统以智慧水利应用需求为导向，为水土保持生产建设项目一体化管理提供支撑服务。通过数据挖掘、汇集、调用、共享交换等数据操作，实现了水土保持方案管理，提高水土保持的智能化应用水平。

2. 关键技术说明

由于河道面积广、地形复杂、分布区域广阔等原因，实现监控管理难度很大，通过现有视频监控点位的合理利用，将智能监控摄像机采集到的视频数据，经由智慧水利大脑进行大数据分析和 AI 智能分析后，将河湖即时、动态的监测分析结果以及相关预警预报信息在智慧应用中进行综合展示，增加管理部门获取河湖动态数据的途径，并配合现场复查，形成互补互利的河湖治理战略布局，使管理部门能及时、有效地掌握河湖治理的各项任务开展情况及相关事件处理情况。

智慧河湖视频预报预警提供包括水位信息展示与预警、河道漂浮物展示与预警、非法采砂识别与预警、重要水利工程非法入侵等场景。预警信息自动生成事件信息，发送给对应辖区的河长办及相关单位，河长办及相关人员可以在接收到预警事件后进一步做后续处理及跟踪。

（1）视频监控预警设计　结合智慧河湖视频监控应用需要，视频预警预报应包含如下内容。

1）实时视频监控。通过智慧河湖可以实时掌握水利现场的一切情况，对所辖区域的任一摄像机进行控制，实现遥控云台的上/下/左/右和镜头的变倍/聚焦，并对摄像机的预置位和巡航进行设置。控制应具有唯一性和权限性，同一时间只允许一个高权限用户操作。

实时获得监控区域内清晰的监控图像，各种型号系统的摄像机可以满足不同区域监控点的监控需求，实现 24h 不间断监控。同时，可以对带云台设备进行云台操作，对视角、方位、焦距的调整，实现全方位、多视角、无盲区、全天候式监控。

2）实时全景视频监控。在重要河道区域试点建设全景视频监控子模块，实现对重要区域的全景监控，实现对所属监管区域"无盲区、无死角"监控。

3）图片定时上传。前端采用定时抓图摄像机，对现场图片进行抓拍并上传至监控中心进行分析与处理。

4）录像回放。对监控视频进行实时存储，记录告警前后的现场情况，记录设备操作、事故检修过程。通过网络调用回放录像，提供事故发生时的资料，为事故分析和事故处理提供帮助，并为事故处理和标准化作业教学提供宝贵的资料。

5）云台控制。提供云台控制面板、视频画面、键盘（模拟键盘、网络键盘及计算机键盘）等多种云台控制方式。控制功能包括云台旋转、自动扫描、变倍/变焦等控制功能。

6）抓拍抓录。在实时预览或者录像回放时，如果发现异常行为，支持进行实时抓图以及紧急录像。针对抓取的图片，支持使用图片标注工具，进行文字、线条、图框的标注，并可通过数字字典录入结构化描述信息。

采用全景视频监控系统，可以实现用一个全景摄像机实时采集全景画面，大大加强应急事件的处理、查看和响应能力。通过一体化环形全景摄像机实现监控，同时可提供多个高清无畸变局部图像，有效地解决了传统监控方案中存在的问题和弊端。

(2) 视频监控预警专题

1）水位信息展示与预警。通过 AI 智能分析，对河水水位的数值进行分析，并将水位监测结果通过文字描述、图片展示等方式进行呈现。同时，系统可通过预定的水位风险阈值判断，自动进行水位风险预警，并将水位风险预警信息以文字描述、图片和视频等形式，自动生成事件信息。从而河长办相关单位可及时得到水位风险预警事件，并进行进一步的处理。

2）河道漂浮物展示与预警。通过 AI 智能分析，对河道漂浮物进行自动识别，并将识别的结果通过文字描述、图片展示、视频展示等形式进行呈现。同时，系统可通过预设的河道漂浮物的风险报警规则，自动判断河道漂浮物的风险信息，并将疑似河道漂浮物风险信息以文字描述、图片和视频等形式，自动生成事件信息，进行进一步处理。

3）非法采砂识别预警。通过 AI 智能分析，对河道疑似非法采砂的船只或相关行为进行自动识别与报警。同时，系统可将疑似非法采砂预警的风险信息以文字描述、图片和视频等形式，自动生成事件信息，进行进一步处理。

（3）遥感分析　通过历次遥感影像对比分析，可生成各类遥感监测及分析数据等相关成果，将其在智慧河湖试点应用中进行综合应用及展示，可保障相关管理部门全面、及时地了解辖区内地表水资源、水环境及水生态的整体概况及变化情况，为各级用户开展河湖治理和相关管理工作提供有力依据。

在遥感影像地图中展示最近一次的遥感影像信息，可通过时间选择查看不同时间的遥感影像信息，提供卷帘同屏对比。遥感影像识别的事件通过图斑的形式进行展示，用户可通过单击地图中的图斑查看其属性信息。图斑属性信息包括图斑影响范围、事件类型、位置信息等。

1）水资源监测。展示遥感监测的水体萎缩程度、速率和趋势成果，以及河湖水域及周边的围垦湖泊、大型种植养殖、大型非法采砂等人类活动的提取结果。

2）水环境监测。展示流域范围水环境的乱占、乱采、乱堆、违章搭建、河道侵占的遥感监测结果。

3）水生态监测。展示河道变迁遥感监测、土地扰动的遥感监测结果。

（4）无人机巡河　通过无人机巡河，实现巡河高清视频的实时回传。无人机可实现巡航路线的预设，实现自动巡航，使用户能够直观、快速地对河湖进行感知，精准识别涉河事件信息，进行快速响应。同时，系统支持历史巡河视频的回放，包括巡河轨迹、巡河事件、巡河报告的查看。

（5）事件处理

1）事件推送。基于视频识别、遥感分析、无人机巡查、人工巡查等手段发现的疑似违法事件，系统自动形成疑似事件记录，包括事件发生的时间、位置、所属河流、事件类型、图片等各类信息，自动将其推送给河流对应的河长。

2）事件确认。河长收到系统自动推送的事件记录后，可前往现场进行事件核查确认，包括河流水质污染、"四乱"、河岸变迁、非法采砂、违规取水、水土流失等涉河事件。系统支持对现场核查情况的记录，对有效事件进行确认。经确认的事件，河长可将事件转办至相关责任单位进行落实。

3）事件整改。对于河长现场确认的有效事件，系统自动生成事件问题整改台账，同时对于事件进行溯源分析，确定污染源或违法生产的企业或个人，下达整改通知书，明确整改内容及时限。对于整改结果进行复核确认，经确认满足整改要求的事件，系统将进行自动销号处理。

4）行政处罚。基于涉河事件的性质以及严重程度，水行政执法部门可对违法企业或个人进行行政处罚，处罚内容及过程完全透明化、公开化。

3. 应用系统操作

（1）系统首页　甘肃智慧河湖管理系统首页如图 6-3 所示，首页默认显示"事件管理"菜单，页面包含河湖态势、事件变化趋势、事件来源分析、事件列表四个信息面板。界面左上角为全局时间筛选和当地天气预报。界面中间为行政划界地图和摄像头点位分布及摄像头在线状态查看。

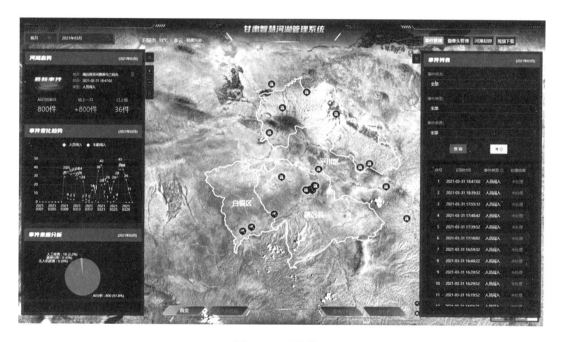

图 6-3　系统首页

（2）事件管理

1）河湖态势。选定全局时间，会展示该段时间内最新的事件信息和事件总体概况。该段时间内最新的事件信息和事件总体概况会根据全局时间的变化产生变化。其中，包含识别事件总量、与上一维度事件总量的对比、已上报事件数量三个内容在该段时间内的数据量。

2）事件变化趋势。通过图表的方式展现一段时间内的时间变化的趋势，供给使用人员做趋势分析。

3）事件来源分析。通过对产生事件的分类进行统计展示，旨在分析各类事件的周期占比情况。

4）事件列表。展现周期内的事件内容。该信息面板的上方从事件类型（河面漂浮物、排污事件、岸线变化、船只检测、人员/车船闯入等）、状态（未处理、处理中、处理完成）、来源（AI分析、遥感分析、无人机核查、人工核查）三个维度来进行事件筛选展示。默认展示全部来源及状态。

① 单击具体的事件，页面左侧弹出该事件的详情列表，包含事件回放、事件流程、事件详情、事件复核四个展示窗口。左侧展示监测点位的详情信息页和地形图，右侧展现监测点位摄像头的实时视频。

② 单击事件详情里的图片，可以放大查看事件抓拍，后台算法会对抓拍的内容做好标记处理。

③ 单击视频回放，可以查看抓拍时间前后两分钟（可配置）的摄像头历史回放，可做事件溯源和留档。

④ 单击事件流程可以查看省级河长制系统的事件处理进度，查看事件是否已被对应的河湖长进行复核及处理操作。

（3）摄像头管理　通过智慧河湖管理系统可以实时掌握水利现场的一切情况，对所辖区域的任一摄像机进行控制，实现遥控云台的上/下/左/右和镜头的变倍/聚焦，并对摄像机的预置位和巡航进行设置。控制应具有唯一性和权限性，同一时间只允许一个高权限用户操作。

（4）无人机巡航　通过无人机巡河，实现巡河高清视频的实时回传。无人机可实现巡航路线的预设，实现自动巡航，使用户能够直观、快速地对河湖进行感知，精准识别涉河事件信息，进行快速响应。同时，系统支持历史巡河视频的回放，包括巡河轨迹、巡河事件、巡河报告的查看。

（5）遥感分析　通过历次遥感影像对比分析，可生成各类遥感监测及分析数据等相关成果，将其在智慧河湖试点应用中进行综合应用及展示，可保障相关管理部门全面、及时地了解辖区内地表水资源、水环境及水生态的整体概况及变化情况，为各级用户开展河湖治理和相关管理工作提供有力依据。

（6）AI 分析　通过对事件的收集、上报、状态获取，进行智能分析，得出分析报告，采用图表文字的方式，可提供用户决策和日常分析。本页报告可做下载导出使用。

6.3　水利工程智能应用

在当前智慧水利业务系统建设过程中，水利工程智能应用是一个重要的组成部分。水利工程主要包括水库、水闸、堤防、水电站、泵站、灌区、引调水、淤地坝等人工对象，涉及名称、位置、特性指标、作用指标、效益指标等工程属性以及变形、渗流、应力应变等监测信息。

6.3.1　水利工程应用的发展阶段

在水利工程不断发展的过程中，总结经验与教训，为实现工程的长期安全运行，不断探索和总结建设与管理科学技术。这个过程大致分为四个阶段。

1）人工化阶段。此阶段受技术与工具的限制，主要靠人工力量进行建设。以建坝为例，建坝高度有限，工程质量也很难得到保证。

2）机械化阶段。随着近代工业革命的发展，机械力量代替人工力量。进入 20 世纪，以现代土木力学为基础，在设计与建设过程中采用机械化的方式，修建了大量的高坝，但是机械化程度比较低，设备落后。以近代第一座 200m 级的胡佛混凝土大坝为例，建设之前开展了系统、深入的模型试验和数值计算工作，以指导设计与施工，开创了模型试验与系统的分载理论计算相结合的评价体系。但是此阶段的水利工程结构的分析理论和计算手段还相对落后，对安全、质量、进度与投资的认知不足。

3）自动化阶段。采用现代化的施工机械，科研、设计与施工水平有很大提高，并能对水利工程进行自动化监测与信息化管理，各种位移计、应变计应用普遍。此阶段已有了向智能应用发展的趋势。

4）智能应用阶段。在分析理论与计算方法上都有飞跃性的发展，随着计算机技术的不断进步和大型计算分析软件的问世，融合互联网，主要通过信息采集技术实现信息采集，结合数值仿真模拟技术指导设计与施工，水利工程建设管理逐步实现了向智能应用的转变。

水利工程发展的每次跨越都有不同的时代背景和更先进的科技支撑。一方面，科学技术更新换代的时间越来越短，融合的发展观越来越科学；另一方面，新的科学技术诞生后并不能迅速取代先前的科学技术，需要在新科技支撑下在生产实践中进行检验，与此同时，原有的科学技术仍然会在工程建设与管理中发挥重要的作用，直至新的科技体系成熟，将原有的科学技术选择性地融合。

6.3.2　水利工程安全运行监控

水利工程智能应用的重要环节就是水利工程采集感知。水利工程采集感知主要涉及对水库、水闸、堤防、农村水电站、淤地坝等水利工程的工程安全、工程运行等方面的监测。工程安全主要包括变形位移、渗流渗压、应力应变、裂缝等监测要素。工程运行主要包括降雨、气温、水位、水温、设备工况、滑坡、地震反应等监测要素。工程安全变形位移等要素主要采用传感器监测，裂缝等要素主要采用人工巡视检查，工程运行要素采用仪器设备监测和人工巡视相结合。

水利工程安全运行作为推进水利工程标准化管理的重要内容，包括水利工程安全监测、水雨情监控、视频监控、水质监控、闸门监控等多个内容，能实时对大坝、堤防、水闸等水利工程进行在线监测分析与健康评价，使工作人员能及时、直观地掌握工程的运行状况，对工程安全做出综合评价，在事故到来之前采取对策，从而保证工程安全运行，充分发挥其经济效益和社会效益。

在历史数据方面，主要需要水利工程设计、施工、验收、运行管理、历史险情、安全鉴定、除险加固等数据，建立起全生命周期的历史数据库并实现共享，为水利工程的安全鉴定、监测预警、隐患排查等业务提供基础数据。这些历史数据目前以不同介质和格式分散保管在各级设计或工程管理单位，很多是档案等纸质资料，需要进行数字化和入库处理，汇集整编形成完整数据。

在实况数据方面，主要需要工程安全监测、水情监测、运行监测、视频监控以及经营管理数据，以便评估和分析工程安全运行和安全生产状况，还需要补充和收集巡护方案、调度方案、应急预案等基础数据。目前，大部分实况数据由建管单位分散管理，数据质量参差不齐，需要构建统一的数据采集体系和分级审核的数据质量控制体系，并根据业务需求实现相对集中的数据管理和安全可控的共享调用。

在预测预警数据方面，主要需要结合水利工程结构安全评估模型、历史险情、安全鉴定以及水雨情、地震、滑坡等数据，预测预警水利工程安全运行情况。目前，还没有大量开展工程安全预测预警工作，需要构建基于专业模型和大数据的工程运行安全评估模型，并开展试点再逐步推广。

水利工程安全运行监控把地理信息系统、网络通信技术、数据库技术、系统仿真技术等与水利工程各种功能需求联系在一起，它为水利工程智能应用提供了基础。随着物联网等信息技术不断进步，各种传感器等的普遍使用，使得感知范围能够涵盖水利工程整体空间，实现空间信息全面数字化；新式通信传送设备等的普遍使用使传送效率与稳定性进一步提升。

建成覆盖建设单位业务所属全域的水库、水闸、堤防、农村水电站等水利工程安全运行管理的信息采集平台管理体系，全面掌握工程安全运行状况。建立工程运行安全评估预警模型。构建水利工程运行全过程监管的业务系统，增强水利关键信息基础设施运行调度网络安全保障能力，为水利工程安全运行、突发事件应急处置、水利工程运行管理体制改革提供支撑。最后，建成覆盖全国水库、水闸、堤防、农村水电站等的信息采集管理体系，实现水工程建设管理与规划计划、运行管理数据的全面整合与共享。

目前，国内大坝安全监测工作存在着信息化程度较低、软件功能较为单一、专业技术人员缺乏等一系列短板。在该背景下，结合安全监测实际工作需求，急需开展设计和研发水利枢纽安全监测信息管理平台，实现安全监测数据的智能感知、专业分析与智能监控预警等工作，进而提升安全监测资料整编效率，解决现有分析深度不够、监控不及时等问题。

水利工程安全运行监控系统如图 6 - 4 所示。

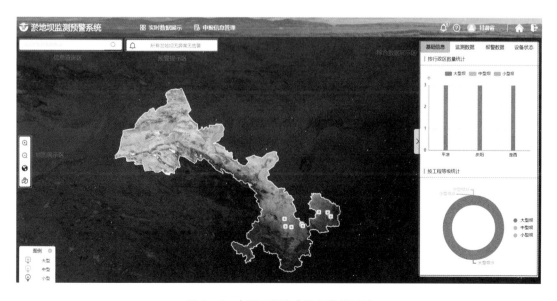

图 6 - 4　水利工程安全运行监控系统

6.3.3　水利工程建设全生命周期管理

水利工程管理的主要任务是：确保工程的安全、完整，充分发挥工程和水资源的综合效益。具体来说就是：通过合理调水、用水，除害兴利，最大限度地发挥水资源的综合效益；通过检查、观测，了解建筑物的工作状态，及时发现隐患；对工程进行经常的养护、对隐患及时处理；开展科学研究，不断提高管理水平，逐步实现工程管理现代化。为了做好工程管理工作，首先应当详细掌握工程的情况，在工程施工阶段，就应筹建管理机构，并派驻人员参与施工；工程竣工后，要严格履行验收交接手续，要求设计和施工单位将勘测、设计和施工资料，一并移交管理单位；管理单位要根据工程具体情况，制定出工程运用管理的各项工作制度，并认真贯彻执行，保证工程正常、高效的运行。在建筑物的管理中，必须本着以防为主、防重于修、修重于抢的原则。首先做好检查观测和养护工作，防止工程中隐患的发生和发展，发现隐患后，应及时修理。做到小坏小修、随坏随修，防止隐患进一步扩大，以免造成不应有的损失。

同时，基于云计算与自然计算等智能计算的处理过程，充分利用知识库、模型库和信息库的知识挖掘，实现信息处理智能化，以及物理空间与虚拟空间的深度融合，做出科学优化的决策，通过反馈装置反馈给相关人员，采取相应的措施以有效解决相关问题，从而提高水利水电工程的效益。水利工程建设全生命周期管理赋予水利工程智能应用智慧，其智慧高低一般取决于精确的感知、可靠的传送、丰富的知识、运算速度与处理方法的应变性所达到的程度。在具体实施与实现时，水利工程建设全生命周期管理则是采用基于主动结构的理念；在顶层决策时，智慧水利依靠智能处理，使其具有一定的自主性。其框架示意如图 6-5 所示。

BIM（Building Information Modeling，建筑信息模型）技术应用贯穿整个工程全生命周期，在各个阶段 BIM 都有相应的工作和任务。一般认为，工程项目的生命周期可分为决策阶段、准备阶段、实施阶段及运维阶段等四个阶段。根据水利水电工程的特点不同阶段可以对应不同的项目工作内容。

下面，从水利水电工程项目各个阶段工作的特点出发，分析水利水电工程全生命周期的特点和满足工程需要对 BIM 技术提出的要求。

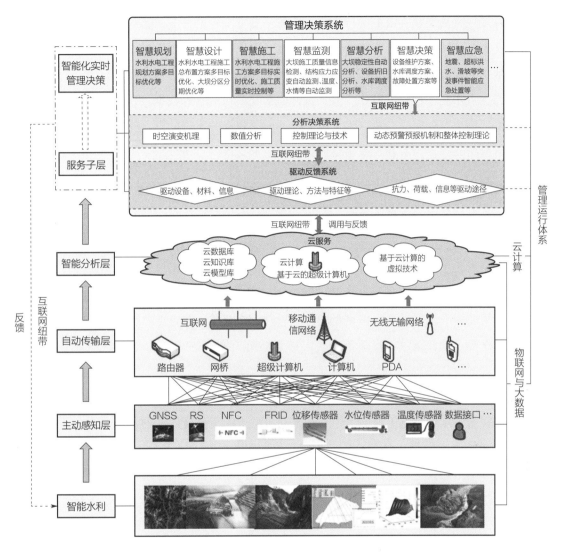

图 6 – 5　管理运行体系框架示意图

1. 决策阶段

决策阶段的主要任务是对策划实施工程项目的必要性和可行性进行技术及经济方面的论证，结合建设工地安全评估、工程质量风险评估、市场信用大数据评估、投资进度风险评估等模型，分析工程建设投资、进度、质量、安全生产、招投标、市场信用等风险，比选不同建设方案，从而得出项目是否有必要建设以及建设的可行性结论。

工程规划是从宏观决策上进行研究，主要是确定工程的任务、目的方面的内容，具有空间尺度大、具体设计方案粗略的特点。通过获取历史数据对项目建设进行评估。该过程主要包括水利发展规划、水利综合规划、水利专业规划、水利专项规划、水利统计数据以及在建的重点水利工程初步设计、施工设计、水利项目稽查等数据，建立起系列、完整的规划和统计历史数据库，以及在建工程的设计成果数据并实现共享，为水利规划统计提供历史比对分析支撑，为水利工程建设提供基础数据支撑。

2. 准备阶段

进入准备阶段后，可借助 BIM 技术对水利工程建设进行设计。BIM 设计一般具有精确、细致的特点，根据水利水电工程的特点，编写项目建议书、可行性研究和电口的预可行性研究报告，主要是为了进行方案的沟通和促进其他人员对项目方案的理解。

从 BIM 设计的要求来看，进入施工图可以根据模型进行施工的放线，在施工单位掌握 BIM 技术的前提下，提供签字出案的 BIM 模型就可以满足施工要求。但由于目前的 BIM 技术应用水平、设备条件、管理条件、人员素质等有限，施工图二维出图应该还会长期存在。

在本阶段为提高管理水平可以应用 BIM 技术给业主提交完整的数字竣工模型，并在此基础上开展智慧水利水电工程的工作。从水利水电工程全生命周期的过程来看，不同的阶段对 BIM 技术要求的侧重点不一样，即相互区别又相互重合。利用 BIM 技术的初衷就是想利用成熟的信息技术和管理技术从工程的全生命周期进行系统管理。

通过以上的分析可以知道，要使工程项目的全生命周期管理能落到实处，需要进行完成以下几部分的工作。

1）建立水利水电工程 BIM 技术标准，满足无纸化 BIM 成果在项目各阶段的有效使用，保证项目在不同阶段和不同单位之间的互用互通。

2）确定行业发展规划，从政策上提出 BIM 技术全面实施的时间和要求。

3）对工程全生命周期管理工作进行分工，确定不同单位的工作内容和范围。为说明设计阶段工作流程对 BIM 技术的需求，以初步设计阶段为例分析设计工作流程。

3. 实施阶段

在实施阶段中，借助当前 5G 网络以及各种功能全面的物联网设备，能够让工程中所有人员更便捷地观察到工程进展情况，实现水利工程施工过程信息实时自动化采集与精细化监控。监控主要包括水利工程建设现场监测和视频监控，以及施工、监理和业主进行的现场检查记录，以便工作人员分析和掌握水利工程建设质量、进度和安全生产状况。目前，大部分实况数据主要由工程建设管理、施工、监理、质量、安全等相关单位分散管理，而数据质量也参差不齐，需要通过 BIM 等新技术与规范来提升水利工程建设监测监控数据质量并及时向上汇集。

通过建立水利工程智能应用，可利用全球卫星定位技术、无线数据通信技术、计算机技术和数据处理与分析技术，对施工过程信息全天候、实时、连续、远程地监控与采集。采用高精度的设备结合动态差分技术，进一步解决过程信息正确性、精准度方面的问题；运用更成熟的互联网技术，优化数据传输路径，提高其稳定性；采用可视化方面表现更好的编程语言，依托性能更佳的计算机设备，实现过程信息更友好可视化的表达。

对施工过程中按规范进行质量检测产生大量试验质量数据，采用自动或半自动化的方式实现质量信息数字化，为快捷分析质量控制效果提供了条件；工程进度方面，利用仿真分析实现中长期进度计划的科学规划和短期施工目标的精细化控制，并实现实际施工进度信息的数字化并与计划进度进行对比分析；安全监测方面，利用埋设在水利工程周边与内部的各式监测仪器，采用自动化采集与传输方式实现安全监测数字化，并结合数字监控，为分析水利工程运维提供了基础支撑；工程地质方面，勘测设计时期的工程地质信息与施工期间对地质信息的修正信息以一定的数据格式实现数字化存储，为分析水利工程基础状态和指导施工提供了决策依据。

4. 运维阶段

运维阶段主要的工作包括水利工程安全运行监控和水利工程维护建设两个模块。水利工程安全运行监控，通过水情和视频集成监控提升工程运行监控能力。集成水情和视频监控设施，获取中小水库、重点水闸、农村水电站、险工险段运行信息，并在省级水利部门汇集已建工程水情和视频监控资源，通过视频影像智能识别获取水位等水文信息和关键部位的实时工况。水利工程维护建设监管环节，充分利用遥感、视频等新技术逐步实现智能化、精细化的工程管理，主要是在病险水库（闸）除险加固、中小河流治理、大江大河干堤除险加固等建设项目各阶段进行监管。

安全监测信息化管理平台界面如图 6 - 6 所示。

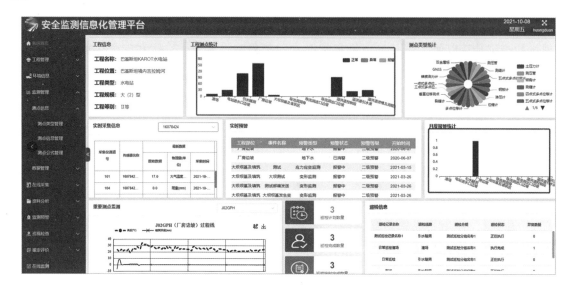

图 6-6 安全监测信息化管理平台界面

6.4 水利信息化资源整合智能应用

为落实水利部党组"水利工程补短板、水利行业强监管"水利改革发展总基调，强化水资源监管，规范监督检查行为，2019 年 12 月，水利部印发了《水资源管理监督检查办法（试行）》。以水资源管理法律、法规、规章等规定为依据，紧紧围绕"合理分水，管住用水"各个环节，实施全过程监管，着重强化对监管部门依法履行水资源管理职责的监督。

水利信息化资源整合是指在一定范围内对水利信息化基础设施、信息资源、业务应用、支撑保障条件等进行统筹规划，科学合理地配置与整合，促进资源的公用与共享，充分发挥资源的作用与效能，促进水利信息化可持续发展。

水利信息化资源整合共享应从水利信息化发展总体布局出发，以创新为动力，以需求为导向，以整合为手段，以应用为核心，通过信息技术深入应用，实现水利信息化资源共享。

1. 主要目标

水利信息化资源整合共享的主要目标是：系统梳理水利信息化资源，整合、优化配置现有资源，在此基础上，通过补充完善，从而构建三级部署（水利部、流域机构、省级）、五级应用（水利部、流域机构、省级、市级、县级），并逐步过渡到集中部署、多级应用的水利信息化综合体系，实现数据共享、业务协同、基础支撑和安全保障。

2. 基本原则

在水利信息化资源整合共享工作中应坚持以下基本原则。

1）围绕中心，服务大局。主要应解决事关民生水利的防汛抗旱、水资源管理、农村饮水安全、水土保持监测与管理、移民管理等及支撑上述应用的基础设施和保障措施的整合与共享问题，使之更好地服务于水利中心工作。

2）加强领导，统筹规划。从水利信息化发展的全局出发，统一规划各类信息化资源，编制资源整合共享顶层设计和实施方案，保障整合共享的技术实现。同时，资源的共享不只是技术方面的问题，更存在着理念、管理和利益问题，因此，必须解放思想，加强对整合共享的组织领导。

3）统一标准，各负其责。网络互联互通、信息共享、业务协同的前提是要统一技术标准，因此，各单位开展水利信息化资源整合共享时，应首先遵循国家和水利行业信息化有关标准，确保整合后的水利信息化资源能够切实共享。同时，各单位也要切实负担起应负的责任，做好本地区和本单位的具体工作，将水利信息化资源整合共享落到实处。

4）突出重点，有序推进。各单位开展水利信息化资源整合共享时，应根据广大用户特别是社会公众的迫切需求、本单位当前水利信息化的突出矛盾，抓住重点，按照轻重缓急，有序推进水利信息化资源整合共享，实现边整合、边共享，最大限度地发挥水利信息化资源整合效率。

5）健全机制，明确责任。各单位在开展信息化资源整合共享时，应根据数据资源、业务应用和基础设施等相关工作特点，建立健全部门之间的协作机制，明确各部门在资源整合共享中的责任，切实做好整体工作计划、资源梳理、整合实施和运行维护等各阶段部门责任与机制建设，明确共建、共享各方的责任与义务。

水利信息化资源整合与共享首先应该了解现有水利信息化资源，分析需求并进行规划，在此基础上，研究制定实现资源共享的技术和管理措施，从而保障水利信息化资源整合共享目标的实现。

3. 信息化资源梳理

通过调研现有水利数据、业务应用、基础设施、安全体系等资源，形成资源台账、业务流程名录、基础设施和安全体系现状及部署拓扑图等基础资料，理清各项业务横向和纵向的信息交换及业务协同关系。在此基础上，分析其需求。

1）水利数据资源。水利数据资源梳理主要是了解水利系统各单位通过国家防汛抗旱指挥系统、国家水资源监控能力建设、全国水土保持监测网络和管理信息系统、水利电子政务等重大工程，特别是全国水利普查工作建设的地理空间数据、业务数据、元数据等情况，分析水利业务对水利数据的需求。

2）水利业务应用。近年来，水利系统实施了以国家防汛抗旱指挥系统、国家水资源管理系统为重点的金水工程建设。水利业务应用的梳理是对这些系统采取的技术路线，以及应用支撑平台、应用软件、门户等进行梳理，梳理出可以支撑当前和后续业务的公用软件产品。

3）基础设施。基础设施主要包括通信网络、机房环境、计算资源和存储资源。通信网络方面主要了解水利政务内网与业务网的覆盖范围、网络带宽、网络设备情况接入互联网情况，以及水利卫星通信与微波通信网的建设规模、性能等情况，分析近期业务对通信网络资源的需求。机房环境方面主要了解水利系统各单位政务内网机房和业务网机房面积、辅助设施、达到的标准等情况，分析近期需求。计算资源方面主要了解水利政务内网、业务网的服务器及其利用虚拟化技术构建计算资源池的情况，分析后续业务对计算资源的需求。存储资源方面主要了解水利政务内网、业务网的存储能力，分析后续业务对计算资源的需求。

4）安全体系。安全体系梳理主要是了解水利系统各单位安全管理体系建设情况、安全技术防护设施部署情况；基于当前国家对信息安全的新要求，分析水利信息系统的安全需求。

5）支撑保障条件。整理现有的标准规范、管理办法，了解人员队伍情况，根据新要求，提出下一步需要修改、补充与完善的，特别是针对资源整合共享的标准规范、管理办法。

4. 数据资源整合共享

依据对现有数据源及数据库建设现状分析，采用面向对象的方法构建面向水利行业的统一数据模型，整合各类数据，构建信息资源目录体系，并根据获取方式、使用频度，建设集中存储的统一基础和业务共享数据库。

在对水利基础和业务共享数据库梳理的基础上，采用水利数据模型驱动的方式建立共享数据库。通过统一的信息资源目录体系，实现各级水利部门之间、各应用系统之间的统一数据交换与共享。

1）统一水利数据模型。采用面向对象的方法，系统地整理水利业务系统中的各类水利对象，采取统一规则对水利对象进行定义和命名，并以对象的唯一标识为核心，实现对象的空间、业务、关系等属性及元数据的统一关联。统一水利数据模型应在水利普查数据模型的基础上，重点结合需要整合的基础数据，扩展对象类，补充对象关系，并进行数据模型一致性校核与检验，通过模型的有序扩展实现水利数据的系统化完整描述。

2）统一共享数据库。根据水利数据模型及统一的对象编码和数据字典，各水利业务应用开展相关数据资源整合，将涉及水利业务应用全局的水利对象基础数据，以及水利对象空间和业务关系等数据，统一纳入水利数据中心的基础数据库中，将水利业务应用中在其他应用中需要共享的业务数据，通过数据服务的方式，纳入水利数据中心业务共享数据库中。统一共享数据主要是实现共享数据的一数一源，存储在水利数据中心，对于需要从系统中获取共享数据的，应针对不同情况，采取不同方式。对于已建系统，将依托数据抽取技术，将所需数据从原有数据库中提取到共享数据库中，如国家防汛抗旱指挥系统、全国水土保持监测网络与管理信息系统等；对于在建系统，需要修改和完善数据应用设计方案，采用统一调用的方式接入基础数据库中；对于新建系统，需依据水利信息化资源整合共享顶层设计及相关规定进行整合规划和设计，整体接入共享系统。

整合后的数据资源，用户可以通过各级数据中心直接获取公用基础和专题信息；对于涉密或加工处理类专用信息可以通过目录方式，检索、定位数据资源，然后通过行政或经济手段获取数据。

5. 业务应用整合共享

通过对共用功能的提炼、业务流程对接、显示表达协调等，实现统一用户管理、基础服务、门户集成，为水利信息系统提供功能完善、接口开放、交互友好的平台支撑。

主要对防汛抗旱、水资源管理、水土保持等水利核心业务，以及电子政务等重要事务进行整合，复用工作流中间件、空间引擎服务、数据库访问管理、报表制作、全文检索引擎等基础工具，推进不同系统间的统一用户管理、地图服务、数据交换、门户集成、通用工具，进而提供业务共享服务。

1）统一用户管理。通过对各应用系统用户管理功能的整合，实现各业务应用用户信息的统一管理，确保用户信息的一致。

2）统一地图服务。按照国家基础、水利基础、专题应用三类数据，以 WMS、WFS、WCS、WMTS 等标准接口，提供水利"一张图"服务。

3）统一数据交换。根据业务应用需要，在统一交换平台支撑下，开发相应的适配器，完成业务交换数据发送方的抽取和接收方的入库。

4）统一门户集成。在政务内网、业务网、移动互联网分别建立统一的门户，实现单点登录、内容聚合和个性化定制等。

5）统一通用工具。通过对各应用系统使用通用工具的梳理，整合一套支撑各业务应用的，如地理信息系统、报表工具、工作流引擎、消息中间件等通用工具，满足各业务应用的需要。

各级业务应用可以充分利用通用工具服务（如地理信息系统、报表工具、全文检索、工作流引擎、网站内容管理（WCM）、消息中间件、数据抽取转换装载（ETL）、目录等）和通用应用服务（如数据交换、地图服务、用户管理等）来构建。

6. 基础设施整合共享

通过对已有设施的集成、在建工程的共建及薄弱环节的必要补充，实现网络互联互通、机房安全可靠、计算弹性服务、存储按需服务，为水利信息系统提供性能优良、建设集约的基础设施支撑。

1）统一机房环境。水利系统每个城域网内原则上只设置一个涉密网机房和一个业务网机房，形成水利部、流域机构、省级水利部门三级涉密和业务网机房。水利部其他直属单位、流域机构下属单位、省级以下水利部门不宜再设置涉密机房，仅设置涉密终端。

2）统一网络。在现有水利政务内网的基础上连通其余有涉密业务需求的水利部直属事业单位，依托国家电子政务内网连通省级水利部门。依托防汛抗旱指挥系统二期工程、国家水资源管理系统、水利财务管理信息系统等完善水利业务网，并根据需要利用国家电子政务外网等资源，逐步实现与水利系统管理的水利工程单位的连通，实现与涉水单位的互联网全覆盖。

3）统一计算资源。各单位计算资源应统一规划，采用虚拟化、云计算等技术逐步构建统一的计算环境，以便于动态可扩展地满足业务需求，为各业务应用提供服务。对于较早前购置的服务器，由于其性能有限且剩余使用寿命有限，对其进行虚拟化整合得不偿失，因此，这些服务器可继续独立使用、自然淘汰，其上承载的应用逐渐迁移到统一计算环境中；对于近几年购买的服务器，可通过补充购置虚拟化软件对其进行虚拟化，使其成为统一计算环境的组成部分；对于新增资源，必须按统一架构进行配置，以扩充统一计算环境的服务能力。

4）统一存储资源。对各单位独立的存储系统进行整合，构建统一的存储体系。整合方法是购置存储虚拟化设备或利用具有存储虚拟化功能的存储设备将独立存储系统（需能兼容）纳入统一管理，形成一个统一的存储资源池。使用者可以根据需求对存储池进行灵活的分配。对于不能兼容或容量较小的存储设备可以合理调配，为一些相对独立的应用提供存储服务，直至自然淘汰。

通过基础设施整合将提供满足业务需要的统一的水利政务内网、业务网，形成水利部、流域机构、省级水利部门三级安全规范的机房环境、计算资源的弹性服务以及按需分配的存储服务。

7. 安全体系整合共享

通过梳理各信息系统安全需求，制定水利信息安全策略（包括安全目标、原则、要求等），根据安全策略，完善安全管理和技术防护体系，保障信息系统安全。

1）统一安全策略。水利部基于国家对信息安全的要求及水利行业的特点制定水利网络与信息安全总体策略，提出总体安全目标、原则、要求；各流域机构、省级水利部门根据总体策略及各自实际，细化总体策略，制定本流域、本省网络与信息安全策略。

2）统一安全管理。各单位加强网络与信息组织建设，建立统一的网络与信息安全领导协调机构和工作机构，落实安全责任，建立一支高水平的网络与信息安全管理和技术队伍。同时，按照国家相关信息安全政策法规，依据水利信息化发展的实际情况和需求，建立相对完善的网络与信息安全管理制度体系。通过安全组织和制度体系的建设，形成高效的网络与信息安全建设管理、运行监控、应急响应和监督检查等机制。

3）统一安全防护。在统一安全策略下，依托各单位业务网等级和政务内网分级保护等改造项目，充分利用已建和统筹考虑已立项配置的安全防护设施，同时补充一些必要的安全防护设施，从物理、网络、主机、应用和数据等安全方面构建统一的安全技术防护框架，实现在同一节点下，共用一套安全防护措施，为信息系统提供统一的安全预警、保护、恢复和评估等功能。

第7章

5G＋智慧水利网络空间安全

信息系统的安全问题是关系经济稳定、发展和国家安全的社会问题。随着水利信息化的深入发展，水利行业网络与信息安全系统仍缺乏统一的规划、安排、组织和实施，现有的安全保障还比较单一，缺乏系统性和整体性，存在较大安全风险，远不能达到国家对信息系统安全防护的相关要求。本章就智慧水利网络空间安全的建立进行初步探讨。

7.1 物联网安全

物联网未来的发展，必须以保证其网络安全及边缘安全作为前提。5G 技术的商业应用为物联网产业的快速发展搭建了一条快速通道，但 5G 网络应用带来新的网络安全威胁有碍物联网的发展。在 5G 的应用环境下，物联网终端具有多样性、跨度大、运算能力弱的特点，与传统互联网相比，物联网将面临新的安全挑战。只有在保证物联网的安全性前提下，物联网的应用才能走得更长远。

7.1.1 物联网终端面临的安全威胁

如果从 1969 年美国国防部创立的"阿帕网"算起，互联网至今走过了半个多世纪的历程。从早期的局域网发展到 5G 时代"万物皆媒、万物互联"的"物联网"，5G 这项革命性的技术为整个世界带来了过去难以想象的便利和快捷，成为推动人类发展和社会进步不可或缺的"福器"。在 5G 网络应用环境中，物联网终端更多的接入方式是通过 SIM 卡或无线连接。SIM 卡和无线连接存在认证密钥交换协议漏洞，在数据传输过程，攻击者向终端设备发送特定的信息，以此提取该终端设备的数据。智能家居、智慧城市、智慧医疗、自动驾驶汽车等物联网终端都有可能成为攻击的目标，并形成"连锁"效应，影响整个产业链的安全。物联网终端面临如下几个方面的安全威胁。

1. 物联网终端硬件安全威胁

目前，物联网终端的安全建设尚有很多工作要完成，尤其是传统的部分终端。由于历史原因，终端厂商在设计生产时并没有考虑到物联网应用场景，导致终端在集成进物联网时，成为物联网系统不可忽视的安全漏洞。出于对成本的控制，或是物联网行业设计人员专业知识所限制，在硬件的设计上安全性考虑不足，硬件本身在出厂的时候就存在安全漏洞，缺少硬件连接信任安全机制，对外界又没有采用电磁信号屏蔽机制，攻击者可通过信道攻击获取密码。终端硬件的组件和配置被篡改，如果在硬件架构设计上未做安全考虑，在攻击者接触到终端硬件后，可以利用工具直接从硬件中提取数据，查找漏洞或分析破解加密系统。攻击者甚至可以直接克隆，篡改电路，加装恶意设备，绕过软件上的种种安全措施，致使数据外泄。厂家为了便于终端的本地或远程进行调试与维护，往往对硬件留有调试接口。如果这些调试接口没有相应的安全管理机制，这就相当于给攻击者留攻击的"后门"，从而构成极大的安全威胁。

物联网设备通常具备非常久的使用周期，以至于互联网中存在着很多已经停产、官方不提供软件更新的设备。厂商不提供更新，意味着漏洞不会被修复，这种设备一旦暴露，则极有可能成为"僵尸"主机，易遭受 DDoS 等攻击。物联网僵尸网络经久不衰，物联网安全事件频发，与存在大量"孤老"的物联网设备不无关系。这种现象也是物联网安全治理面临的一个巨大的挑战。

2. 物联网应用软件安全威胁

5G 更容易受到网络攻击，问题在于 5G 的相关应用软件。不同于 4G 网络，5G 更多的是硬件问题。5G 只是一个工具，本身没有安全性，与传统的接口提供的服务相比比较复杂。由于企业控制成本，没有投入足够的人力开发软件，而是直接采用开源的源代码，对源代码没有做安全检测，并缺少安全、有效、持续的更新机制、授权机制、认证机制，这都给物联网终端带来极大的安全威胁。系统启动进程被截获或覆盖，攻击者可通过修改终端硬件平台固件之间的接口，如 UEFI 或 BIOS，从而改变终端功能。控制 Guest 操作系统或进程管理程序。这样攻击者可以控制应用程序的硬件资源分配，进而可以改变终端系统的行为，最终可以绕过安全控制，获得对硬件和软件资源的访问特权。攻击者还可通过执行恶意应用程序非法更改应用程序或公共 API 达到攻击目的。错误和有漏洞的部署和升级程序也可能作为渗入点，例如，错误或恶意的安装脚本和被截获破解的数据通信，都能被攻击者利用，进而恶意更新终端上的可执行脚本或软件包。在开发环节，团队应有良好的编程习惯与安全开发思想，在编译时开启必要的防护措施，能够大大降低漏洞风险。从维护的角度上讲，在整个系统的多个节点上部署防护措施，实现纵深防御，也能够缓解系统单点被入侵后能够造成的损失。面对恶意软件的威胁，水利行业一定要做好关键文件的备份，关键计算机系统要做好每日更新的离线备份，以确保在遭受恶意软件攻击后，能很快恢复生产运营。工程师站等终端应部署杀毒软件，并及时更新病毒库。除此之外，对软件使用者的安全培训也必不可少，软件使用者应有不从不可信的网站下载应用程序等不明资源的意识。

3. 物联网终端数据安全威胁

物联网让人类社会进入了一个进步、效率和机遇并存的智媒时代。但与此同时，物联网"万物互联"的这种属性，也易使网络攻击具有前所未有的"连锁效应"，呈现出"愈连接愈脆弱"的特征。实际上，无论是互联网还是物联网，其运行的基点都在数据。数据既是计算机执行人类指令的手段，也是连接不同设备之间的"信息"桥梁。互联网向物联网的演进，很大程度上是由呈"指数级"扩张的数据量所推动。据统计，在 2015 年至 2017 年三年间，人类所产生的数据量远超以往四万年历史的总和。人类已身处"数据海洋"的时代。然而，数据间的关联度愈发增强，人类的安全保障反而愈发"脆弱"。一旦单个数据发生泄露，就很可能是一场"多米诺骨牌"式的连锁危机。物联网终端要求每天 24h 工作，不断产生新的数据，并且在暴露的环境中工作。数据主要存储在本地或云端。由于终端设备缺少不安全的通信机制和本地数据安全保护机制，数据在保存或传输过程中容易被攻击者非法获取。云端服务平台受到攻击，或是云服务器使用弱口令认证，都有可能造成用户隐私数据泄露的风险。

4. 通信机制的安全威胁

随着物联网应用的蓬勃发展、IPv4 地址的耗尽，IPv6 的普及已成必然趋势。IPv6 网络上暴露的物联网资产将成为攻击者的重点目标，所以能够对 IPv6 资产和服务准确地测绘，对于网络安全具有重要的意义。我们对已经找到的物联网 IPv6 资产进行了分析，发现暴露资产以 IP 电话和视频监控设备为主。虽然相比于 IPv4 暴露的数量并不多，但相信随着 IPv6 的普及，必将会有大量物联网资产被暴露出来，需要引起水利行业的高度重视。

5G 时代物联网终端的连接方式主要是无线连接，由于终端计算资源等原因，物联网终端数据传输缺少加密的通信机制。设备相互连接缺少安全认证机制，甚至终端设备的权限没有配置安全认证，也没有做网络隔离或防火墙设置，攻击者可利用无线连接的缺陷直接连接到终端，通过终端连接到整个网络进行控制。不安全的通信机制更容易遭到攻击者入侵。物联网信息系统安全防护不均匀，呈现重平台、轻终端的管理方式，在管理平台上层层加固，各方面的信息安全性都能考虑到，配套的防护措施和应用规范标准比较齐全，管理比较到位，但对于终端却管理不到位，可以说是放任不管。而物联网终端本身的技术防护能力比较弱。由于终端缺少有效的管理，其成为物联网安全系统最薄弱环节，也是攻击者经常攻击的对象。

7.1.2 物联网终端安全保障与措施

随着 5G 商业化不断推进，加快物联网的项目落地，物联网的应用越来越受到人们的青睐。而物联网终端也成为非法攻击的新宠儿，并形成"黑色"产业化，严重影响物联网的普遍应用。针对物联网发展遇到的安全性问题，必须克服 5G 从 4G 继承而来的安全漏洞。针对物联网发展所面临的安全问题，物联网企业要做好顶层设计，国家应完善相应法律法规，应用者要提高安全意识，产业链上下都采取积极的应对措施，为物联网的应用保驾护航。

物联网终端面临巨大的安全挑战，其安全显得尤为重要。一方面，虽然物联网设备已存在很长的时间，但早期物联网设备及其应用协议都因为安全性设计考虑不周，存在脆弱性；另一方面，从众多的物联网安全事件、资产暴露情况及物联网的威胁分析，不法分子已经开始利用这些物联网设备的漏洞和脆弱性，对个人、企业乃至国家产生了严重的威胁。所以本节将介绍物联网终端安全保障与措施，以提高整体物联网的安全防护能力。

1. 行业制定标准，设计更安全的物联网产品

物联网实现的是物理世界、虚拟世界、数字世界与社会间的交互。典型的物联网通信模式主要分为"物与物"（Thing-to-thing）和"物与人"（Thing-to-person）通信。"物与物"通信主要实现"物"与"物"在没有人工介入的情况下的信息交互，譬如物体能够监控其他物体，再如当发生应急情况物体能够主动采取相应措施。M2M 技术就是其中的一种形式，但是目前 M2M 技术的实现大多是基于大型 IT 系统的终端设备。"物与人"通信主要实现"物"与"人"之间的信息交互，譬如人对物体的远程控制，或者物体向人主动报告自身状态信息和感知的信息。随着物联网发展，实现互联的范围将会以指数级增

长，那么通信中可扩展性、互操作性以及保证网络运营商投资回报的问题都将提出新的挑战。

5G 时代的物联网安全需要彻底打破互联网时代的"去中心化"思维定式，从设备、数据、算法、网络连接、基础设施等多个维度加强统筹协调，强化全面保障。积极推进行业标准研制工作，把物联网基础安全与行业发展应用结合起来，在实践过程中不断探索安全标准，动态更新。密切关注物联网新技术、新应用的发展趋势，科学规划制定物联网标准体系，动态更新适应新时代产业发展的安全应用标准。企业间应进一步加大物联网行业与产业间的合作与交流。做好物联网基础安全标准的跨行业交流以及国际合作，积极参与物联网安全国际标准的制定，促进行业标准向国家标准、国际标准转换。

2. 国家制定法律法规

在国家大环境的应用中，国家应政策引导物联网产业链上下游企业加强终端设备接入验证，提升自身安全等级，并形成系统保护物联网的应用服务。物联网企业选取并嵌入符合终端应用的加密算法，保障信息的机密性，保护信息的完整性、可鉴别性以及可追溯性，为终端设备消息提供长度固定的身份标识，实现终端间在线的数据加密，提升终端本身的安全强度，减少对资源的消耗。同时，国家应出台相应政策，通过法律法规、生产规范、应用标准明确上下游企业生态链安全防护，引导企业制定统一的物联网生产标准，形成谁生产谁负责安全有效制度，积极推动物联网产业生态环境的良好发展。信息安全标准化技术委员会发布了五项物联网安全方面的国家标准。

1）《信息安全技术 物联网安全参考模型及通用要求》（GB/T 37044—2018）。此为统领性安全标准。本标准规定了物联网安全参考模型，包括物联网安全对象、物联网安全架构和物联网安全措施，并针对物联网系统提出了安全通用要求。

2）《信息安全技术 物联网感知终端应用安全技术要求》（GB/T 36951—2018）。本标准是对物联网感知终端安全的技术要求。有基础级和增强级两档。对感知终端的物理、系统、接入、通信和数据做了要求。

3）《信息安全技术 物联网感知层网关安全技术要求》（GB/T 37024—2018）。本标准是对物联网感知层网关安全的技术要求。从安全环境、设备安全、访问控制、入侵检测、安全审计以及安全保障等方面做了要求。

4）《信息安全技术 物联网感知层接入通信网的安全要求》（GB/T 37093—2018）。接入是指连接感知终端和信息网络构成物联网应用的中间通路和环节。本标准是对接入安全的要求。有基本级和增强级两档。包括感知设备标识、接入认证、访问控制、入侵防护、隔离防护、密钥管理、日志等技术要求。

5)《信息安全技术 物联网数据传输安全技术要求》（GB/T 37025—2018）。对物联网传输的一般数据和敏感数据的安全技术要求。有基础级（一般数据）和增强级（敏感数据）两档。

7.1.3 物联网安全技术的难点与突破点

从物联网的市场情况来看，物联网呈现出高度碎片化、差异化、个性化等特点，需要高、中、低速的各种连接技术来满足不同应用场景的需求。

物联网高度碎片化的特点以及海量物联终端自身有限的计算能力是目前物联网安全技术发展困难的两大原因。如何确保物联网能够成为有利于构建人类命运共同体的"福器"，而不会变异为"单击杀死所有人"的"凶器"，这是 5G 时代摆在智慧水利发展面前的一道迫在眉睫的课题。

1. 安全产品维度

1）针对目前物联网终端自身的安全问题。结合物联网严重碎片化的特性，需面向海量终端提供一款适配性广、轻量级、标准化的安全 SDK（软件开发工具包）。一方面为物联终端提供统一标准化的安全开发平台来辅助后续的安全开发；另一方面使得终端自身的安全能力标准化，进一步提升终端的安全防护等级，进而从提高终端系统本身安全能力去缓解碎片化问题。

2）针对物联场景中的安全接入问题。结合目前物联网的多协议且协议标准层次不齐的特点，需提供一款具备多协议识别能力的安全接入网关，屏蔽物联网感知层终端接入协议的非标准化，根据不同场景的不同需求，面向海量终端需提供贴合用户使用场景的安全接入功能，保障物联终端的安全接入。除此之外，对于终端的各项数据流量，需提供业务流量的安全防护功能，鉴别数据的新鲜性，避免发生诸如重放攻击的安全事件。

3）针对物联网中各项业务数据的安全传输问题。考虑到物联终端自身的计算能力有限，因此需提供轻量级的数据安全加密解决方案。一方面对于终端自身的计算资源不会侵占过高；另一方面为海量物联终端提供可靠的数据加密服务，实现端到端的数据安全加密，保障物联网数据传输的安全。

4）针对物联网安全管理平台的建设问题。应具备多维数据的融合处理能力，无论是感知层、网络层、平台层的安全数据，还是基于各类物联网应用协议所产生的数据都需要进行数据清洗、标准化、统一汇总以及关联分析。基于大数据挖掘技术、机器学习模型算法来进行深度安全威胁分析，挖掘更深层次的安全隐患风险，提前预警、提前防御，减少由于相关的网络安全事件所遭受的财产损失。

2. 安全服务维度

除了相关的安全防护能力，面向不同的物联网应用场景也应提供实时的安全监测预警服务。定期排查诸如智慧园区、智慧城市此类应用场景的安全隐患问题，通报、督促相关企事业单位定期组织开展安全隐患整改活动。实现安全监测预警服务的标准化、常态化，提升园区内或城市中人们的安全意识，保障物联网应用场景系统安全运行。物联网的应用层严格地说不具有普适性，因为不同的行业应用在数据处理后的应用阶段表现形式千差万别。综合不同的物联网行业应用可能需要的安全需求，保障物联网应用层安全的关键技术可以包括如下几个方面。

（1）隐私保护技术　在物联网行业应用中，隐私保护的目标信息没有被泄露就意味着成功。但在学术研究中，需要对隐私的泄露进行量化描述，即一个系统也许没有完全泄露被保护对象的隐私，但已经泄露的信息让这个被保护的隐私信息非常脆弱，再有一点点信息就可以被确定，或者说该隐私信息叮以以较大概率被猜测成功。

（2）移动终端设备安全　当移动设备成为物联网系统的控制终端时，移动设备的失窃所带来的损失可能会远大于设备中数据的价值。

（3）物联网安全基础设施　应该说，即使保证物联网感知层安全、传输层安全和处理层安全，且保证终端设备不失窃，仍然不能保证整个物联网系统的安全。一个典型的例子是智能家居系统，假设传感器到家庭汇聚网关的数据传得到安全保护，家庭网关到云端数据库的远程传输得到安全保护，终端设备访问云端也得到安全保护，但对智能家居用户来说还是没有安全感，因为感知数据是在别人控制的云端存储。对智能家居这一特殊应用来说，安全基础设施可以非常简单，例如采用预置共享密钥的方式，但对于其他环境，如智能楼宇和智慧社区，预置密钥的方式不能被接受，也不能让用户放心。如何建立物联网安全基础设施的管理平台，是安全物联网实际系统建立中不可或缺的部分，也是重要的技术问题。

（4）物联网安全测评体系　安全测评不是一种管理，更重要的是一种技术。首先要确定测评什么，即确定并量化测评安全指标体系，然后给出测评方法，这些测评方法应该不依赖于使用的设备或执行的人，而且具有可重复性。这一问题必须首先解决好，才能推动物联网安全技术落实到智慧水利行业应用中去。

3. 安全认证维度

针对海量物联终端自身安全隐患数量多、难治理的问题，也需要在终端安全开发方面进行提前预防。例如，通过专业物联网安全厂商以及国家专业安全检测检验机构，为物联网终端制造商提供物联网终端安全认证服务，在物联网终端出厂前提供一站式安全检测、评估、认证服务，避免终端"带病"出货。

7.1.4　物联网安全展望

面对数量庞大的物联网设备，如何保障其承载的数据安全是急需解决的问题。为此，建立移动物联网网络安全管理机制，加强移动物联网网络设施安全检测，支持网络安全核心技术攻关，加强移动物联网用户信息、个人隐私和重要数据保护等。为保障物联网数据安全，强化物联网数据安全防护，细化落实工作建议如下。

1）推动建立与网络安全企业的合作机制。推动物联网产品生产企业与网络安全厂商建立合作机制，通过与智能硬件、互联网服务平台等产业链相关厂商紧密合作，共同解决存在的漏洞。推动建立物联网设备安全威胁共享平台和安全事件应急响应机制。一旦发现设备安全风险，通过共享平台和响应机制的协作，快速对安全威胁进行处置。依托网络安全企业加强对物联网设备的安全防护，定期对监测的物联网设备进行安全升级和加固，从根源上解决物联网产品中存在的网络安全隐患。

2）研究制定物联网产品安全相关法规和标准。借鉴美国、欧盟等发达国家和地区物联网安全相关经验，制定出台物联网产品生产安全规范，进一步加强对物联网产品的安全性测试，确保物联网设备在流入市场环节具有一定的安全性保障。加强网络安全漏洞管理，出台网络安全漏洞相关管理办法，指导企业和用户更好地开展物联网设备网络安全漏洞收集、报告、修复等工作，确保物联网设备安全。

3）加快推动网络安全关键核心技术攻关和推广应用。依托工程项目、试点示范等，支持网络安全关键核心技术攻关，推动网络安全企业研制面向物联网场景的网络安全产品、服务和解决方案，并在一定范围和领域内先行先试，总结经验，进而在更大范围内推广。重点支持和鼓励网络安全企业，围绕物联网用户信息、个人隐私和重要数据保护等数据安全问题，研制专门用于数据安全的监测、检测、修复等工具，帮助企业实现对物联网设备的实时监测、定期安全检测、篡改修复等功能。

结合我国国情，在支持物联网基础前沿、关键技术研究和国际交流的同时对国家物联网的发展进行部署和规划。一方面国家可以规划若干个国家级重点示范应用项目,在发改委产业化或科技部支撑计划中给予支持,进行重点行业应用的研究与示范,以点带面促进物联网产业的人才培养、基础研究以及关键技术突破,为物联网的全面发展积累技术和经验。同时,应加强引导,避免出现大量企业或单位重复建设传统智能网而非真正意义上的物联网,这些重复建设有些是无效探索。另一方面围绕每个重点示范应用注重"产学研"结合。有针对性地培育"产学研"创新合作群体,发挥各自特长,建立人才培养、技术创新和基地建设的长效机制。

国家层面的物联网规划面临着严峻考验。客观地说,构建真正意义上的国家物联网将是一个长期的、持续的发展过程。政府有效的统一规划、科学引导以及大力扶持将会加速这一过程。对于物联网的示范应尊重我国国情兼顾行业和地域特色。

对于企业层面,物联网产业链包括芯片商、设备商、系统集成商、移动运营商等各方利益。物联网成功的关键在于应用,如果没有实际的应用支撑,物联网很可能会被其他的概念取代而成为泡影。因此,企业界对物联网的认识应该回归理性冷静应对,通过对技术、应用、市场、商业模式以及政策等多维度的把握,从基础和实际出发,以应用为导向来促进物联网产业健康的发展。国内大多数企业应根据自己的需求和能力量力而行,在降低成本和解决问题的同时开展物联网应用,应重在明晰新的业务模式、运营思路和产品定位,而不是热衷于概念;对于实力雄厚的大企业来说,可以积极参与国家物联网的建设规划,加强国际合作,引导行业发展,加强研发的投入,做好长期、合理的运营规划。国家支持的物联网基础研究才刚刚启动,企业在发展物联网业务时应注意以下两个方面:一是不要盲从,目前国内物联网项目风险相对来说还比较大,应避免盲目投资、过度投资以及重复性建设;二是不要急于求成,在国际、国内物联网政策还不明朗、技术和应用还不成熟的情况下,需要对自己要做的物联网产品进行细分和准确定位,分清哪些是自己运营的、哪些是面向社会提供的产品,需要在探索中不断提升自身实力和积累经验。

7.2 云安全

随着计算机应用系统的广泛应用,云计算的出现给水利行业带来了革命性的进步,极大地推动了智慧水利的发展。但是由于网络的原因存在一定的风险和问题,云计算的应用广泛性,也决定了它在安全性上存在着天然隐患,其中,云安全就是计算机中存在的致命问题。如何提高水利行业的数据安全与隐私安全,保证虚拟化模式下业务的可用性,已成为智慧水利网络空间安全的重要一环。

对云安全工作进行分析，主要涉及以下两个方面的内容：一是云计算技术本身的安全保护工作，这就是所谓的云计算安全工作，涉及数据的完整性及可用性、隐私保护性以及服务可用性等方面的内容；二是借助云服务的方式来保障客户端用户的方安全防护要求，通过云计算技术来实现网络安全，这就是所谓的安全云计算的内容，主要涉及基于云计算的病毒防治、木马检测技术等。

7.2.1 云安全体系问题

通过实际调查可以发现，目前我国网络还存在许多问题，其对用户隐私安全等方面具有严重影响。因此，为有效解决云安全体系问题，下面对目前网络中常见的安全问题进行总结。

1. 系统安全

系统安全问题在云安全体系问题中具有极高的占比率，其能够严重损害企业或个人利益，因此企业或个人必须采取具有科学性的云安全体系安全保障措施，以避免网络受到病毒的恶意攻击，从而避免导致重要数据信息或个人隐私泄露。通过实际调查可以发现，针对企业而言，主要存在以下几点系统安全问题。

1）许多企业未对云安全体系安全保障工作给予高度重视，致使其内部存在极为严重的信息损坏或丢失现象。因此，企业日常经营活动将受到直接影响，在情况严重时，企业经济效益将显著下滑。

2）由于许多企业未对网络信息技术形成正确认知，且未对网络恶意攻击给予高度重视，故而企业不断缩减在云安全体系防护措施中的投入成本。因此，网络系统安全性将持续降低，从而导致系统无法自动对病毒进行抵御。

3）部分企业云安全体系安全保障意识欠佳。例如，部分系统内部技术人员为获取利益，选择泄露企业网络内部信息，从而导致企业经济效益及影响力显著下滑，在情况严重时，将对企业发展产生直接影响。

4）部分系统技术人员专业能力水平与相关要求不符，难以为云安全体系提供保障。

2. 设备性能

此前，随着云安全体系问题逐渐受到社会的关注，国内外研究机构开始加大对云安全体系设备的研发力度。虽然目前云安全体系设备已在各大企业中得到大规模使用，但部分企业采用的云安全体系设备存在许多问题，致使企业云安全体系停滞不前，其主要表现在以下几个方面。

1）企业未构建或完善相应的安全保障体系，致使云安全体系问题无法得到有效解决。

2）部分企业采用的云安全体系安全保障设备综合性能欠佳，且防护单元未实现统一化，始终处于分离状态。因此，云安全体系安全保障设备全部功能难以得到发挥。

3）云安全体系安全保障工作具有极强的多样性与动态性，但目前多数企业采用的云安全体系安全保障设备呈现单一化，这与云安全体系基本需求严重不符。因此，企业云安全体系问题将持续对企业发展产生影响。

4）部分企业为加强云安全体系性能，针对单一系统采用不同云安全体系安全保障设备。这样，不仅企业硬件配置成本将显著提升，而且云安全体系安全保障工作也将难以顺利进行。

5）部分企业不仅未对设备硬件进行细致化配置，而且未充分考虑报警信息，导致云安全体系应对策略科学性受到影响。

3. 云安全体系策略

云安全体系策略在云安全体系安全保障工作中具有重要地位，其能够对安全保障工作的质量及顺利进行产生直接影响。因此，企业必须对该策略给予高度重视，并积极制定云安全体系问题应对策略。但通过实际调查可以发现，部分企业及工作人员未对云安全体系策略形成正确认知，导致在开展云安全体系安全保障工作时难以对网络问题进行有效解决。从而，企业云安全体系性能显著下滑，并会对企业发展产生直接影响。此外，部分企业虽然已对云安全体系策略进行了制定，但未及时根据网络实际情况及企业发展情况对策略进行调整与优化，从而导致云安全体系问题应对策略的科学性及有效性显著降低，致使其无法对云安全体系问题予以解决。在此基础上，恶意病毒以及不法人员等将对企业数据信息安全构成严重威胁。该问题相较于其他问题具有更强的严重性。

7.2.2 云安全中的关键技术

1. 云数据存储技术

对云数据存储技术进行分析，主要涉及能充分利用信息时代背景下的网格计算、分布式文件系统、集群应用等技术，能有效实现统一化地管理相应的存储设备，进而能为外部提供数据存储服务，能有效实现相应的业务访问。在这样的系统中，主要涉及的内容包括服务器应用软件、存储设备、客户端程序、接入网、公共访问接口、网络设备等相关内容。从系统的高可靠性、高效的角度出发，则应充分发挥好分布式存储技术的优势，以便更好地实现相应的数据存储功能。从可靠性的角度来看，则应发挥好冗余存储技术的优势，能够实现一份数据多个备份的要求。同时，在开展云计算的过程中，则应符合广大用户的计算需求，更好地实现互联网技术的发展要求，提供更加全面的服务。因此，对于云计算中所涉及的数据存储服务工作，应具备高传输率、高吞吐率的特点。

结合云存储系统的发展情况来看，主要涉及数据存储层、数据服务层、用户访问层和数据管理层等内容。在系统中，数据存储层、数据管理层、应用接口层能体现出云的范畴，具有对用户透明的特点。结合分布式技术的云存储系统，能有效实现为不同地方的客户提供有效的高质量服务。在此过程中，数据管理层属于云存储系统的核心内容，具有最大的难度。为了实现高质量的数据访问，应重视如何发挥信息时代背景下的网格计算、分布式文件系统、数据管理层集群应用等技术，满足系统中不同存储模块的统一化工作要求。对于广大的云存储服务厂商来说，则一定要从实际出发，重视符合多种情境的多业务接口开发，从而为客户提供多样化的业务形式。其中，用户访问层具有重要作用，能有效根据实际来进行用户的授权，根据相应标准和规范要求来实现通过公用应用接口访问云存储系统，使用户能更好地体会云存储服务的作用。应该注意到，不同云存储服务厂商所提供的存储服务访问手段以及类型也具有多样性，基本的网络终端则是为 Web 端和 WAP 端。所以，从这个角度来看，结合云计算中的存储系统的发展趋势，主要更加关注于数据加密、数据安全性、超大规模的数据存储、提升输入/输出速度等方面的内容。

2. 云数据管理技术

云计算需要对分布的、海量的数据进行处理与分析，因此，数据管理技术必需能够高效地管理大量的数据，云计算的数据具有海量、异构、非确定性的特点，需要采用有效的数据管理技术对海量数据和信息进行分析和处理，构建高度可用和可扩展的分布式数据存储系统。目前，云计算系统中的数据管理技术主要有 Google、BigTable、MapReduce、M3 数据管理技术和亚马逊的 Dynamo。

云数据管理面临着一些机遇以及挑战。"物联网""三网融合""智能电网"等应用为云数据管理带来了前所未有的机遇。与此同时，随着云计算越来越流行，预计有新的应用场景出现，在云数据管理方面也会带来新的挑战。例如，可能会出现一些需要预载大量数据集（像股票价格、天气历史数据以及网上检索等）的特殊服务。从私有和公共环境中获取有用信息引起人们越来越多的注意。这样就产生新的问题：需要从结构化、半结构化或非结构的异构数据中提取出有用信息。可以看出，云计算和云数据管理平台服务本身在适当场景下巨大的优势，同时还有所面临的技术难题急需解决。可以说，云计算和云数据管理技术还有很长的路要走。

7.2.3 现代云安全方法简介

云安全是分布式计算的基础保障。无论是开放云、私有云还是混合云，针对云计算条件的许多安全性部署都等同于任何内部部署的 IT 设计。十多年来，很多组织致力于向云计算靠近。当前的应用程序设计利用深层的计算机云计算，并根据虚拟化的不同层促进了服务器现场布置。容器化的兴起以及向小规模管理结构的转移，同样也导致了内部和外部、服务器领域和云计算系统之间的巨大负担，以及系统流量的扩展。它还会导致对应用程序段之间流量的可见性降低，这些应用程序内部的机械化和组织工作很难预测信息在系统中的传播，以及是否会对订单产生重大影响。

为确保现代企业云的安全性，需考虑以下几个方面。

1）人员管理。从始至终全面考虑基础安全和结合云计算情况的数据，改善组织 IT 领导者和 IT 关系。首先规范化用于谈论云计算和信息安全的语言，这是鼓励组织全面理解的初始阶段。受过正确培训的员工和客户构成了安全性体系的重要组成部分，因为他们经常将安全性作为第一或最后一道防线。让每个人都承担一份安全保险链中的工作是必不可少的，因为 IT 部门或员工内部的任何区别都可能造成可利用的漏洞。

2）增强的体系结构。数据丢失防护（DLP）、Web 安全性、云访问安全代理（CASB）、防火墙及信任组件等。这些应该通过检查在变化和不同的框架中应用正确的客户端访问控制来进行补充。行为指标（IOB）是一种高级方法，可以用来保证客户如何与组织信息、结构和应用程序进行协作。

组织必须监督供应商对云收益的利用，并且还要监督跨云供应商的利用。如果没有使用的可见性，就很难管理和处理云。

云已经成为授权组织进行更改的机构。当前，许多组织将重点放在云优先方法上，因为他们的注意力集中在将云优势的利用转移到整个业务上。正如 Gartner 表明的那样，有 40% 的北美公司在云上投入了大部分新的或额外的资金。传统的系统安全设备经常与这些框架进行无效协调，尽管卖方通过执行安排应用程序编程接口（API）并普遍转向软件定义网络（SDN）来继续改善这种情况，但这会在主管部门管理中形成不必要的阻止程序基础。组织如今的业务在很大程度上取决于云的利用和虚拟化管理。当前，组织应该传达新的安全设计，以帮助其应用可以与预测的业务需求同步进行调整。

7.2.4 云安全展望

"云安全"是未来智慧水利云安全保障体系的发展趋势。相比较传统的安全体系，"云安全"机制在病毒防御、人工管理及经济方面都有着明显的优势，并且可以最大限度地降低智慧水利云的安全隐患。目前，瑞星云，金山云，卡巴云等，不断有新的"云安全"产品推出。从用户角度来看，依然是产品和服务的竞争。谁可以最有效地解决问题，防患于未然的"云安全"产品才是用户最关心的。智慧水利云作为水利行业的信息中心，应该选择合适的"云安全"产品，并且建立完善的安全防护体系，降低安全隐患，从而更好地为广大的水利行业工作者提供服务。

立足于"建设国家数据统一共享开放平台，保障国家数据安全，加强个人信息保护"的战略需求，云数据安全保护方案的未来发展方向主要包括三个分支。

1. 可信认证模式的统一，实现云数据安全访问的前提条件是对各类不同来源、不同类型数据的可信认证

现阶段，云数据访问控制在隐私保护、可信评估和来源认证等方面已经积累了一定的经验和基础，取得了一定的研究成果，但成果缺乏针对数据复杂异构场景的特殊化模式设计。因此，为了云数据安全访问控制，推动云技术的进一步应用，迫切需要实现不同来源、不同类型数据认证模式的统一，其具体内涵包括：

1）推进不同来源、不同类型数据结构归一化，打破跨域访问控制的壁垒。

2）推进数据可信评估标准统一，完善云数据可信评估体系。保障数据来源可信是确保数据真实合法的前提条件。然而，现有的评估指标体系不完善，评估标准不一，无法对云数据的可信度进行系统、科学的评估和决策。因此，迫切需要针对云数据复杂异构的特点，实现可信评估标准的统一，并在此基础上引入深度学习技术，建立智能化的云数据可信评估模型。

3）推进数据拥有者身份去特征化隐藏，确保云数据的隐私保护。云数据多涉及个人隐私甚至国家机密，对数据隐私保护提出更高要求。因此，迫切需要对数据拥有者进行身份去特征化隐藏，保证其行为的匿名性。

2. 安全传输技术的创新，数据安全传输技术是云数据安全交互的重要保证

密钥协商、数字签名、签密等关键的密码原语在其发展和实践过程中已趋于成熟，能

够保障基本的数据传输安全，但现有的关键密码原语的代表算法和解决方案多为国外组织或团队设计开发，且其具体的设计结构、对接方法和关系映射缺少针对云数据安全交互场景的具体实践性创新。因此，云数据安全交互所用传输技术如何实现交互模型结构、传输对接模式及地址映射关系上的演进创新是值得研究的方向，其具体内涵包括：

1）创新多方密钥协商交互模型结构，提高云数据交互对象间的协商交互效率。云数据互通涉及大规模、多方并行的数据交互实际需求，现有的研究成果交互模型构建复杂、群组结构单一固化、用户交互轮数偏高、通信开销偏大，传输所需密钥生成效率无法得到保障。因此，迫切需要在数据传输初始阶段，结合组合数学等跨学科理论方法，优化多方交互结构，构建具有普适性的多方密钥协商模型，为云安全互通传输提供密钥保障。

2）创新轻量数据安全传输对接模式，实现数据传输方法的自适应切换。云数据安全互通囊括多种应用场景，现有的数据传输方式单一，难以满足用户多场景下数据传输的实际需求，限制了云数据传输过程中数据相关群体间对接的灵活性。因此，迫切需要在数据传输中进行自适应签密算法的设计，为丰富和创新云数据交互对接模式创造条件。

3）创新云数据存储地址映射关系，保障用户动态操作数据的痕迹隐藏。现有的数据存储方案能够在一定程度上保证数据的存储和安全需求，然而，多数存储方案存在动态操作复杂、算法时间复杂度偏大、存储痕迹易泄露、资源利用率低下、访问模式单一等问题，数据外包存储服务提供商缺乏进一步保障数据拥有者与使用者的隐私安全及数据存取效率。因此，迫切需要在云数据传输至外包服务器进行存储的过程中设计全新的无痕化地址序列映射关系，为后续云数据安全共享提供数据保障。

3. 安全共享组件的创新，实现数据安全共享是云数据的重要应用

当前云数据应用在目标选取、公共审计、数据聚合等重要组件方面已经积累了一定的经验和基础，然而这些组件多依附于全球先进的安全算法进行设计，且缺乏云数据安全共享场景下实际急需的隐私匹配、数据恢复、同态分析以及容错共享等特性。因此，云数据现行的共享组件如何实现功能性跃迁是具备应用前景的发展方向，其具体内涵包括：

1）落实用户隐私数据细粒度匹配，保障隐私保护的共享对象的精准定位。现有的数据共享研究工作能够定位共享对象，但是，少部分实现细粒度的算法不能兼备可验证、防泄露、抗共谋等安全性质，共享的对象往往在确认过程中需要牺牲其部分数据的私密性，阻碍了云数据共享过程中对用户隐私的可靠保护。因此，需要在数据共享中进行支持隐私保护的细粒度目标匹配，保证云数据可靠共享中的数据服务提供对象享有合理的隐私权。

2）强化共享云数据审计过程中的可恢复特性，确保重要的共享数据因不可抗力损毁

后能够极大限度地挽回所造成的损失。现有的数据共享方案能够对数据实现一定程度的完整性校验，然而，执行效率无法满足实际需要且不支持损毁数据的恢复，共享机制的防灾抗毁能力较弱，难以为云数据共享提供可靠的审计服务。因此，需要在数据共享中实现可恢复的公共审计，为云数据安全共享体系的预防性抗毁能力构筑重要基石。再次，贯穿用户数据聚合的同态特性，进一步保护数据拥有者与数据使用者的隐私。现有的数据共享方案能够完成实验室场景下的单一目标数据聚合，但是，多数聚合策略存在操作单一、隐私易泄露和难以抵抗共谋攻击等问题，无法为敏感、多级数据的合法拥有者和使用者提供完善的隐私保护，限制了数据相关人员隐私的保护力度。因此，需要在数据共享中进行同态的数值计算，为云数据安全共享中的数据统计与分析提供支持隐私保护的方法。

3）建立多对多共享的隐私保护——可容错协同防御机制，增强共享技术在内外攻击下的功能完备。现有的数据共享方案能够保障单一链路的投递实现，然而，多对多共享模式的容错性不足，数据交互灵活性差，且存在用户隐私易泄露、共享过程中易出错等问题，无法为云数据安全共享提供可靠的服务。因此，需要在数据共享中引入约束伪随机函数、门限秘密共享等密码组件，构建隐私保护——可容错协同防御机制，为云数据安全共享中完备的"内防外抗"提供技术支撑。

7.3　大数据安全

对于 5G 时代的智慧水利建设，大数据是推动智慧水利发展的重要技术之一。现有的信息安全手段已经不能满足大数据时代的信息安全需求，大数据在给信息安全带来挑战的同时，也为信息安全的发展提供了新的机遇。面对大数据时代的信息安全挑战，本节对大数据及其带来的挑战和机遇进行全面探讨，介绍了大数据的概念和特点，分析了大数据的重要性和巨大的商业价值，深入剖析了大数据带来的信息安全挑战和机遇。

7.3.1　大数据安全挑战

本小节通过对目前典型的大数据产业发展现状和应用场景的分析，从技术平台和数据应用的角度探讨大数据发展的安全挑战。

1. 技术平台角度

（1）传统安全措施难以适应　大量数据、多元数据、非均匀数据、动态数据和其他大数据的特性使其有别于传统封闭环境中应用数据的安全环境，大数据应用通常使用开放和复杂的分布式存储和计算结构。新技术和架构已经模糊了大数据应用的网络边界，基于边界的传统的安全保护措施不再奏效。与此同时，新的攻击手段的出现，也暴露了传统的防御、检测等安全控制手段的缺点。

目前，大数据的发展仍然面临着许多问题，安全与隐私问题是人们公认的关键问题之一。多项实际案例说明，即使无害的数据被大量收集后，也会暴露个人隐私。事实上，大数据安全含义更为广泛，人们面临的威胁并不仅限于个人隐私的泄露。大数据在存储、处理、传输等过程中面临诸多安全风险，具有数据安全与隐私保护需求。大数据安全与隐私保护，较其他安全问题（如云计算中的数据安全等）更为棘手。

（2）应用访问控制变得更加复杂　由于复杂的数据类型和大数据的广泛应用，它通常为来自不同机构、不同目的和不同身份的用户提供服务。由于大量未知的用户与数据存在于大数据应用场景之中，很难提前设置角色和权限。即使用户的权限可以预先分类，因为用户的角色数量很大，也很难对每个角色的实际权限进行精细化控制，导致无法指定每个用户可以访问的确切数据范围。由于大数据的来源不一，可能存在不同模式的描述，甚至存在矛盾。因此，在数据集成过程中对数据进行清洗，以消除相似、重复或不一致的数据是非常必要的。

（3）大数据技术被应用到攻击手段中　在企业用数据挖掘和数据分析等大数据技术获取商业价值的同时，黑客也正在利用这些大数据技术向企业发起攻击。黑客最大限度地收集更多有用的信息，如社交网络、邮件、微博、电子商务、电话和家庭住址等信息，为发起攻击做准备。大数据分析让黑客的攻击更精准。此外，大数据为黑客发起攻击提供了更多的机会。黑客利用大数据发起僵尸网络攻击，可能会同时控制上百万台傀儡机并发起攻击，这个数量级是传统单点攻击所不具备的。

（4）大数据成为高级可持续攻击的载体　黑客利用大数据将攻击很好地隐藏起来，使传统的防护策略难以检测出来。传统的检测是基于单个时间点进行的基于威胁特征的实时匹配检测，而高级可持续攻击（APT）是一个实施过程，并不具有能够被实时检测出来的明显特征，无法被实时检测。同时，APT 攻击代码隐藏在大量数据中，使其很难被发现。此外，大数据的价值低密度性，让安全分析工具很难聚焦在价值点上，黑客可以将攻击隐藏在大数据中，给安全服务提供商的分析制造很大困难。黑客设置的任何一个会误导安全厂商目标信息提取和检索的攻击，都会导致安全监测偏离应有的方向。

2. 数据应用角度

大数据是指无法用现有的软件工具提取、存储、搜索、共享、分析和处理的海量的、复杂的数据集合。业界通常用四个 V 来概括大数据的特征，即数据体量巨大（Volume）、数据类型繁多（Variety）、价值密度低（Value）、处理速度快（Velocity）。

这些特点鲜明地对大数据安全提出了挑战。

（1）保护数据安全难度增大　在一个开放的、网络化的、大数据的社会中，大量的数据和潜在的价值对黑客来说很具诱惑力，很容易成为网络攻击的重要目标。在过去的几年里，频繁爆发涉及大量的数据安全事件。复杂的数据应用、开放的网络环境、分布式系统的部署和更多的用户访问，都使大数据面临更大的安全性、完整性和可用性挑战。

（2）个人信息泄露风险增加　由于大量的个人信息存在于大数据系统中，所以当发生安全事件时，如滥用数据、内部盗窃、网络攻击等，个人信息泄露的后果将比一般的信息系统严重得多。大数据最初的优势是通过分析和利用海量数据来创造价值，但当综合分析大数据中的多元数据时，更容易通过关联关系找到个人信息，这使得个人信息泄露的风险被进一步加剧。网络空间中的数据来源涵盖非常广阔的范围，例如传感器、社交网络、记录存档、电子邮件等，大量数据的剧集不可避免地加大了用户隐私泄露的风险。大量的数据采集，包括大量的企业运营数据、客户信息、个人的隐私和各种行为的细节记录。这些数据的集中存储增加了数据泄露风险，而这些数据不被滥用，也成为人身安全的一部分。此外，一些敏感数据的所有权和使用权并没有明确的界定，很多基于大数据的分析都未考虑到其中涉及的个体的隐私问题。

（3）保障数据真实性的困难加剧　大数据系统中的数据来源非常丰富，可能来自不同的传感器、公开的网站和主动上传者。除了可靠的来源，还有大量不可靠的来源。甚至，一些攻击者会故意伪造数据，试图进行数据分析。因此，验证数据的真实性和来源是非常重要的。然而，由于采集终端上的性能有限，技术欠缺，信息量不足，信息源繁杂，很难验证所有数据的真实性。数据大集中的后果是复杂多样的数据存储在一起，例如开发数据、客户资料和经营数据存储在一起，可能会出现违规地将某些生产数据放在经营数据存储位置的情况，造成企业安全管理不合规。大数据的大小影响到安全控制措施能否正确运行。对于海量数据，常规的安全扫描手段需要耗费过多的时间，已经无法满足安全需求。安全防护手段的更新升级速度无法跟上数据量非线性增长的步伐，大数据安全防护存在漏洞。

（4）难以保障数据所有者的权益　在大数据应用过程中，多种角色用户会接触数据，数据将从一个用户流到到另一个用户，甚至可以在应用的部分阶段生成新数据。因此，在大数据的共享、交换和传输过程中，数据所有者和数据管理员可能是不同的，数据的所有权和使用权可能是分开的，这意味着数据将存在于数据所有者的控制之外，这将带来数据安全风险，如滥用数据、不明确的权利归属、不清晰的安全监管责任，这些都将使数据所有者的权利和利益受到严重损害。

（5）大数据技术为信息安全提供新支撑　大数据在带来了新安全风险的同时也为信息安全的发展提供了新机遇。大数据正在为安全分析提供新的可能性，对于海量数据的分析有助于信息安全服务提供商更好地刻画网络异常行为，从而找出数据中的风险点。对实时安全和商务数据结合在一起的数据进行预防性的分析，以便识别钓鱼攻击，防止诈骗和阻止黑客入侵。网络攻击行为总会留下蛛丝马迹，这些痕迹都以数据的形势隐藏在大数据中，利用大数据技术整合计算和处理资源有助于更有针对性地应对信息安全威胁，使得网络攻击行为无所遁形，有助于找到发起攻击的源头。

7.3.2　大数据安全法律法规以及标准化需求

1. 大数据安全法律和法规的发展

伴随大数据安全问题日益受到关注，包含中国、美国、欧盟在内的许多国家和机构都制定了大数据安全相关的法律、政策和法规，以促进数据的保护与大数据的应用。

2009 年，美国颁布了《开放政府指令》，要求政府通过在网站上发布数据来披露政府信息；2012 年 5 月，颁布了《数字政府：构建一个 21 世纪平台以更好地服务美国人民》，以支持美国电子政府的发展。1995 年，欧盟颁布了《保护个人享有的与个人数据处理有关的权利以及个人数据自由流动的指令》，其中规定了保护欧盟成员国个人数据的最低标准；2015 年，欧盟通过了《通用数据保护条例》（GDPR），在《数据保护指令》的基础上进行了强有力的改革。韩国、巴西和日本等国也颁布了《个人信息保护法》，明确要求保护个人信息。

大数据安全问题在我国受到高度重视，颁布了大量的大数据安全法律、政策和法规。2013 年 7 月，工业和信息化部颁布了《电信和互联网用户个人信息保护规定》，明确电信业务运营商和互联网信息服务提供商收集和使用用户个人信息的信息安全措施规则和要求。2015 年 8 月，国家情报院颁布了《促进大数据发展行动纲要》，提出完善大数据安全保障体系，完善法律体系和标准体系。2016 年 3 月，第十二届全国人民代表大会第四次会议通过了《中华人民共和国国民经济和社会发展第十三个五年规划纲要》，建立大数据安全管理体系,对数据资源进行分类和分级管理,确保大数据应用的安全性、有效性和可靠性。2016 年 11 月,全国人民代表大会常务委员会颁布了《中华人民共和国网络安全法》,于 2017 年 6 月 1 日正式实施。

2. 大数据安全标准化需求

大数据安全标准是应对大数据安全需求的重要抓手。基于上面对大数据安全风险和挑战的综合分析,结合当前大数据技术和应用的发展现状,以及我国对大数据安全合规方面的要求,提出五个方面的大数据安全标准化需求。

(1) 规范大数据安全相关术语和框架 当前,大数据技术和应用在快速变化之中,人们对一些大数据概念和术语的认知水平不同,包括大数据定义、大数据安全角色、大数据生命周期等,所有这些都将影响大数据行业的快速和健康发展。同时,当前缺乏一个通用的能够清晰描述大数据生态中各安全角色之间关系以及各角色安全活动的安全参考框架,以指导后续大数据安全标准的制定。因此,应优先制定如大数据安全概念和框架、角色和模型等基础标准,为其他标准的制定打好坚实基础。

(2) 为大数据平台安全建设、安全运维提供标准支撑 大数据平台和应用是支撑数据收集、传输、存储、处理和共享等数据活动的分布式信息系统,它包括底层的基础平台和上层的大数据应用。大数据平台和应用的安全建设和安全运维对整个大数据系统的安全产生重要影响。我国亟须制定针对大数据基础平台和上层大数据应用的安全规范和指南,覆盖管理、工程、技术、平台系统和应用服务等各个方面,以指导大数据系统所有者、建设者、运营者对大数据平台和应用的安全建设、安全运维和安全风险管理。

(3) 为数据生命周期管理各个环节提供安全管理标准 数据是大数据系统中的重要资源,其安全性至关重要。当前我国缺乏针对大数据环境下的数据管理安全规范,须要制定规范大数据系统中的数据安全管理活动、流程和方法的安全标准,以指导数据控制者的数据生命周期管理活动,包括数据收集、传输、存储、共享、处理、共享等安全活动,减少来自组织内部和外部的各种大数据安全风险。

(4) 为大数据服务安全管理提供安全标准支撑 大数据服务可以为大数据生态中的数据提供者和数据消费者提供数据分析处理、数据交易等服务。在提供大数据服务的过程中,大数据服务组织的安全能力至关重要,它直接影响数据的安全性。当前,我国缺乏指导组织建立大数据服务安全能力的规范,以及对大数据服务组织的安全能力成熟度进行评级的标准规范,需要制定相关的标准,规范大数据服务组织的基础安全能力、数据安全管理能力和系统安全建设、安全运维能力，以及对组织安全能力成熟度进行有效评价并指导其安全能力提升的标准。目前，我国大数据交易服务安全面临没有标准规范的局面，亟须建立大数据交易服务相关安全标准、规范，支撑《网络安全法》在大数据交易领域的落地实施，为提升对大数据交易服务安全的管控能力，促进大数据交易服务产业安全健康发展提供标准依据。

（5）为水利行业大数据应用的安全和健康发展提供标准支撑　水利行业的大数据应用具有不同于其他行业大数据的特点，所涉及的数据敏感度因政策环境、行业环境不同存在差异，需要制定相应的行业大数据安全标准规范。我国的行业大数据安全：一是在构建大数据安全标准体系时，统筹考虑数据在行业之间或组织之间的交换与共享问题，支撑行业大数据应用的快速发展；二是在标准制定层面，需要对电子政务、电子商务、电信、健康医疗等重点行业大数据应用适时出台相应的大数据安全指南类标准，指导各行业的大数据安全建设和运营。

7.3.3　安全大数据应用场景

随着 5G 技术的发展，网际空间安全面临的威胁也越来越多样化。移动网络、云和虚拟化、物联网、工控系统等技术领域的快速发展，使得保护对象和攻击路径都变得更加复杂。而攻击来源也从早期的个人黑客变为犯罪团伙、政治势力、网络部队等更严密的组织。甚至大数据技术本身也被攻击者所利用。能够应对大数据攻击技术的，也只有大数据安全技术本身。目前，安全行业的大数据应用场景主要包括以下几类。

1. 网络安全态势感知

近年来，网络安全事件层出不穷，传统安全防御措施很难及时、有效地发现安全威胁。这就需要依靠互联网的海量安全数据，解决网络安全监控的问题。通过大数据技术对这些安全要素进行分析，全面、精准地掌握网络安全状态，并以可视化的方式，向网络安全监管单位提供所属管辖范围内的实时感知；同时，针对安全隐患通报等手段帮助监管单位完成安全监控的闭环，从而改变当前"黑客主动攻击、企业被动防御"的局面。态势感知技术这一概念源于美国空军，此后在核反应控制、空中交通监管及医疗应急调度等领域被广泛应用。在安全领域，态势感知技术是指广泛采集和收集广域网中的安全状态和事件信息，并加以处理、分析和展现，从而明确当前网络的总体安全状况，为大范围的预警和响应提供决策支持的技术。态势感知技术主要是应对大范围广谱威胁，相关的技术包括海量异构数据分析、深度学习、网络综合度量指标、网络测绘、威胁情报、知识图谱、安全可视化等。

2. 高级持续性威胁检测

高级持续性威胁具有精心伪装、定点攻击、长期潜伏、持续渗透等特点，已经成为网络犯罪和间谍活动的首选攻击方式。过去发现特定网络 APT 定向攻击有两个难点：一是未知威胁分析过程缺少对历史数据的支持，难以进行回溯关联，遗漏了很多关键信息；二是缺少外部情报的来源，只依赖于自有的黑域名/黑 IP 库，检测的精度和效率都难以满足需求。现在采用大数据技术，从两方面搜集数据：一是来自于互联网威胁情报云平台的威胁情报数据，二是来自于本地运营商互联网出口监控到的网络流量数据。基于上述的海量安全数据，可以通过人工智能技术结合大数据知识以及攻击者的多个维度特征，还原出攻击者的全貌，包括程序形态、不同编码风格和不同攻击原理的同源木马程序、恶意服务器等，通过全貌特征跟踪攻击者，持续地发现未知威胁。通过对云端大数据中提取的恶意域名、IP、主防库、样本库等信息进行关联分析，发现传统规则检测手段无法发现的未知威胁，实现攻击早期的快速发现。对未知威胁的网络行为，攻击源头进行精准定位，对远控木马等行为进行威胁识别，最终达到对入侵途径及攻击者背景的研判与溯源。

3. 伪基站发现与追踪

伪基站是一种小型或微型的信号收发装置，和运营商的真实基站类似，能够获取周围的手机与基站的设备信息，通过模拟真实基站通信机制，迫使周围的手机连接到该仿冒的基站上，向普通用户发送垃圾短信，甚至冒用号码，群发诈骗信息。采用大数据技术，则可以极大地提高发现伪基站的能力和效率，并可以及时阻断诈骗短信中的钓鱼链接，打破诈骗链条。具体包括以下步骤。

1）通过手机用户举报垃圾短信，或者通过手机专业软件主动拦截并上报垃圾短信，大量收集伪基站短信中包含的时间、地点、内容、仿冒的基站号等各种信息。

2）在大数据处理平台中，运用自然语言处理与机器学习的方法，去掉大量的噪声，从海量的垃圾短信中以较高的精度识别出伪基站短信。

3）将伪基站短信与经纬度信息结合，就可以发现并定位伪基站；结合伪基站的历史数据，可以进一步找到伪基站的活动规律，并以此对其运动轨迹进行预判。

4）与地理信息系统联动，展现伪基站位置、伪基站的行为、历史运行路径、数量分布等信息，从而帮助执法部门的抓捕活动。

4. 反钓鱼攻击

钓鱼攻击是一种利用社会工程学手段，伪装在线金融或交易平台的网站，针对客户个人身份数据和金融账号进行盗窃的犯罪行为。近些年来，钓鱼攻击相关的网银欺诈案件使得用户蒙受巨大的经济损失，也严重影响了银行业金融机构的声誉。据我国反钓鱼网站联盟发布的统计数据，在 2015 年 9 月，处理的钓鱼网站达 1531 个，涉及淘宝网、工商银行、平安银行、建设银行四家单位的钓鱼网站总量占全部举报量的 98.56%。据《2014 年中国网络购物安全报告》报告，在 2014 年，包括钓鱼攻击、恶意代码在内的安全威胁，给国内网购用户带来了超过 300 亿的损失。发现钓鱼网站，需要利用搜索引擎扫描相关网址，并通过大数据建模过滤掉可信页面与重复页面，筛选出有嫌疑的钓鱼网址页面，将这些页面输入到分析引擎中；用户也可以进行举报，将钓鱼网址上报到分析引擎的数据库中。分析引擎通过规则模型综合研判、机器学习等方式检测出钓鱼网址和页面。将发现的钓鱼网站和网页汇集成为网址信誉库，金融机构可以把具有欺诈性的 URL 信息提到这个信誉库中，其中的信息就是是否拦截网页访问的依据。各终端访问钓鱼网站时，通过与云关联的终端软件，提示并阻止用户的访问行为。

7.3.4 大数据安全展望

加快大数据安全技术研发，传统的信息安全技术不能完全照搬到大数据领域，云计算、物联网、移动互联网等技术的快速发展，为大数据的收集、处理和应用提出了新的安全挑战。建议加大对大数据安全保障关键技术研发的资金投入，提高我国大数据安全技术产品水平。推动基于大数据的安全技术研发，研究基于大数据的网络攻击追踪方法，抢占发展基于大数据的安全技术的先机。加强对重点领域敏感数据的监管。海量数据的汇集加大了敏感数据暴露的可能性，对大数据的无序使用也增加了要害信息泄露的危险。在政府层面，建议明确重点领域数据库的范围，制定完善的重点领域数据库管理和安全操作制度，加强对重点领域数据库的日常监管。在企业层面，建议加强企业内部管理，制定设备特别是移动设备安全使用规程，规范大数据的使用方法和流程。运用大数据技术应对高级可持续攻击，传统安全防御措施很难检测高级持续性攻击，企业必须先确定正常、非恶意活动是什么样子，才能尽早确定企业的网络和数据是否受到了攻击。安全厂商利用大数据技术对事件的模式、攻击的模式、时间和空间上的特征进行处理，总结抽象出来一些模型，变成大数据安全工具。为了精准地描述威胁特征，建模的过程可能耗费几个月甚至几年的时间，企业需要耗费大量人力、物力、财力成本，才能达到目的。建议整合大数据处理资源，协调大数据处理和分析机制，推动重点数据库之间的数据共享，加快对高级可持续攻击的建模进程，消除和控制高级可持续攻击的危害。

7.4 安全保障体系建设应用

依据网络安全相关标准与规范，完善涵盖安全技术、安全管理、安全运营的智慧水利网络安全主动防御体系，全面提升网络安全威胁防御、发现和处置能力。

7.4.1 建设目标

1. 完善网络安全技术体系

（1）提升纵深防御能力　①提升纵深防御能力，完善基础安全技术、统一安全服务、安全数据采集，形成体系化网络安全纵深防御基础。依据国家相关法律法规和水利行业总体要求，充分考虑数据中心、移动互联网、园区网、网络边界、工控网及物联网等各类防护对象，围绕安全物理环境、安全通信网络、安全区域边界、安全计算环境和自主可控等内容，在现有基础安全技术的基础上，进行补充和完善，增强基础安全防护能力。②完善统一安全服务。在统一体系下，建立水利统一身份认证服务、统一密码服务、统一安全情报服务、统一容灾备份服务等基础安全服务，为各级各类信息系统和安全防护措施提供有力保障。

（2）提升监测预警能力　①建立威胁感知预警系统。在省级以上水利部门、关键信息基础设施运营单位建立威胁感知预警系统，基于安全数据采集系统采集的数据，采用大数据分析技术，对本级及下级单位网络安全威胁进行监测和预警。②构建数据共享交换平台。在省级以上水利部门、关键信息基础设施运营单位建立安全数据共享交换平台，实现相互之间威胁情报、安全事件、安全相关通知通告，以及与其他各级水利单位和公安、网信部门之间的数据共享交换。在省级以下单位设立数据共享交换节点，与上级单位进行安全数据交换共享。

（3）提升应急响应能力　网络安全应急响应能力建设是维护水利网络安全、及时处置网络安全事件、控制减少网络安全威胁的重要抓手。主要任务包括：在各级单位建设集中安全管控平台，实现对本单位网络安全设备与设施的统一管理与控制，实现统一的网络安全设备管理、统一的安全策略编制、统一的安全服务管理。安全设备与设施是实现网络安全防御向智能化发展的"中枢神经"。在省级及以上水利部门、关键信息基础设施运营单位建设应急决策指挥系统，在其他单位建立基层指挥联动平台，实现与上级应急决策指挥系统对接，形成覆盖各级水利部门的网络安全应急响应和指挥调度体系，对安全威胁事件应急响应准备、检测、控制、恢复等全过程进行管理。探索开展利用人工智能、强化学习等技术加强网络安全应急决策系统的自主判断和决策处置能力，逐渐由人工处理向自主处理转变。

2. 完善网络安全管理体系

随着5G技术的不断成熟，互联网发展不断与传统行业深度融合，使得互联网越来越成为现实世界的完整映射，互联网治理变成一项庞大、复杂和系统的工程，监管部门继续以"管理者"身份来应对庞杂的网络世界面临极大挑战。因此，需改变传统的管理思维，向互联网治理思维转变。以合规合法、责任到人为中心，建立由制度、规范、流程和规程构成的网络安全管理制度标准体系，覆盖网络安全组织管理、人员管理、建设管理、运维管理、应急响应和监督检查等各项工作，为网络安全管理提供依据和行为准则。各单位建立健全水利网络安全工作组织机构，落实网络安全管理人员，形成职责清晰、分工明确、规范有序的水利网络安全组织管理体系。

3. 完善网络安全运营体系

新时代网络安全防护需要以人为核心，建立实战化安全运营的能力。网络安全讲一百遍不如打一遍，新一代网络安全体系的目标是实现安全与信息化的全面覆盖、深度结合、有效检测、协同响应。实战化运营能力的建立，需要先进的思想和体系，需要应用大数据、人工智能等新技术，更需要关注人在安全中的能力和价值。开展网络安全运营机制建设，依托网络安全技术体系，依据网络安全管理体系，开展日常威胁预测、威胁防护、持续检测、响应处置等网络安全运营工作，形成闭环安全运营体系，充分发挥人在网络安全中的主体地位，有效对安全威胁事件进行综合研判和及时处置，并不断闭环对运营体系进行优化，有效保障网络安全技术与管理要求的落地。

7.4.2　建设原因

1. 信息网络攻击与日俱增

现如今，网络已不再陌生，它已逐步渗透到人类社会发展的各个领域，影响着人们的生活。随着计算机网络的不断发展，网络安全问题成为当前人们所关注的重要问题。从当前我国计算机网络安全现状来看，计算机网络安全面临着较大的隐患，需要采取有效措施做好各项防护，以保障计算机网络的安全。具体来说，计算机网络安全问题主要体现在以下几个方面。

（1）计算机病毒入侵　计算机病毒也是一种程序，只不过这种程序是破坏计算机的。病毒入侵的方式有很多，它往往会隐藏在邮件、二维码、链接甚至图片中，一般的人，甚至一些专业技术人员有时也会防不胜防。在一个区域网内一台计算机中毒了，网内的计算机都会被传染，病毒的传播速度是相当快的。病毒的类型不同，有的病毒会不停地复制计算机文件最终导致计算机信息遗漏或丢失，有时还可能会造成无法挽回的损失。闻名的计算机病毒有 1999 年爆发的"梅丽莎"病毒、2000 年的求爱信病毒、2001 年的"灰鸽子"病毒和"红色代码"病毒、2006 年的"熊猫烧香"病毒……时至今日，新的变种病毒还在威胁互联网的安全。

（2）网络入侵　计算机网络被黑客利用进行各种非法获利就是网络入侵。网络入侵的方式也是多种多样的，有监听法、特洛伊木马术、口令法、隐藏技术等。黑客主要是攻击信息网络、政府网站、金融机构、国家重点高校（有国家比较重要的科研项目）网站等。黑客活动很频繁，常采用非法拦截、破译、篡改、复制等形式进行盗取。因为黑客的存在，计算机网络信息安全会遭受严重威胁，国家安全利益也会受到威胁，给群众财产带来损失。

（3）后门　后门是一种网络病毒，该病毒的公有特性是通过网络传播，给系统开后门，给用户计算机带来安全隐患。后门病毒文件运行后会创建自身副本到用户系统，病毒将开启实现对用户系统的远程控制并实现开机自启动。后门是在计算机网络系统中人为设定的"陷阱"，绕过安全监管获取对系统或程序的访问权限，目的是破坏计算机系统的正常运行。后门分为硬件后门和软件后门。硬件后门主要是更改集成电路芯片的内部构造，目的是破坏计算机网络系统。软件后门是指根据条件设计的，并故意留在软件内部的源代码。

（4）人为失误　为了防护网络安全，互联网本身就设置了很多安全防护，但这些防护并没有起到有效的作用。一是使用人员安全意识不强。很多人随意在网上下载或上传一些文件，加大了网络的安全隐患。再有，一些计算机是 24h 待机，长时间不关机会使计算机损耗增大，缩短寿命。还有些人无意识泄露密码或密码设置得过于简单，不法分子很容易入侵，对网络数据进行使用、篡改、破坏或删除等。二是网络管理人员的技术不过硬。由于网络管理人员技术不过硬，导致很多问题在初期时没有引起注意或者直接被忽略，直到问题严重时才会被注意，给问题的解决带来一定的难度。三是不良信息的传播。经常会有一些素质不高的人员利用网络下载一些不良信息，这些信息不仅影响精神文明建设，更是网络安全的隐患。四是操作不当带来的安全隐患。例如，玩游戏会将一些病毒或不健康的内容带入机房；因为网卡或网线的问题，私自改动网络的配置和标识，导致局域网发生故障；有些人员乱用删除命令，导致计算机无法正常启动。

2. 安全运维压力不断增大

近年来，各级水利部门开发了大量业务应用，系统数量、服务领域、网络覆盖、数据规模等不断拓展。信息化应用已由主要提供行业支撑，转变为水利、应急、环保、自然资源、社会公众等多领域提供服务；水利信息网络已由独立组网，转变为与多种网络互连互通或交换数据，网络边界日益模糊。信息化高速发展的同时导致网络安全工作压力随之剧增，大量增加的信息资产带来各类安全风险，因此减少资产的脆弱性、提升对抗安全威胁的能力、加强对风险的分析和控制，给网络安全工作人员增加了巨大压力，网络安全运维工作也更加艰巨和复杂。水利信息网络发展演变图如图7-1所示。

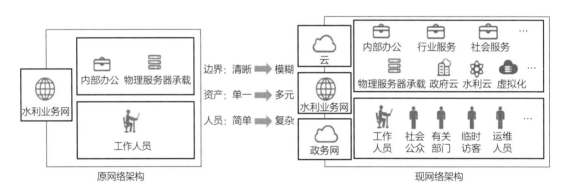

图7-1　水利信息网络发展演变图

3. 安全工作机制短板明显

安全工作机制短板明显，主要表现在以下几方面。

（1）网络安全责任落实不到位　网络安全责任人对于网络安全重视不够、研究不多、心思不到，未能严格按照"谁主管谁负责、谁使用谁负责"等安全基本原则建立清晰、明确的网络安全责任体系，各类要求多停留在文件上，对于网络安全要求未认真履行，落实效果欠佳。

（2）网络安全人才严重欠缺　5G时代，一切皆可编程，万物均要互联，联网设备不断升级迭代，软件漏洞数量也与之正相关，网络安全人才现处于供不应求的局面。网络安全涉及内容较多，如物联网的设备层、网络层、平台层、数据层和应用层都具备安全要求，其系统学习属性强，学习难度高。而且，网络安全本身对于实验环境有较高的要求，在实践过程中积累的知识会有非常强的场景属性。网络安全意识经常滞后于行业的高速发展，企业乃至行业往往在发展到一定规模后，才频繁出现问题，面临实际威胁，引发严重后果，才开始真正注重网络与信息安全工作。网络安全意识不足、安全统筹机制建设缺失，人才储备"临时抱佛脚"，成为新兴领域普遍存在的问题。建立信息安全的前瞻意识，提升网络安全保护的主动性，应成为数字经济时代企业经营与公共服务保障的基本素养。特别是各级水利部门普遍缺少网络安全专职人员，经常存在会议调试、设备维修、安全防护等"一肩挑"现象。

（3）经费保障不到位　对照《水利网络安全管理办法》中网络安全预算不应低于项目预算5%的要求，目前智慧水利正处于高速发展的时期，网络安全投入比例明显偏低，导致网络安全建设与管理经费不足，重建轻管、忽视安全问题突出。各级水利部门要将智慧水利重点任务以重点工程等方式加快落实和推进，积极争取资金投入，拓宽项目资金来源，统筹资金渠道，利用中央预算内投资、中央财政及地方财政等推进智慧水利建设，重点保障拟立项项目经费和开发性维护经费，积极争取运维经费并纳入财政预算。新建水利工程必须按照智能化的要求和标准建设，结合国家水网建设推进已建水利工程智能化改造。

（4）应急处置效果欠佳　①缺乏综合应急预案。综合应急预案是从总体上阐述事故的应急方针、政策，应急组织结构及相关应急职责，应急行动、措施和保障等基本要求和程序，是应对各类事故的综合性文件。②缺乏现场处置方案。现场处置方案指具体的装置、场所或设施、岗位所制定的应急处置措施。现场处置方案应具体、简单、针对性强。现场处置方案应根据风险评估及危险性控制措施逐一编制，做到事故相关人员应知应会，熟练掌握，并通过应急演练，做到迅速反应、正确处置。

现在普遍存在应急预案操作性差、未及时修订或更新等现象，应急处置技术力量薄弱，难以高标准开展应急处置工作。

7.4.3　建设内容

甘肃省水利厅根据网络运行及系统部署实际，采取了针对性的网络安全工作举措：在水利业务网部署态势感知系统，建立常态化网络安全监测预警机制；在互联网开展实战化网络安全攻防演练，及时发现并消除网络安全隐患。以推进水治理体系和水治理能力现代化为核心，以信息技术与水利业务深度融合为基础，以整合优化与共享利用信息资源为重点，推进重点水利业务政务信息化建设，建设水信息基础平台，基本形成设施集约完善、资源有序共享、应用综合协同、安全自主可控和保障优化健全的水利信息化综合服务体系。结合智慧水利大平台及省级水利云（二级水利云平台）建设内容，初步完成云网及业务系统网络安全需求的建设。

1. 业务网部署网络安全态势

在当前严峻的网络安全形势下，传统防御手段的局限性被持续放大，如仅能基于特征检测，依赖单点处理能力，防护设备各自为战，无法应对连续性威胁等，而基于大数据的安全态势感知技术有效弥补了传统防御手段的缺陷。通过全网络收集安全信息要素，基于大数据进行数据挖掘，建立对网络安全态势的全面认知，能对网络系统的安全趋势进行预测，是保障网络安全的有效手段。

（1）部署方式　甘肃省水利系统态势感知系统建设采取"两级部署、统一管理"的整体架构，系统整体逻辑分为数据采集、处理、存储、挖掘及应用五个层级。省级水利单位部署网络态势感知平台，各市水利局及部分直属单位部署流量采集引擎。安全态势感知平台部署方案如图 7 - 2 所示。

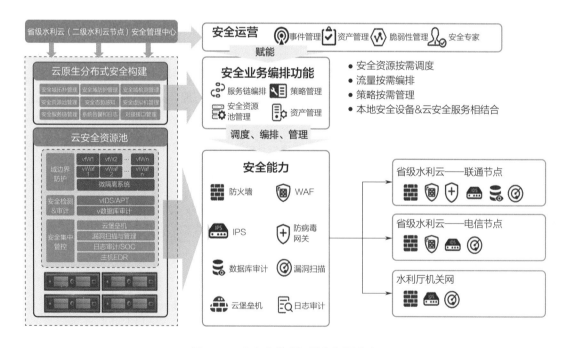

图 7 - 2　安全态势感知平台部署方案

（2）技术特点　省级态势感知平台采用大数据计算技术架构，具有分布式、水平弹性扩展、机器学习和高可靠性等特点。通过元数据的统一存储管理与对全文检索的良好支持，采用实时关联分析、历史关联分析、机器学习、统计分析、OLAP（联机分析处理）、数据挖掘和恶意代码分析等多种手段，完成对海量安全元数据的分析和挖掘，为各类安全智能应用提供基础支撑。各市水利局流量采集引擎支持从数据包、数据流、传输协议直至文件的多维度流量捕获与检测，可对数据进行协议解析与内容还原，并对其进行检测。引擎内置网络攻击行为特征库，可利用态势感知系统大数据机器学习能力，有效发现漏洞、攻击、僵木蠕等未知安全威胁。

（3）取得成果　部署安全态势感知系统实现了对水利业务网络安全态势的实时感知和动态监测，打造了网络安全态势感知、攻击可视化溯源分析等可视化平台，可实时显示外部、横向、资产外联等威胁内容，为运维人员开展攻击手段、趋势、溯源等信息的调查取证提供了保障。安全态势感知系统自运行以来，通过对各市安全流量引擎的不间断分析，发现了 SQL 注入、远控木马、挖矿行为等大量安全隐患，通过组织开展多次服务器和终端的专项安全检查，有效提升了水利业务内网整体安全水平。

2. 外网开展实战化网络安全攻防演练

在真实的网络环境中开展安全攻防演练，是检验信息系统防护、监测预警和应急处置等能力的重要手段，能够发现深层次的问题和隐患。攻防演练既要做到对业务系统具有破坏性、渗透性，又不影响业务系统的正常使用，各类攻击性行为应当切实有效、危害可控。为使攻防演练管控有序，需要进行认真部署。

（1）活动部署　整体活动分为以下五个组别：指挥组，由活动主管机构及专家组长组成，负责监控演习进程、调整攻击策略等；专家组，由安全资深专家组成，负责对各类成果进行审核，并依照规则进行评分；攻击组，由安全测试队伍组成，每支攻击队一般由 3 名攻击手组成；防守组，由各防守单位组成，在演习过程中积极应对攻击行为，并提交高质量防御报告;．保障组，负责维护演习活动的所有软硬件设施，包括网络环境、攻击工具、演习系统部署及大屏信息投放等。

（2）实施阶段　按照限定攻击目标的原则，攻击组在指挥组的监督下，使用暴力破解、扫描、数据包分析、SQL 注入等展开攻击。实施攻击前，攻击组需将准备实施的攻击目标、对目标的扫描结果及可能造成的风险等情况向专家组报备，审核通过后方可发起攻击。专家组采取现场巡查与自动化分析工具相结合的方式，对攻击行为进行监管、分析、审计和追溯，保障演习过程风险可控，发现不合规的攻击行为时，及时进行阻断。指挥组根据网络攻击情况,将发现的紧急或高危漏洞,分发给相应单位进行应急处置。保障组将攻击成果(包括攻击域名、IP、系统描述、截屏图片、攻击手段和时间等)实时显示在成果显示大屏上。网络安全攻防演练流程图如图 7 – 3 所示。

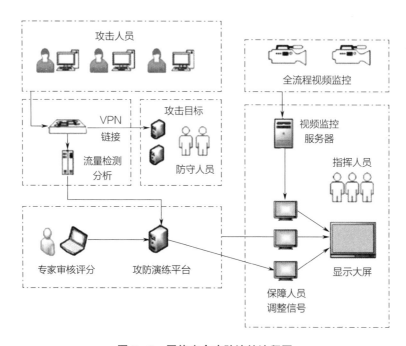

图 7 – 3　网络安全攻防演练流程图

(3)取得成果　2020 年开展互联网系统实战化攻防演练,发现安全隐患漏洞 100 余个。经汇总分析,各级水利部门网络安全问题存在较大共性,具体如下。

1)弱口令问题。目前,弱口令已成为主要安全隐患。设置简单或默认口令,防护形同虚设。

2)系统权限控制问题。部分系统权限控制不严谨,存在权限跨越漏洞,造成数据泄露或破坏。

3)网络隔离不严问题。部分单位网络边界控制较差,内外网未进行物理隔离,不具备纵深防御能力。

4)测试(废弃)系统运行问题。部分测试及废弃系统部署于业务网络且无人维护,可能对正常系统造成破坏。

5)热点漏洞修补不及时问题。Struts 2 框架漏洞、SQL 注入、任意文件上传等典型漏洞成为渗透的主要利用点。

6) 系统检测不及时问题。部分系统或服务器被黑客入侵或利用,且长期未发现。

3. 内部建设主要内容

1) 采用租用安全资源的方式,为省级水利云(二级水利云平台)联通节点提供防火墙、抗 DDoS、防病毒网关、Web 应用防火墙、网络安全审计、日志审计、数据库审计、漏洞扫描、堡垒机等安全服务,提高云平台的安全防护能力。

2) 在省级水利云(二级水利云平台)电信节点互联网出口和电信节点与水利厅机关互联出口,分别串联部署 1 台防火墙、1 台入侵防御以及 1 台 Web 应用防火墙,保障省级水利云(二级水利云平台)电信节点网络安全和应用层安全。

3) 省级水利云(二级水利云平台)中所有安全设备都纳入安全管理中心统一管理。

4) 利用原机房防火墙和入侵防御设备,优化安全策略,提高省水利厅机关水利业务局域网安全防护。

第8章 / 5G+甘肃智慧水利的实践

8.1 5G+天空地一体化

将传统感知技术与新型感知技术相结合，在现有的感知体系建设成果的基础上，初步建立"天空地一体化"的甘肃智慧水利感知体系。

8.1.1 遥感接入

采用共享方式接入水利部的遥感影像资源，根据甘肃水利现阶段的水利监管需求，通过智慧水利大脑对遥感影像资源进行图像处理、信息提取、图像解译和数据分析，提取可用的水利要素，实现对工情、险情、旱情、水土流失面积、水质水环境、非法采砂、水域岸线占用、堰塞湖位置及面积变化等大范围应用场景的动态监测预警，并支持不同时期遥感影像的对比分析和标绘展示，以供决策应用。同时，为市（州）遥感的应用提供数据或产品服务。

8.1.2 视频集控

建设先进高效的甘肃水利视频集控平台，对现有异构水利视频进行汇集整合，接入视频智能分析试点、AR场景试点和无人机试点的视频信息，并对视频资源进行分发管理。

1. 视频集控管理平台

建立视频集控管理平台，实现视频资源的集中汇聚和推送分发。

（1）视频汇聚　视频集控管理平台具备良好的开放性，通过国标联网网关（采用GB/T 28181—2016），提供SDK、HTTPS+JSON、消息订阅接口、HLS协议等的对接能力，实现对异构视频资源的汇聚，并对视频资源进行 ID 资源治理，保证每路视频 ID 的唯一性。

（2）推送分发　平台通过国标联网网关（采用 GB/T 28181—2016）推送视频信息到水利部视频级联集控平台，并可按照市（州）视频需求进行视频数据或视频服务的分发。

推送分发的同时，实现对设备操控权限、预览、流媒体转发等进行全局范围内的集中管理与应用协同，并实现用户对设备访问的实时集中权限认证。通过分层分级的流媒体推送分发设计，实现多用户同时访问，降低对集中系统的业务和网络的压力，实现类似 CDN 的推送分发机制。

2. 视频资源融合

整合现有甘肃省水利系统各单位视频监控系统，实现可利用视频资源的统一管理、统一调阅、统一服务，避免重复投资，提升管理服务能力。

（1）接入方式　按照上述视频监控系统建设模式的不同分为两种不同的接入方式：主要是平台对接平台，标准化接口接入；再是设备对平台直接接入。可根据实际情况选择相应的接入方式实现第三类视频监控资源的共享接入。

1）监控平台对接。监控平台对接是指对接接入数字视频监控的平台。适用于运营商平台、自建已有视频监控平台，且能够对外提供对接协议或对接开发接口，具备平台对接能力。通过监控平台接入方式，实现与所属层级平台的对接接入。对于具备多级平台的重点单位视频监控系统，各级平台可分别接入所属层级对应的接入平台。

监控平台对接方式又分为国标平台对接和非国标平台对接。非国标平台对接需提供拟接入平台 SDK 开发包，或升级为支持国标对接的版本。

2）监控设备接入。监控设备接入是指接入前端站点视频监控系统的 DVR（数字硬盘录像机）、DVS（视频编码器）、IPC（网络摄像机）和 NVR（网络录像机）等数字视频编码设备和存储设备。适用于未建有视频监控平台的前端站点视频监控系统，或虽建有视频监控平台，但无法对外提供对接开发接口，不具备平台对接能力的前端站点视频监控系统。

对于监控设备接入，应先进行摸底调研，掌握此类设备的基本情况后可按以下不同模式分类进行接入：国标设备接入和非标设备接入。对符合国标《公共安全视频监控联网系统信息传输、交换、控制技术要求》（GB/T 28181—2016）的视频设备按国标方式接入视频集控平台；对不符合国标、ONVIF 等标准协议的非标设备，采用设备 SDK 开发接口和协议接入，通过调用设备前端 SDK，实现接入视频集控平台。

（2）应用场景　视频资源融合的重要应用场景主要有智慧河湖场景、淤地坝监管场景、防洪沙盘场景。

1）智慧河湖场景。选取一处黄河敏感河段为智慧河湖试点，实现采砂船只检测。闯入检测、水面漂浮物，AR立体全景监控和无人机视频协同，结合本河段区域的遥感影像（水域岸线占用、非法采砂等）的识别对比，对区域河段进行实时、主动分析识别，并进行自动预警。经管理人员确认，可生成为辖区事件并上报，保证管理人员及时了解风险预警事件并进行后续跟踪处理。

2）淤地坝监管场景。在54座三类坝中，选取9座骨干坝作为淤地坝智能监管的应用试点。可实现坝前视频图像、雨量、水位、三维全景监控，且能依据淤地坝安全管理机制进行数据分析和安全预警。

3）防洪沙盘（舟曲水文站河段）场景。以舟曲某河段作为防洪电子沙盘试点，依托沙盘建模技术，对全域地理空间数据进行处理、叠合与建模，模拟出试点区的三维可视化场景，实现河流水系以及两岸流域环境的空间展示。同时，结合当前现场已有水利设施，集成多断面实时水位（上中下游）、流量、雨量、视频等基础信息，分析模拟水文要素的变化情况，对河段两岸及下游的影响效果进行模拟展示，并建设AR立体全景监控和遥感影像分析（工情、险情、堰塞湖位置及面积变化），实现模拟与现实的对比。

8.2　5G＋智慧水利大脑建设

甘肃智慧水利大脑以中台（含数据中台、应用中台及智能中台）为核心。"三中台"采用先进的技术架构（见图8-1），充分应用大数据、微服务、人工智能等当前先进的技术手段，通过对数据、技术、业务的抽象，形成服务能力的复用，消除壁垒，快速创新，促进业务多元化。三个中台相辅相成，共同支撑上层智慧水利应用的建设。通过"三中台"的应用，解决水利厅信息化过程中遇到的问题。

1）数据中台。汇集各个系统的数据，制定统一的数据标准，形成统一的数据资产，提供统一的数据服务。解决了目前数据共享不易且实现复杂、没有统一的标准、没有形成统一的数据资产、没有提供统一服务能力的问题。

2）应用中台。将应用系统的通用能力引擎抽象出来，并微服务化，让智慧水利应用统一调用，解决各个应用系统通用模块多、无法复用、重复造轮子的问题，节省新建应用系统的开发周期，快速开展新业务。

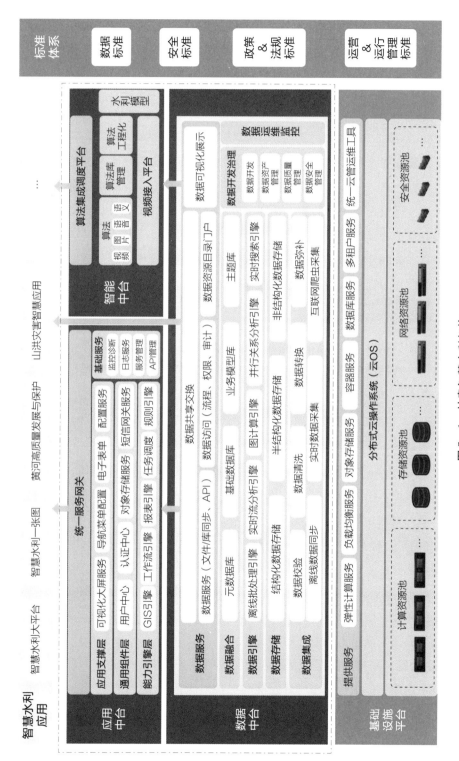

图 8 - 1　甘肃智慧水利架构

3）智能中台。建设算法引擎，构建水尺/水位识别、漂浮物检测、采砂船识别等人工智能算法及相关水利模型，并配合应用进行智能化展示。解决现有的信息化的、智能化程度较低，没有针对水利行业的人工智能算法应用的问题。

8.2.1　5G＋智慧水利数据中台

数据中台是建立在水利云上的海量水利相关数据的存储和管理平台，汇聚全省水利系统内外的各类数据，通过分布式资源调度、存储管理、数据开发、数据服务等技术，开展数据融合和治理，完成异构数据的统一管理，形成标准一致的基础数据资源体系，构建全域数据的能力共享中心，提供数据采集、存储、融合、治理、服务等全链路一站式服务，同时深度挖掘数据关联性，为提升决策分析和创新应用能力提供数据基础。数据按照面向管理对象分类集合，为智慧水利核心提供内容全面、质量可靠的数据。

1. 数据中台架构设计

数据中台总体架构从下向上由数据源层、数据集成层、数据存储层、数据处理引擎层、数据融合层、数据服务层，以及数据治理服务、数据安全管理、运维监控和数据资产管理组成，如图 8－2 所示。

1）数据源层。包含根据业务需求通过多渠道采集的数据，如水文数据、水资源数据、气象数据、环境数据、遥感影像数据等。

2）数据集成层。实现不同业务系统、不同标准、不同格式类型的数据统一汇聚集成。针对不同的数据类型采用不同的数据集成工具（实时采集工具、离线采集工具等），采集的数据通过数据的检验、清洗、转换、加载进行预处理。

3）数据存储层。将采集的多种类型的数据分别进行存储，包括结构化数据、非结构化数据、半结构化数据。

4）数据处理引擎层。对于采集上来的数据，需要根据业务需要，统一进行分析处理。根据采集数据的频度，即实时性的要求，平台能够提供实时流分析引擎、离线批处理引擎等数据计算功能，用来满足上层业务的需要。

5）数据融合层。采集的数据要经过处理，按照业务需求进行建模，形成若干不同业务应用的水利主题库，包括黄河高质量发展与保护主题、洪水主题、干旱主题、水利工程安全运行主题、水利工程建设主题、水资源开发利用主题、城乡供水主题、节水主题、江河湖泊主题、水土流失主题、水利监督主题等。主题库中的数据可以直接被上层应用调用。

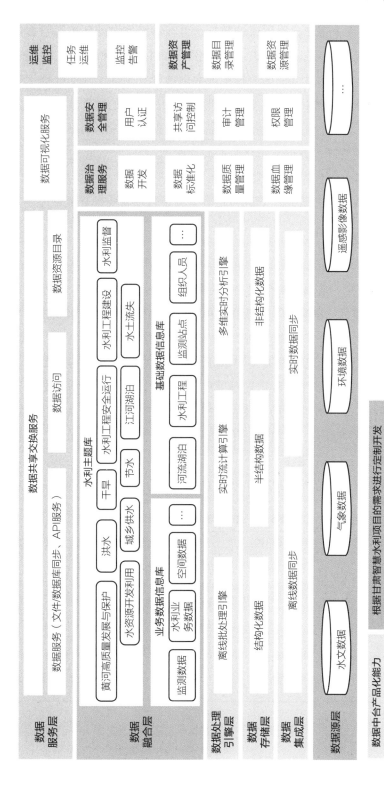

图 8 - 2　数据中台总体架构图

6）数据服务层。数据融合层形成的数据，可在系统的内外部进行数据的共享，可以是文件、库表、API、资源目录等形式；数据还可以通过可视化服务，进行数据资源展现。

7）数据治理服务。通过可视化工具实现数据的开发治理，帮助数据工程师快速地根据用户的需求进行数据治理，灵活、快速地形成应用所需要的数据。

8）数据安全管理。中台对于数据提供多种安全保障手段，如用户认证、共享访问控制、权限管理、审计管理、数据共享交换审批管理等。

9）运维监控。平台还提供运维监控功能。

10）数据资产管理。数据资产管理包括数据目录管理和数据资源管理。

2. 数据实施方案

（1）数据采集

1）数据采集原则。数据采集按照"谁主管，谁提供，谁负责"原则，并依照法定职责，保障资源的完整性、准确性、时效性和可用性，确保所提供的水利相关数据与本单位所掌握的一致。

2）数据采集内容。智慧水利需要对水利厅内部各部门的历史存量数据、现有系统产生的数据、未来新建系统产生的数据进行采集、并需要对体系内部纵向数据进行采集，包括水利部、厅直单位、市州水利局、县区水利局等有关数据进行采集；还需要对横向数据进行采集，包括甘肃省政府、甘肃省直单位的有关数据进行采集；最后，还需要对有关涉水企事业单位的数据进行采集。

3）2020 年数据采集范围。2020 年涉及数据采集的信息化系统列表见表 8-1。

表 8-1　2020 年数据采集范围表

序号	系统名称	牵头单位	主要用途	管理的主要数据
1	国家水资源监控能力建设项目甘肃省水资源信息管理平台	厅水资源处	和中央、流域水资源监控管理信息平台的互联互通、信息共享，水资源管理业务的在线处理	取用水在线监测、水质监测评价、取水许可、用水计划业务办理等
2	甘肃省河湖长制信息管理平台	厅河湖管理处	河湖长信息管理、河湖档案管理、巡河管理及事件处理	河湖基础信息、巡河情况、事件处理等信息
3	甘肃省山洪灾害信息管理系统	厅防御处	雨水情信息、工情（视频监控数据）信息、山洪灾害快报查询、统计和数据分析	雨水情信息

（续）

序号	系统名称	牵头单位	主要用途	管理的主要数据
4	国家防汛抗旱指挥系统二期工程综合信息服务系统	厅防御处	对水雨情、工情、旱情、灾情、气象、天气雷达等信息的查询、统计和数据分析	雨水工旱灾情信息
5	甘肃水利信息共享互用平台	厅信息中心	水利基础信息、空间地图数据、统计分析及实时雨水情的查询统计	水利基础信息、空间地图数据、实时雨水情信息等
6	甘肃水利普查成果查询与服务系统	厅信息中心	水利基础信息查询统计	第一次水利普查数据
7	甘肃省河道管理信息系统	厅水管局	河道采砂、涉河建设项目管理和违规违法采砂案件处理等河道管理	甘肃省内流域面积在 $50km^2$ 以上的河段信息、河道采砂信息、河道建设项目信息、河道案件信息
8	全省水电站引泄水流量监管系统	省水资办	监测流量在线监管、预警发布、处理	监测流量信息及视频监控信息
9	中小河流水文监测值守系统	省水文局	防汛抗旱	雨水情信息
10	中小河流预警预报系统	省水文局	防汛抗旱	雨水情信息
11	国家地下水监测查询与维护系统	省水文局	地下水监测	水位、埋深
12	政务数据共享交换平台	甘肃省政府办	与其他委办局，如生态局等，通过库表、API、文件等方式进行数据共享交换	—

（2）数据采集实施

1）数据资源盘点。按照 2020 年数据采集范围，要提前针对采集范围内的各业务系统做数据调研，盘点数据资产，明确需要对接的系统厂商名称、厂商的技术对接人及联系方式、对接的数据类型、对接方式（数据库、中间库、接口、文件）、数据更新的频率、对接的文档（如库表设计/接口文档）、对接的网络情况（是否打通）等。

数据资源盘点是数据采集对接的前提，要提前进行，有助于加速数据采集进程。

2）数据采集基础操作。包括标签维护、设计数据表、维护数据表。

3）文件数据采集。以.xls、.csv文件为例，文件类型数据采集的处理步骤为：分析文件中的数据→设计数据表→维护数据表→处理数据文件。

4）库表数据采集。库表数据采集的处理步骤为：基本信息确定→设计数据表→维护数据表→表数据导入。

（3）数据开发　数据开发工作是数据融合治理的重要工作之一，必须严格遵循"一数一源"的规则，严格遵守数据规范、数据资源目录及业务规定，对数据进行开发与治理。包括统一数据格式、统一类型、统一单位、统一编码、统一逻辑等。

数据开发的原则如下。

1）数据仓库的建设原则。对于数据仓库（简称数仓）的建设，统一的方法论、统一的规范是保证数据模型可持续性维护最好的手段。数据建模要遵循以下规范：数仓分层、命名规范。

2）数据分类原则。数据资源规划是战略布局，是前瞻性工作。甘肃智慧水利的数据分类方式主要包括：按照数据来源划分为水利系统内部数据和外部数据；按照服务范围划分为业务数据和辅助数据；按照数据类型划分为结构化数据、非结构化数据、半结构化数据等。根据不同数据类型，结构化数据存储在Hive数仓中，非结构化数据存储在对象存储中，半结构化数据要根据用户需求转换成结构化存储或按照非结构化数据存储。

3）数据库设计原则。

规范标准化原则：数据库设计按照数据库设计规范，尽量遵循国际标准、国家标准以及行业标准。有国际标准、国家标准或行业标准的情况下采用标准代码；没有标准代码的，但有通用习惯符的情况下采用通用习惯符；既没有标准代码，又没有通用习惯符的情况下自编代码，自编代码应以满足稳定性、可扩充性、通用性和易读性原则进行编码。

一体化原则：以水利业务数据流为主线，对系统数据重新整理、分类与建库，实现数据的一体化管理，同时也为其他系统提供数据资源服务，避免重复建设。

（4）水利数据建模原则　水利对象数据建模参考《水利对象基础数据库表结构与标识符》，规范数据表结构、标识符命名、字段设置等模型设计内容。

（5）数据库建设　遵照数据库设计原则、水利数据建模原则进行数据库建设。在统一数据资源目录的基础上，严格遵守"一个数据源一个ID"的原则，采用面向对象设计，综合统筹水利管理业务域中所需的数据元素，按照国家、水利部以及其他行业的标准规范，开展水利数据库表结构设计，编制水利数据库表结构标准规范和水利数据字典，生成标准数据库脚本。数据库示意图如图 8 - 3 所示。

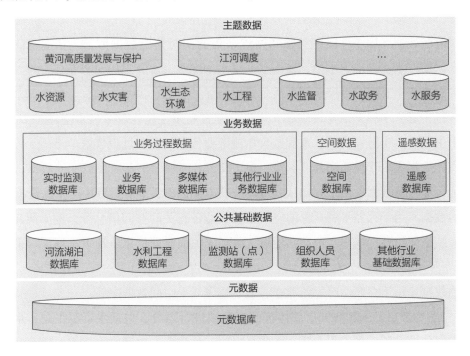

图 8 - 3　数据库示意图

1）元数据层。主要包含存储对各类数据进行描述的元数据库。其使用目的在于：识别资源；评价资源；追踪资源在使用过程中的变化；实现简单、高效的海量数据管理；实现信息资源的有效发现、查找、一体化组织和对使用资源的有效管理。

2）公共基础数据层。以水利管理对象为依据，划分为河流湖泊数据库、水利工程数据库、监测站（点）数据库、组织人员数据库及其他行业基础数据库等。

河流湖泊数据库包含流域、河流、湖泊和侵蚀沟道等四个类对象；水利工程数据库包含水库、水电站、水库大坝、水闸、橡胶坝、泵站、堤防、蓄滞洪区、圩垸、渠（沟）道、淤地坝、取水井、塘坝、窖池、倒虹吸、渡槽、涵洞、治河工程、灌区、引调水工程和农村供水工程等对象库表；监测站（点）数据库包含水文监测站、水土保持监测站、水生态监测站、水量监测点和水事影像监视点等五类对象库表；隶属于其他管理对象抽象类的有水资源分区、水功能区、水土保持区划、河湖管理范围、岸线功能分区、采砂分区、河段、堤段、险工险段、水源地、取水口、退排水口、取用水户和退排水户等对象数据库表；其他行业基础数据库主要包含生态环境、自然资源等行业有关基础信息数据库表；组织人员数据库主要包括人员的信息。

3）业务数据层。业务数据层则由实时监测数据库、业务数据库、多媒体数据库、空间数据库、遥感数据库、其他行业业务数据库等内容构成。

实时监测数据库用于存储各类感知站点采集的实时监测数据库，包括雨情、河道水情、水库水情、水质、地下水情、取用水、排水、净水、水利工程安全等有关的数据。

业务数据库主要用于存储黄河高质量发展与保护主题、洪水主题、干旱主题、水利工程安全运行主题、水利工程建设主题、水资源开发利用主题、城乡供水主题、节水主题、江河湖泊主题、水土流失主题、水利监督主题等业务域的业务过程数据。

多媒体数据库用于存储图片、影像、电子文件、音频资料等有关的文件数据。

其他行业业务数据库用于存储从其他单位获取到的有关业务过程中产生的数据。

空间数据库用于存储水利对象的空间数据、业务有关的空间信息等，例如河流空间信息、水文站空间信息、取用水户空间信息、降雨等值面空间信息、地下水埋深等值面空间信息等。

遥感数据库用于存储遥感原始数据、遥感解译成果空间数据库等。

4）主题数据层。主题数据层总体按照业务域进行划分，包括水资源主题、水灾害主题、水生态环境主题、水工程主题、水监督主题、水政务主题和水服务主题等，结合甘肃省水利管理的特点，增加其他综合决策类主题库，如黄河高质量发展与保护专题数据库、江河调度数据库等。

（6）2020 年重点数据库建设　根据 2020 年数据采集对接的 14 个业务系统以及 2020 年实现的智慧应用对数据的需求，整理 2020 年数据中台重点建设的数据库（基础数据库、主题库）。

1）信息系统资源整合，建设水利应用基础数据库，包括水利基础信息库、水雨情信息库、水质监测信息库、水量监测站点、河湖基础信息库、巡河情况信息库、河湖事件处理信息库、水质监测信息库、取水许可证信息库、用水计划业务信息库、水利工程建设项目信息库、市场主体信用信息库、第一次水利普查基础数据库、雨水工旱灾情信息库、灌区用水信息库、河道采砂信息库、涉河违建信息库、河道案件信息库。

2）智慧水利大平台主题库建设，包括智慧水利一张图主题库、数据资产主题库、云资源可视化主题库、网络可视化主题库。

3）智慧水利一张图主题库建设，包括水雨情应用主题库、水资源应用主题库、水利工程应用主题库、河湖长应用主题库、水监督应用主题库、水灾害应用主题库。

4）山洪灾害系统改造及智慧应用主题库建设，包括山洪灾害应用主题库、洪水风险预警主题库、调查评价成果主题库、风险指标主题库。

3. 数据中台功能设计方案

2020 年完成数据中台的基础平台搭建，实现智慧水利大脑对数据的采集、存储、开发、服务等数据全生命周期的管理。平台具备的功能如下。

（1）目录管理　数据目录指通过对数据表打标签，抽象标签集的名称、设置标签之间的关系来形成复杂的数据目录结构，典型结构的有树状或图状。数据目录表达逻辑关系，按照不同的业务需求，逻辑可以有多套。数据目录形成的视图为数据目录树。例如，按行政区分为省、市、县等，按机构分为水利厅、生态环境局、交通部、应急管理部等，按业务分为取水许可、水资源费、水资源管理考核等。数据目录树与数据目录的关系是 1:n。

（2）数据表管理　数据表管理包括对数据表的编辑、发布、变更、下架、关联目录以及加载数据等操作。具体见表 8 - 2。

表 8 - 2　数据表的操作

数据表状态	可执行操作
未发布	查看、修改、删除、发布、关联目录
已发布	查看、变更、下架、关联目录、同步数据、授权访问用户
数据加载中	查看、关联目录、授权访问用户

（3）文件管理　文件作为一种数据资源，同数据表一样会抽象到数据资源上。数据表的所有功能在文件上都会有。除此以外，文件具备其自有的功能特性，如文件夹管理、文件同步、文件使用方式。文件夹指管理文件的文件包，是共享文件的载体。文件共享的本质是对文件夹的共享（支持对文件夹中一个或多个文件共享）。文件夹管理包括文件夹的增/删/改/查、发布、变更、下架、关联目录、同步文件以及授权访问用户的管理。基于不同状态的文件夹，可执行操作见表 8 - 3。

表 8 - 3　文件夹操作

文件夹状态	可执行操作
未发布	查看、修改、删除、发布、关联目录
已发布	查看、变更、下架、关联目录、同步文件、授权访问用户
文件同步中	查看、关联目录、授权访问用户

（4）标签管理　标签管理指通过对标签类型和标签进行维护管理，以满足不同项目在创建资源所需属性字段不同的需求。例如，政务共享交换项目创建资源需定义"信息资源分类、信息资源代码"，国电项目创建资源需定义"主题域、应用场景"。应用标签管理使项目在创建资源时具备灵活的可扩展性。标签类型指通过对标签做类型划分，抽象标签分类。标签指定义标签类型下对应的标签值。标签类型与标签的关系是1:n。标签管理主要有对标签类型和标签进行新建、修改、删除、查询，见表8-4。

表8-4　标签操作

标签类型状态	可执行操作
已关联标签	修改
未关联标签	修改、删除

（5）文件导入　支持通过.csv文件将数据导入至平台。由数据资源发布者定义文件导入数据作业。作业由两部分构成：数据作业基础信息、数据作业条件配置。其中，数据作业条件配置包括选择数据源、定义数据去向信息。

（6）文件上传　支持通过"文件上传"作业将文件从本地上传至平台，支持上传文件夹和批量上传多个文件。文件上传为一次性作业。文件上传作业操作具体见表8-5。

表8-5　文件上传作业操作

任务状态	操作
运行中	查看
已完成	查看、删除、查看任务

8.2.2　图像识别在智慧水利平台的创新应用

依托于大数据挖掘、人工智能模型构建等关键技术，为训练水利人工智能模型提供支撑服务，最终落脚于智慧水利大脑智能平台的建设。为了提供紧密结合水利业务场景的、稳定可靠的人工智能实现能力，提出了基于图像识别技术的智能平台微服务技术架构，旨在提供紧密结合水利业务场景的、稳定可靠的人工智能技术服务，在水利业务管理场景中，降低专业知识门槛，创新管理手段，提高管理效率。甘肃智慧水利图像检测识别的应用场景试点，主要针对人员/车/船闯入、乱堆乱建、河面垃圾漂浮物、模拟量度量等，目标群体稀疏、样本随机、检测困难、精度难以保证的水利管理活动场景中。当前水利行业内的检测算法（包括算法的组合），主要集中在公共数据集的测试环节，是对检测结果的理论验证。而在真实场景中，由于现实场景和公共数据集的场景存在一定的差异性，模型在公共数据集上取得较优性能的同时，也要保证在甘肃智慧水利的现实场景中达到"检无遗漏"的效果。经过多次实验，最有效的方法就是添加实际场景的数据到公共训练集中同步训练。可以在可以获取少量真实数据的前提下使用"定区域复制—粘贴"的数据扩张方法进行真实数据补充。

1. 多场景通用目标检测模型

经过多次实验对比，选出几种较合适的算法进行组合来实现多场景通用目标检测。从模型结构到输出结果的后处理过程，相关的算法以及对应关系如图 8 – 4 所示。

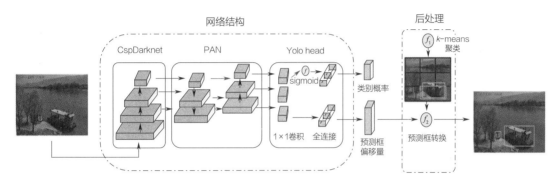

图 8 – 4　多场景通用目标检测模型算法原理图

首先，将图片重新定义尺寸为 640 × 640 × 3 像素，输入到检测模型中，使用 CspDarknet 模型进行特征提取。CspDarknet 在使用过程中去掉了原网络最后的池化层、全连接层以及 Softmax 层，保证了对特征进行超强表达的同时又避免了网络过深所引起的梯度消失的问题。然后，将 CspDarknet 生成的特征图送给金字塔注意力模型（Path Aggregated Network，PAN）。PAN 网络使用自顶向下和自底向上多尺度特征融合的手段，同时传达了强语义特征和强定位特征。再将 PAN 输出的特征图传给 Yolo 模型的 head 模块得到预测结果。模型的预测结果包括两部分：通过 sigmoid 函数获取每个预测框属于每个类别对应的概率值，以及预测框对应的偏移量 t_x、t_y、t_h、t_w，四个偏移量分别代表目标框的中心点坐标的偏移，以及高和宽的偏移。

通过 k-means 聚类方法生成锚框，将模型输出的偏移量转换成预测框。其中，x_a、y_a、w_a、h_a 分别对应锚框的中心点坐标以及宽和高，b_x、b_y、b_w、b_h 分别代表目标框的中心点坐标以及宽和高。

$$\begin{cases} b_x = t_x \times w_a + x_a \\ b_y = t_y \times h_a + y_a \\ b_w = e^{(t_w)} \times w_a \\ b_h = e^{(t_g)} \times h_a \end{cases}$$

转换完的预测框和锚框的数量相等，而检测的最优结果是一个目标对应一个目标框，所以我们设定阈值 score_thre 和 iou_thre 过滤预测框。score_thre 可以将概率值小于此值的预测框过滤；iou_thre 用于预测框的去重，计算预测框之间的交并比，将交并比大于此阈值的预测框过滤。通过两次过滤，可使得每个目标都会获得一个目标框。

在训练过程中，我们使用 focal loss 和 CIoU loss 进行模型训练，并采用多尺度的训练方式来提高模型的性能。针对训练数据，使用高斯模糊、镜像翻转、色彩抖动、伽马变换和 GridMask 在已有的数据上进行数据增广，以此来增加数据的多样性。

2. 定区域数据扩张

对于模型来说，无论使用什么数据变换方式，都不如增大数据量来提高模型的性能。然而，在甘肃水利项目中，一段时间内可以采集到的数据量有限，所以在有限数据的基础上，我们采用"定区域复制—粘贴"的方法引进新数据。2020 年，Golnaz Ghiasi 等人采用了随机复制的方法进行数据扩张：原图片与目标图片随机选择、原图片中复制的目标随机选择、粘贴的位置随机选择。这种随机复制的方法虽然可以简单、有效地提高数据量，但是对于某些特殊场景会存在不合理性。例如，在进行漂浮物的检测时，模型会把岸边的杂草误检成水草，如果再出现随机粘贴的漂浮物出现在岸上，则模型误检率会大大提高。所以在本书中，对粘贴的位置进行了限定。

如图 8 – 5 所示，在实际操作中我们先将一定数量包括目标的原图输入到 DeepLab v3 分割模型中，将所需的目标切割出来，进行多尺度放大或者缩小，然后将所有子图进行保存。采集现场大批量不同时间段的真实图像，将子图随机粘贴到采集的图像中，限制每幅图像上最多贴 5 个子图。此时，会生成一些不合理的数据，由于在同一场景下，监控摄像所获取的区域在一般情况下不会发生改变，所以通过对场景进行画绊线的方式进行区域限制。在摄像头的画面上通过描绘有限点构成一个封闭区域，并保存这些坐标点，然后设定绊线区域覆盖率 $\partial = 0.5$，计算子图在绊线区域内的面积 area。如果 area $> \partial$ 则子图保留，否则删除。

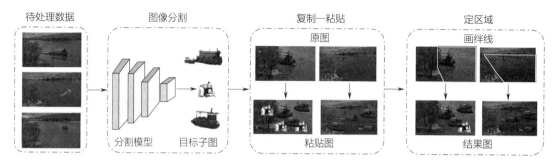

图 8 – 5　"定区域复制—粘贴"数据扩张方法原理图

3. 场景模型调度与应用

场景模型调度系统通过多场景的不同算法与计算资源的分层解耦，实现场景—算法—计算资源—调用的多线动态匹配，满足随机突发事件的多场景目标识别的监管需求。

模型调度包括算法管理、任务分配、计算资源调度和 API 总线等。

（1）算法管理　算法管理模块实现算法注册、计算模块注册、资源注册等管理功能，从而实现对各种算法模块的管理。

（2）任务分配　各算法模块进行注册之后，将在下达计算命令时按照需求提取相关计算资源，将生成的结构化数据或计算结果写入算法注册的输出中间件或者其依赖的固定资源。

（3）计算资源调度　任务分配根据制定的任务策略，将 CPU/GPU 等计算资源分配到不同的算法和引擎去执行计算任务。在容器服务的部署方式下，仍然能够实现 GPU 计算资源动态地被不同的算法和引擎进行调用。实现基于云边结合的超大规模视频分布式实时处理；实现大规模视觉计算的动态资源分配与任务规划；通过计算任务的动态流水调度，实现计算节点的负载最优，最大化计算资源利用率。具体包含异构计算调度、流水线分配调度、分布式异构计算资源调度。同时，调度系统可以提供资源在不同算法模块之间分配以及使用效率，进而为下一步优化资源分配和算法调度提供数据基础。

（4）API 总线　API 总线结合注册信息自动识别算法和引擎 API 的后台调用路径，通过数据封装与转译，实现多算法和引擎 API 的路由和动态调用。具体调用过程如下所示。

1）各个算法 API 在 API 总线进行注册。

2）应用层请求调用相关类型 API，传入相关参数到 API 总线。

3）API 总线根据参数内容与注册信息判断算法数据库。

4）调用相关算法 API 请求算法数据库的数据内容。

5）返回相关数据内容。

6）API 总线根据返回的数据内容进行数据加工与处理。

7）API 总线直接转发 API 请求的结果到应用层。

在甘肃智慧水利黄河干流白银段河湖试点中，基于智能平台的多场景视频识别分析能力，实现人员/车/船闯入、乱建乱采、垃圾堆放、河面漂浮物事件的自动准确识别，同时，与省级河湖长制信息管理系统实现数据、流程的有效衔接，为各级河湖长做决策、部门管理提供服务，为河湖的精细化管理提供有效支撑。

这一应用的成功落地，改变了传统视频"被动监控"和"智能硬件识别"的弊端。采用后端 AI 算法，一方面可以通过能力的复用来节约成本，另一方面可以通过在同一画面场景的多事件识别来提高时效。通过这一复用的 AI 算法，可以将当前全省各级的普通视频监控，在不更换设备的情况下，实现视频的智能分析和应用。这一技术成果的实现对于全省智慧水利科学研究与工程应用具有重要意义。

8.3 5G +智慧水利一张图

智慧水利一张图，采用"天地图"地理信息服务作为底图支撑，在水利部统一建设的"全国水利一张图"基础数据服务基础上，融合第一次水利普查成果及其他各类业务数据，汇集分散存储在不同区（县）、不同部门的水利地理信息数据，基于数据中台采集与数据处理，结合智慧中台的 AI 和大数据分析，提供综合统计分析功能，为全省提供基于二维/三维地图的水利可视化管理及分发交换服务，并进行地理信息服务能力扩展和个性化定制改造，构建甘肃智慧水利一张图，建立全国水利一张图与甘肃水利业务应用之间的数据联动更新机制，及时、持续、有效地更新水利基础数据、卫星遥感影像数据，融合水资源、水灾害、水环境、水生态、水利工程、水监督等业务数据，不断拓展涉水业务宽度，实现各类涉水业务数据的智能扩展和深度融合。在集成、调用应用中台一张图基础服务能力的基础上，建立动态构建复杂应用场景的强大能力，具备智慧推荐、智慧寻优的人工智能服务功能，是具有千人千面，智慧服务的水利一张图，如图 8 -6 所示。

智慧水利一张图具备以下特点，对各类业务提供服务。

1）一数一源。通过数据中台为一张图提供数据，融合各类应用数据，保障各种空间数据的唯一性、实时性，确保数据源唯一、服务唯一。

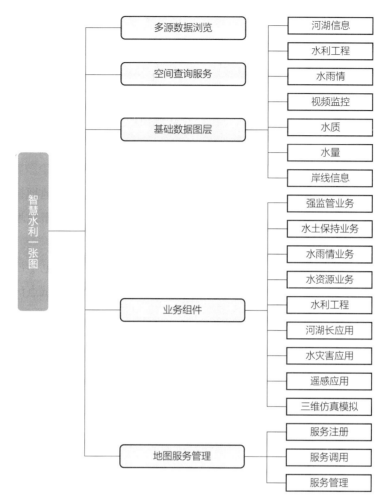

图 8 – 6　智慧水利一张图结构图

2）面向对象数据深度。空间要素通过"一个数据源一个 ID"规则建立与业务数据的逻辑管理，融合各种业务数据，打通工程数据、水灾害数据、水资源数据、水监督数据等数据之间的壁垒，以水利对象为核心，全面组织数据关系，全面掌握水利对象的动态。

3）场景动态化。以往建设的空间服务场景基本上都存在定制开发完成后场景不可改变的缺陷。但是业务是动态变化的，随着时间的推移、行业管理模式的改变、业务需求的改变等，均需要对场景动态化调整。因此，甘肃智慧水利一张图采用微服务与动态服务技术，提供场景按需随时动态构建功能。

4）千人千面。为每个用户提供各自关注的图层、重点业务、重点水利对象、重点统计成果等各类信息个性化定制，由"一数一源"规则保障信息的一致性。

8.3.1 整体架构

智慧水利一张图整体架构如图 8 – 7 所示。

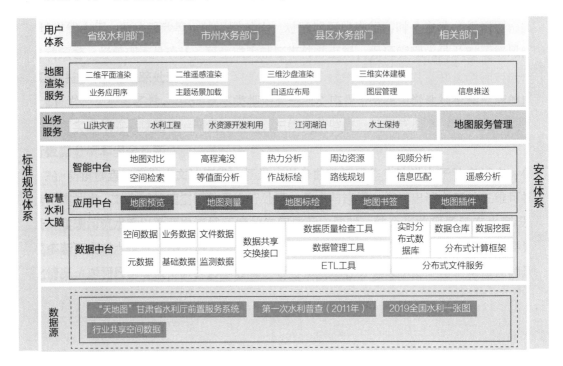

图 8 – 7 智慧水利一张图整体架构图

智慧水利一张图为省、市、县各级水利部门和直属机关的各类水利业务系统提供多维地图渲染、空间数据展现、空间计算分析能力。

系统遵循标准规范体系和安全体系进行建设，构建了数据源层、三中台、业务服务层、地图渲染服务层四层应用体系。

数据接入层依托数据中台体系，对接"天地图"甘肃省水利厅前置服务系统作为底图资源、第一次水利普查（2011）成果、"2019 全国水利一张图"、行业共享空间数据，共同形成一体化的空间数据资源池，为业务应用提供一套统一接口形式、统一访问控制的空间数据支撑。

应用中台对接底层空间数据资源提供的标准的空间数据接口，形成通用化的空间信息服务，为系统提供 GIS 基础支撑能力；智能中台的智能空间分析模块在基础 GIS 能力的基础上进行智能化分析处理，形成地图对比、高程淹没等标准通用化空间业务分析能力。

业务服务层以微服务技术为基础，重点将空间数据与业务数据、影像数据进行结合，进行各类属性、指标的统计与分析等业务计算和抽象，形成一套面向基础自然资源、山洪灾害、水利工程、水资源开发利用、江河湖泊、水土保持等业务维度的业务应用面板库，供各业务系统按需加载调用，是业务场景数据交互的功能核心。

地图渲染服务层结合业务服务层的业务应用面板体系、三中台的智能空间分析能力、数据源层的空间数据资源，形成面向业务应用及用户可见的地图渲染服务。提供二维平面渲染、二维遥感渲染、三维沙盘渲染、三维实体建模等地图交互能力；提供可拖曳编辑的业务应用库、按需主题场景加载、不同分辨率自适应布局、全局的图层管理服务和预警信息的实时推送服务，向上层应用提供动态场景的高效、快速构建功能。

地图服务管理负责面向整体系统，提供综合运维状态监管、地图服务资源管理和服务管控、基于综合的数据信息管理等。

8.3.2 业务组件

智慧水利一张图业务组件基于组件化的模式进行开发，以数据中台、应用中台、智能中台为数据与技术依托，各模块之间耦合性低，可以基于业务需求任意定制业务组件，体现了智慧水利的高扩展性和兼容性。

业务组件以业务线为单位，每个业务线中，包含多个业务应用场景，用户可根据权限及工作需要自由搭配通用业务组件，实现智慧水利一张图的个性化服务及千人千面展示效果。

8.3.3 地图服务

1. 服务注册

任何用户均可以进行地图服务的注册，包括基础数据图层服务以及业务应用服务。

（1）基础数据图层服务

1）新建图层。在基础数据图层服务注册中，用户可以新建图层。选择图层类型（点、线、面），再输入图层描述，即可完成图层的创建。

2）图层属性。为新建的图层添加图层属性。输入字段名、字段类型，设定字段长度，即可完成图层属性的添加。

3）数据采集。为新建的图层添加数据。可通过地图标绘、数据库链接、文本导入等方式，完成图层数据的获取。

4）数据展示。为新建的图层添加数据展示方式，包括序号图、标签图、聚合图、热力图等展现方式。

（2）业务应用服务　业务应用服务的注册方式和基础数据图层服务类似，选择主题、选择数据之间的关联关系和统计展现形式即可完成注册。

2. 服务审批与调用

（1）服务审批　任何用户均可进行服务注册，管理员可对提交注册的服务进行审批，审批通过后的地图服务将向业务应用提供服务。

（2）服务调用　各业务应用在已有的地图服务使用基础上，可对已发布的服务进行申请使用，管理员审批通过后，可调用该服务。

3. 服务管理

（1）发布管理　管理员可对已注册的服务进行对外发布管理。对外发布的服务可被各业务应用申请使用。

（2）服务用量统计　系统可对服务调用量进行统计，通过图表的方式展示各服务应用的调用次数。

8.4　5G＋智慧水利智能应用

8.4.1　取水许可电子证照试点应用

以政务云平台为基础，以电子政务服务网为载体，依托甘肃省政务服务一体化平台，实现电子证照的深度应用，同时规范取水许可业务办理流程，采用大数据、电子印章等新兴技术，建成便捷群众、创新业务、综合服务的甘肃省取水许可审批及电子证照应用系统，实现取水许可证相关业务在甘肃省（市、区）内和跨省份的"一网通办"，切实提高为民服务水平。取水许可电子证照试点应用部署架构图如图8-8所示。

1. 取水许可电子证照服务

取水许可电子证照是将取水许可证的基础关键要素进行电子化存储和展示的一种文件形式（OFD版式文件）。该证照依据国务院办公厅电子政务办公室颁布的《全国一体化在线政务服务平台电子证照取水许可证》标准，由水利部全国取水许可电子证照系统统一生

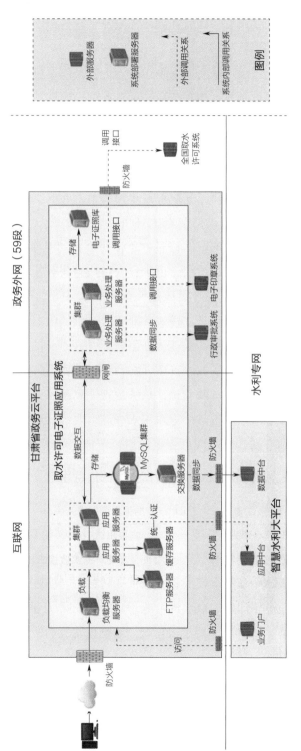

图 8 – 8 取水许可电子证照试点应用部署架构图

成。全省各级水利部门依托甘肃省一体化在线政务服务平台（以下简称"甘肃省一体化平台"）调用取水许可电子证照服务。

通过对接甘肃省一体化平台，全省取水单位或者个人可以通过甘肃省一体化平台移动端实现取水许可电子证照线上领取、事项变更、信息查询等操作。涉及水资源管理业务及政府规定的其他相关政务服务事项时，办事主体可调用一体化平台移动端或甘肃省取水许可电子证照系统移动端的取水许可证进行相关业务服务办理。

通过对接甘肃省政务服务网，企业和群众在政务大厅办事时，相关政府部门或经办机构可以通过调用一体化平台相关接口，获取取水单位或个人的取水许可电子证照，解决取水单位或个人办理有关业务时需多次提交取水许可证原件或复印件的问题。在大厅办事时，取水单位或个人可出示手机上的取水许可电子证照进行"亮证"，供工作人员视读核验；或者展示取水许可电子证照的二维码，由工作人员扫码获取其取水许可信息。

对甘肃省取水许可审批系统进行升级改造，做好取水许可电子证照信息的采集和存储，基于电子证照共享服务系统实现省、市、县跨层级、跨部门电子证照共享，强化取水许可电子证照系统安全保障。以电子证照作为办事提交材料的依据，不断完善取水许可电子证照的线上和线下服务功能，推动取水许可证在涉水建设项目管理、企业投资审批、工程建设、纳税申报、水权转让、水资源管理、执法监管等政务服务重点领域中的应用，不断提升政务服务效能。实现取水单位或个人取用水查询、取水计划实施提醒、取水许可证延续提醒、水资源费缴纳查询、取水许可变更或注销申请、取用水管理政策查询等服务，为群众提供基于取水许可电子证照的"不见面服务"，切实提高为民服务水平。

2. 取水许可电子印章服务

依托甘肃省一体化平台实现取水许可电子证照的电子印章的制作、发布、应用等服务。取水许可电子证照的电子印章的规格、式样等图像信息与实物印章保持一致，电子印章的使用审批流程参照实物印章的审批流程，经批准同意后方可进行签章。严格按照审批权限使用电子印章。加盖电子印章的取水许可电子证照，按照《全国一体化在线政务服务平台电子证照取水许可证》标准相关要求进行统一管理、发放和使用。

3. 取水许可管理平台

根据水利部关于取水许可相关标准要求和管理办法，结合甘肃实际业务需求，规划建设甘肃省取水许可管理平台，实现取水许可申请、办理、审批、核验、电子证照发放等全过程监管，依托甘肃省一体化平台实现与取水许可电子证照的无缝对接，与升级改造的取水许可审批系统进行互联互通，实现取水许可业务数据、统计分析数据、电子证照信息的省级统一管理，实现国家、省、市、县四级水利部门数据共享和业务协同。

取水许可管理平台的主要功能包括取水许可登记、取水许可管理、取水许可监督、取水许可统计分析等。

4. 取水许可移动平台

取水许可移动平台包括公众端和管理端两个版本。其中，公众端包括取水许可电子证照的申请、亮证，以及取水许可业务办理进度及结果查询、信息查询等功能，为取水单位和个人提供更加方便、快捷的业务办理和信息查询平台。管理端包括取水许可业务及时办理、审批、移动监督、移动核验等功能，提高了取水许可办理工作效率，压缩了业务工作办理时效，提高了各级水利部门取水许可管理和服务水平。

5. 自助打证

（1）自助打证系统　基于取水许可电子证照应用系统，依托自助打证平台，实现取水许可电子证照自助打印功能，为取水单位和个人提供快捷的证照打印、领取服务，减少排队，减轻政务大厅服务窗口压力。通过自助打证系统可以把最多跑一次变成零跑腿、零见面，让取水单位和个人不受时间和空间的限制就能办好取水许可证照，通过身份认证就可以自助打印证照，实现取水许可电子证照网上申请、网上受理、网上预审、网上查询和线下自助打印一站式服务。

（2）自助打证平台建设　按照国家及省、市关于持续深化推进"放管服"各项重点任务工作的要求，加快推进转变政府职能，提高政府服务效率和透明度，方便企业和群众办事，结合政务服务大厅的设置自助打证设备，进一步提升为民服务水利。

6. 数据管理

取水许可电子证照数据管理体系，由省级统建，市、县应用，包括数据采集、治理、共享交换等基础平台和取水许可相关的基础信息库、业务数据库、统计分析库、共享交换库等数据库的建设和管理，为取水许可管理平台、移动平台和与其他系统对接提供数据支撑服务。

7. 与水利部取水许可平台对接

甘肃省取水许可审批及电子证照应用系统需要与水利部取水许可审批平台进行对接，通过数据接口、数据导出/导入、手工填报等方式上报取水许可台账等内容。

甘肃省取水许可审批及电子证照应用系统与水利部取水许可审批平台的集成交互方式主要包括两种。

1）通过数据共享机制（服务调用、数据交换等）实现自动数据交互。

2）按照工作要求通过软件界面手工填报或数据导入/导出方式实现数据交互。

8. 与甘肃省政务网对接

甘肃省取水许可审批及电子证照应用系统与甘肃省政务服务网通过 Web 服务或前置库方式进行对接，实现以政务服务网为网上办事大厅前台，取水许可及电子证照发放等管理为后台的惠民、便民取水许可政务服务，实现取水单位或个人取用水查询、取水计划实施提醒、取水许可证延续提醒、水资源费缴纳查询、取水许可变更或注销申请、取用水管理政策查询等服务，为群众提供基于取水许可电子证照的"不见面服务"，切实提高为民服务水平。

9. 与甘肃省智慧水利水资源应用的对接

通过对接取水许可审批及电子证照应用系统的对接，实现信息同步，包括取水用户取水申请信息、电子证照审批信息、电子证照打印信息等。

8.4.2 智慧河湖试点应用

智慧河湖试点应用，选取一处黄河敏感区域作为试点。充分利用大数据、物联网、人工智能等先进技术，完善和增加平台现有功能，提升大数据分析能力并建立数据模型，借助视频结构化分析和遥感影像数据对比、无人机巡河等先进手段，及时收集、汇总、分析、处理地理空间信息和其他监测监控信息及事件信息，为各级河长做决策和部门管理提供服务，为河湖的精细化管理提供数据支撑。智慧河湖试点应用整体架构图如图 8-9 所示。

1. 整体架构

智慧河湖试点应用整体架构包括数据源层、智慧水利大脑层（三中台）、智慧水利应用层，为上层用户提供可视化、定制化服务。

1）数据源层。包括视频监控数据、AI 识别数据、河湖四乱数据、遥感数据、无人机数据、涉河事件、事件处理数据等。

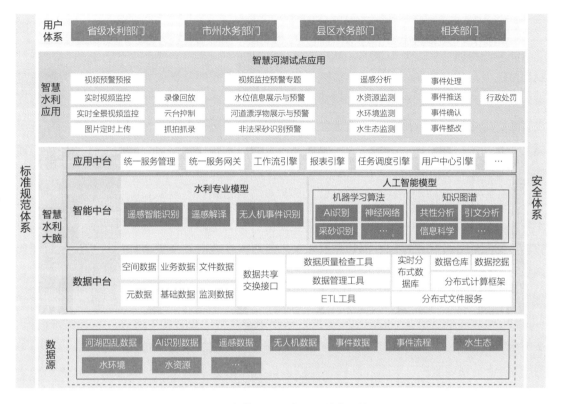

图 8 - 9　智慧河湖试点应用整体架构图

2）数据中台。通过汇集各类数据，经过数据清洗、数据比对整合、数据加工、数据融合等手段，制定统一的数据标准，形成统一的数据资产，提供统一的数据服务、自动化和标准化数据共享服务。

3）应用中台。以数据为抓手，基于微服务架构技术，为智慧河湖试点应用提供统一认证、报表统计、GIS 服务、规则引擎、移动应用、报表分析等基础组件，提高功能组件的复用性，便于快速开展新业务。

4）智能中台。依托知识图谱库建立数据预处理、机器学习算法、AI 识别等能力之间的关系，实现河湖事件智能预警分析、水域管理动态识别、辅助决策、迭代优化的业务数据分析需求。

5）智慧水利应用层。智慧河湖试点应用以智慧水利应用需求为导向，提供视频预警预报、遥感分析、无人机巡河、事件处理等功能，提高智慧河湖的智能化应用水平。

2. 关键技术

由于河道面积广、地形复杂、分布区域广阔等原因，监控管理难度很大，现通过现有视频监控点位的合理利用，将智能监控摄像头采集到的视频数据，经由智慧水利大脑进行大数据分析和 AI 智能分析后，将河湖实时、动态的监测分析结果以及相关预警预报信息在智慧应用中进行综合展示，增加管理部门获取河湖动态数据的途径，并配合现场复查形成互补互利的河湖治理战略布局，使管理部门及时、有效地掌握河湖治理的各项任务开展情况及相关事件处理情况。

智慧河湖视频预报预警提供包括水位信息展示与预警、河道漂浮物展示与预警、非法采砂识别与预警、重要水利工程非法入侵等场景。预警信息自动生成事件信息，发送给对应辖区的河长办及相关单位，河长办及相关人员可以在接收到预警事件后进一步做后续处理及跟踪。

（1）视频监控预警设计

1）结合智慧河湖视频监控应用需要，视频预警预报应包含如下内容：实时视频监控、实时全景视频监控、图片定时上传、录像回放、云台控制、抓拍抓录。

2）全景视频监控。采用全景视频监控系统，可以实现一个全景摄像机实时采集全景画面，大大加强应急事件的处理、查看和响应能力。通过一体化环形全景摄像机以实现监控，同时可提供多个高清无畸变局部图像，有效地解决了传统监控方案中存在的问题和弊端。

（2）视频监控预警专题

1）水位信息展示与预警。通过 AI 智能分析能力，进行河水水位的数值分析，并将水位监测结果通过文字描述、图片展示等方式进行呈现。同时，系统可通过预定的水位风险阈值进行判断，实现水位风险自动预警，并将水位风险预警信息以文字描述、图片和视频等形式自动生成事件信息。从而，河长办及相关单位可及时得到水位风险预警事件信息，并进行进一步的处理。

2）河道漂浮物展示与预警。通过 AI 智能分析能力，进行河道漂浮物的自动识别，并将识别的结果通过文字描述、图片、视频等形式进行呈现。同时，系统可通过预设的河道漂浮物的风险报警规则，自动判断生成河道漂浮物的风险信息，并将疑似河道漂浮物风险信息以文字描述、图片和视频等形式，自动生成事件信息，以做进一步处理。

3）非法采砂识别预警。通过 AI 智能分析能力，对河道疑似非法采砂的船只或相关行为进行自动识别与报警。同时，系统可将疑似非法采砂预警的风险信息以文字描述、图片和视频等形式，自动生成事件信息，以做进一步处理。

（3）遥感分析　通过历次遥感影像对比分析，生成的各类遥感监测及分析数据等相关成果，在智慧河湖试点应用中进行综合应用及展示，保障相关管理部门全面、及时地了解辖区内地表水资源、水环境及水生态的整体概况及变化情况，为各级用户开展河湖治理和相关管理工作提供有力依据。

（4）无人机巡河　通过无人机巡河，实现巡河高清视频的实时回传。无人机可预设巡航路线，从而实现自动巡航，使用户能够直观、快速地对河湖进行感知，精准识别涉河事件信息，并进行快速响应。同时，系统还支持历史巡河视频的回放，包括巡河轨迹、巡河事件、巡河报告的查看。

（5）事件处理

1）事件推送。基于视频识别、遥感分析、无人机巡查、人工巡查等手段发现疑似违法事件，系统自动形成疑似事件记录，包括事件发生的时间、位置、所属河流、事件类型、图片等各类信息，然后自动推送给河流对应的河长。

2）事件确认。河长收到系统自动推送的事件记录后，可前往现场进行事件核查确认，包括河流水质污染、"四乱"、河岸变迁、非法采砂、违规取水、水土流失等涉河事件。系统支持对现场核查情况的记录，对有效事件进行确认。经确认的事件，河长可将事件转至相关责任单位进行落实。

3）事件整改。对于河长现场确认的有效事件，系统自动生成事件问题整改台账，同时对于事件进行溯源分析，确定污染源或违法生产的企业或个人，下达整改通知书，明确整改内容及时限。对于整改结果进行复核确认，经确认满足整改要求的事件系统将进行自动销号处理。

4）行政处罚。基于涉河事件的性质以及严重程度，水行政执法部门可对违法企业或个人进行行政处罚，处罚内容及过程完全透明化、公开化。

8.4.3　淤地坝监测管理试点应用

目前，甘肃省内的淤地坝监测方法较少。传统的淤地坝监测方法往往需要借助大量的人力、物力，且缺乏连续性和时效性，在淤地坝易发生险情的强降雨条件下，不能实时、准确地预警淤地坝安全隐患。及时、高效开展淤地坝运行期监测和应急处理，确保淤地坝防汛安全，是全面提升淤地坝监管水平的有力手段，也是黄河流域生态保护和高质量发展的基础保障措施。

甘肃智慧水利淤地坝信息管理系统为试点项目，在54座三类坝中选取9座骨干坝作为试点，为后续全省淤地坝工程的信息化管理建设提供依据，如图8－10所示。

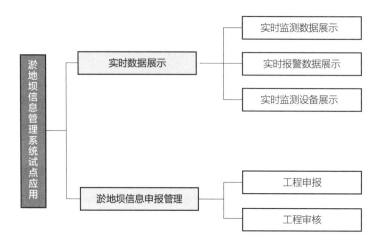

图8－10　淤地坝信息管理试点应用功能结构图

1. 整体架构

淤地坝信息管理试点应用整体架构如图8－11所示。

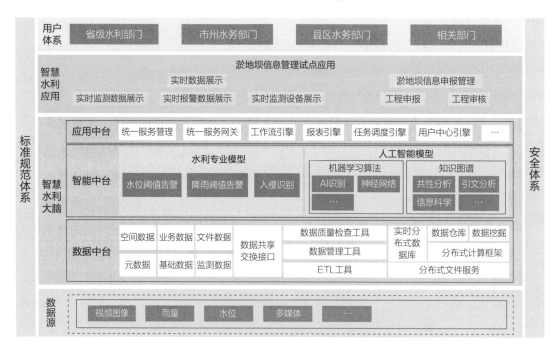

图8－11　淤地坝信息管理试点应用整体架构图

淤地坝信息管理试点应用整体架构包括数据源层、智慧水利大脑层、智慧水利应用层，为上层用户提供可视化、定制化服务。

1）数据源层。包括视频图像数据、雨量数据、水位数据、多媒体数据等。

2）数据中台。通过汇集各类数据，经过数据清洗、数据比对整合、数据加工、数据融合等手段，制定统一的数据标准，形成统一的数据资产，提供统一的数据服务、自动化和标准化数据共享服务。

3）应用中台。以数据为抓手，基于微服务架构技术，为淤地坝信息管理试点应用提供统一认证、报表统计、GIS 服务、规则引擎、移动应用、报表分析等基础组件，提高功能组件的复用性，便于快速开展新业务。

4）智能中台。依托知识图谱库建立数据预处理、机器学习算法、AI 识别等能力之间的关系，实现淤地坝事件智能预警分析、入侵识别分析，迭代优化的业务数据分析需求。

5）智慧水利应用层。淤地坝信息管理试点应用以智慧水利应用需求为导向，提供实时监测数据展示、实时报警数据展示、实时监测设备展示、工程申报、工程审核等功能，提高淤地坝信息管理的智能化应用水平。

2. 详细设计

（1）设计思想　建设淤地坝监测预警系统软件架构按照以关键需求为基准，通过全面认识需求、多立场且多角度探寻架构、尽早验证架构的思路进行设计。

1）让关键需求决定架构。关键需求决定架构有两个方面的含义：一方面，功能需求与非功能需求数量众多，应该控制架构设计时需要详细分析的用例个数；另一方面，不同非功能需求之间往往具有相互制约性，应该权衡非功能需求之间的关系，找到影响架构的重点非功能需求。关键需求决定架构的策略有利于集中精力深入分析最为重要的需求。当架构工程师把全部精力扑在相对较少的关键需求上时，可以更为深入地分析这些需求，有利于得到透彻的认识，从而设计出合理的架构。

2）全面认识需求。这就需要使用思维的发散与收敛原则，全面认识需求，分析所有需求之间的因果关系，特别是与软件系统的目的、目标及核心业务间的因果关系。

3）多立场、多视角探寻架构。一次只从某一立场、某一视角出发围绕少数概念和技术展开，并分析与其他部分、其他立场视角分析结果的关系与影响。

4）尽早验证架构。架构设计是现代软件开发中最为关键的一环，架构设计是否合理将直接影响软件系统最终是否成功。毕竟软件架构中包含了关于如何构建软件系统的一些最重要的设计决策，而这些决策能否使最终开发出来的软件系统满足预期要求，都是悬而未决的重大风险，因此必须尽早验证架构。

（2）技术架构　淤地坝监测预警系统技术架构设计图如图 8-12 所示，总体架构采用微服务及前后端分离的模式。服务单体通过业务分类、计算及存储资源分类、共享通用分类三个维度进行拆分。整个底层存储采用关系型数据库 MySQL 与 NoSQL 数据库（主要包括 Hadoop 及 HBase）结合的方式，在存储层之上采用 Redis 缓存，供业务系统调用；应用层中服务治理采用 Nacos 进行服务的注册与发现；用户单点登录及鉴权统一集成到云粒服务中台；负载层采用 Gateway 实现统一路由供客户端调用。

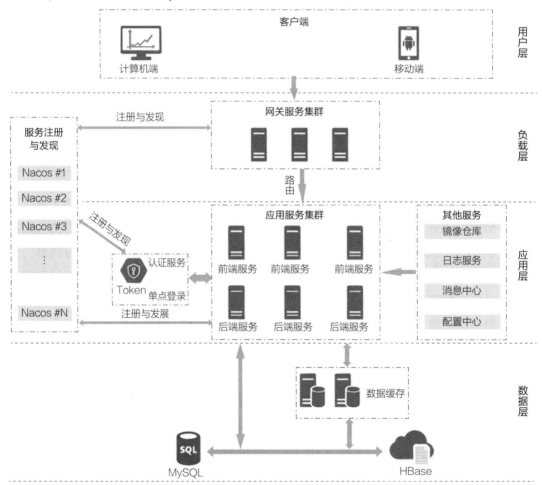

图 8-12　淤地坝监测预警系统技术架构设计图

（3）软件体系结构概述　该系统包括淤地坝监测预警系统实时数据展示系统、淤地坝信息申报管理系统。实时数据展示主要包括综合监测、报警数据、监测设备等功能；淤地坝信息申报管理主要包括工程申报、工程总览等功能模块。

（4）数据库设计说明　数据库设计原则如下：

1）以需求为导向，以数据为基础。数据库的建设是以满足甘肃省水土保持信息化建设项目的功能需求为主，即以满足数据的采集、处理、交换、共享、多角度查询处理为主，同时兼顾历史数据的清查整理。

2）统一规划，分步实施。数据库体系建设内容有轻重缓急之分，各项建设任务互相管理、互相影响。如果不经详细规划而轻率进行，势必因各项资源配备不足而导致混乱甚至返工。因此，必须将各项建设任务理出头绪，找出其中的规律，按照科学合理的节奏分步骤进行，才能充分保证数据库建设的有效性。

3）遵循标准，规范流程。统一规划下的分步实施必须有充分的标准化基础作保障，否则各单项任务建设后的集成工作难以进行。对于流程、数据、应用技术的标准化工作，应该在系统建设前进行；各应用系统除了遵循硬件平台、网络平台的支撑标准外，还应严格遵守流程、数据、应用技术标准，以保证系统间结合的流畅。

4）迭代法开发。采用迭代式的方法来开发和建设数据应用体系，即首先选择最核心的内容开发和部署一个满足最基本需求的功能原型。在原型的基础上根据反馈信息和业务的发展，不断总结经验，扩展数据源，不断丰富原型内容完善功能。

（5）数据库设计规范　数据库命名规范总体只采用英文命名的方式，不允许使用中文命名，在创建下拉菜单、列表、报表时按照英文字母排序。不能使用毫不相干的单词来命名，当一个单词不能表达对象含义时，用词组组合，如果组合太长时，采用简写或缩写，缩写要基本能表达原单词的意义。当出现对象名重名时，是不同类型对象的，加类型前缀或后缀以示区别。

3. 系统模块设计

水土保持数据采集体系包括监测点径流泥沙自动化监测数据接入、监测点视频监控数据接入、淤地坝安全自动化监测、水土保持监督监测信息移动采集等四个组成部分。

监测点径流泥沙自动化监测数据、监测点视频监控数据、淤地坝安全自动化监测数据、水土保持监督监测信息移动采集数据将统一通过甘肃省水利数据共享交换平台接入甘肃省水利厅综合业务数据库。

（1）实时数据展示系统

1）系统概述。淤地坝实时数据展示系统接入淤地坝实时监测数据，对于超预警雨量、水位等进行预警。各级用户通过本系统可直观地浏览本级管理范围内的淤地坝情况，包括淤地坝监测站点监测数据、位置、基本信息等。

2）系统组成。实时数据展示系统包括综合监测、报警数据、监测设备三个模块。

（2）综合监测模块

1）模块概述。综合监测模块接入淤地坝监测点监测设备监测的数据，对水位、雨量、视频、全景照片等信息进行综合展示。

2）功能列表。系统管理员功能列表见表8-6。

表8-6 综合监测模块系统管理员功能列表

序号	功能模块	功能类别
1	综合监测	地图上直观地展示淤地坝所在位置及监测设备位置
2		指针移入显示监测设备信息
3		指针移入显示淤地坝概要信息
4		单击显示淤地坝基本信息
5		以不同颜色区分淤地坝监测情况
6		单击放大按钮可以放大地图
7		单击缩小按钮可以缩小地图
8		单击淤地坝则缩放到淤地坝局部地图
9		按行政区展示淤地坝数量统计信息
10		按工程等级展示统计信息

（3）报警数据模块

1）模块概述。报警数据模块通过设置水位、雨量等阈值进行实时报警数据展示，根据报警时间周期、报警等级进行报警信息查询。

2）功能列表。系统管理员功能列表见表8-7。

表8-7 报警数据模块系统管理员功能列表

序号	功能模块	功能类别
1	报警数据	报警数据查询、查看、处理

（4）监测设备模块

1）模块概述。监测设备模块按设备类型展示统计信息、按设备状态展示监测设备状态信息。

2）功能列表。系统管理员功能列表见表8-8。

表8-8 监测设备模块系统管理员功能列表

序号	功能模块	功能类别
1	监测设备	监测设备添加、删除，基本信息编辑

（5）申报信息管理系统

1）系统概述。淤地坝信息申报管理系统实现对淤地坝工程创建、工程信息录入、工程申报、工程信息审核。

2）系统组成。申报信息管理系统包括工程申报、工程总览两个模块。

3）系统流程。申报信息管理系统的流程如图 8 – 13 所示。

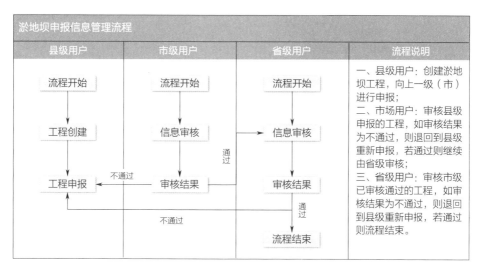

图 8 – 13　申报信息管理系统的流程

8.4.4　防洪沙盘试点应用

以防洪沙盘全域电子地图原始数据、卫星高程影像及地理空间数据为基础，构建舟曲某河段全域立体电子沙盘。在全域沙盘中，集成河流水系及两岸流域环境的三维空间地理信息，以及水文与洪水、工程及其调度规则、社会经济和洪涝灾害资料等信息，实现基于实时数据的实时水情和基于模拟数值的预测水情的防洪效果可视化，为用户提供实景化的沙盘作战服务，提高防洪的管理决策水平。

1. 整体架构

防洪沙盘试点应用整体架构图如图 8 – 14 所示。

防洪沙盘试点应用整体架构包括数据源层、智慧水利大脑层、智慧水利应用层，为上层用户提供可视化、定制化服务。

1）数据源层。包括视频监控数据、雨情数据、河道水情、水库水情、气象数据、历史洪水数据、预报数据、事件数据、模型参数等。

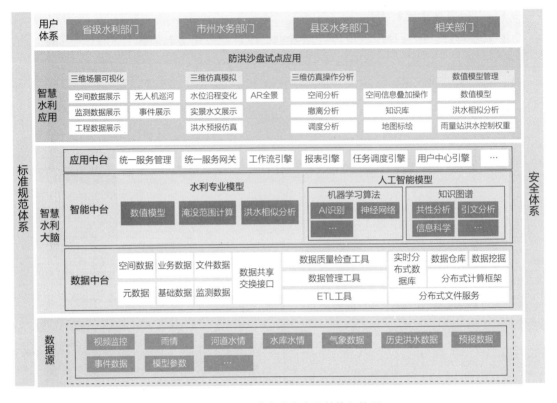

图 8 – 14 防洪沙盘试点应用整体架构图

2）数据中台。通过汇集各类数据，经过数据清洗、数据比对整合、数据加工、数据融合等手段，制定统一的数据标准，形成统一的数据资产，提供统一的数据服务、自动化和标准化数据共享服务。

3）应用中台。以数据为抓手，基于微服务架构技术，为防洪沙盘试点应用提供统一认证、报表统计、GIS 服务、规则引擎、移动应用、报表分析等基础组件，提高功能组件的复用性，便于快速开展新业务。

4）智能中台。依托知识图谱库建立数据预处理、机器学习算法、AI 识别等能力、数值模型之间的关系，实现洪水预报、淹没范围分析、淹没演进仿真等迭代优化的业务数据分析需求。

5）智慧水利应用层。防洪沙盘试点应用以智慧水利应用需求为导向，提供三维场景可视化、三维仿真模拟、三维仿真操作分析、数值模型管理等功能，提高防洪沙盘的智能化应用水平。

2. 实时监测模块

登录舟曲电子防洪沙盘系统后，单击上方的"实时监测"按钮将会显示实时监测模块，如图 8 – 15 所示，包含的详细功能面板。

图 8 – 15　实时监测首页

界面左侧一列都是监测数据，分别是"舟曲水文站水情""四大水电站下泄流量"和两路监控视频。舟曲水文站水情如图 8 – 16 示，接入舟曲水文站每天上午 8 时上报的水位、流量数据。四大水电站下泄流量如图 8 – 17 示，接入白龙江干流的锁儿头水电站、大立节水电站、凉风壳水电站、代古寺水电站的引水流量数据。两路监控视频如图 8 – 18 所示，默认显示舟曲水文站监控视频，单击弹窗右上角的下拉按钮，可以切换不同路的监控。

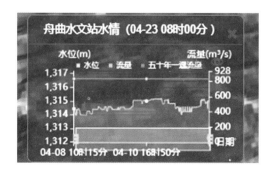

图 8 – 16　舟曲水文站水情

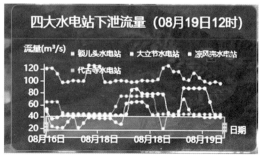

图 8 – 17　四大水电站下泄流量

图 8 – 18　两路监控视频

　　界面右侧一列全部都是预测数据，分别是"舟曲县未来十天降雨（最大 3h）"、四个小流域出口流量以及黑水沟到锁儿头流量。"未来十天降雨（最大 3h）"弹窗如图 8 – 19 所示，单击弹窗右上角的下拉按钮，选择不同的流域，则显示不同流域未来十天（最大 3h）降雨量。四个小流域出口流量如图 8 – 20 和图 8 – 21 所示，单击弹窗右上方的下拉列表框可以选择不同的日期和不同的流域出口断面，预测未来 12h 的流域的出口断面的流量。黑水沟到锁儿头流量弹窗如图 8 – 22 所示，预测锁儿头流域出口断面未来 12h 的流量过程。

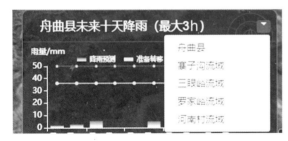

图 8 – 19　舟曲县未来十天降雨（最大 3h）

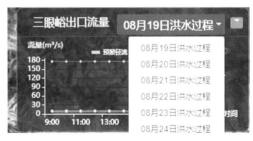

图 8 – 20　四个小流域出口流量
（选择不同时间）

图 8 – 21　四个小流域出口流量
（选择不同小流域）

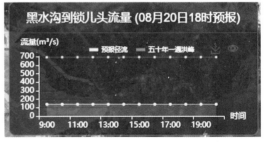

图 8 – 22　黑水沟到锁儿头流量

3.预测预报模块

（1）预测预报　进入系统，在系统首页可以看见"预测预报"功能模块，单击"预测预报"按钮，跳转到预测预报界面，如图8－23所示。

图8－23　预测预报界面

（2）流域降雨预报　单击"降雨预报"按钮，跳转到降雨预报模块。

在降雨预报模块，集中显示龙江干流流域（黑水沟到锁儿头水电站、寨子沟流域、三眼峪流域、罗家峪流域和河南沟流域）未来十天最大3h降雨，如图8－24所示。

图8－24　降雨预报界面

（3）流域关键断面径流预报　单击"流域预报"按钮，跳转到径流预报模块。

在"径流预报"功能模块，对锁儿头上游流域出口断面、寨子沟流域出口断面、三眼峪流域出口断面、罗家峪流域出口断面和河南沟流域出口断面的未来 12h 的流量进行集中展示。

（4）一维河道模拟　单击"一维河道模拟"按钮，跳转到一维河道模拟模块。

在一维河道模拟模块，有 16 个不同的河道关键断面可选择，集中展示选中的关键断面的水位、流量、流速，并且在下方功能框中展示河道的纵剖面图，显示河底高程、左右案堤防的高程以及水面线，如图 8-25 所示。

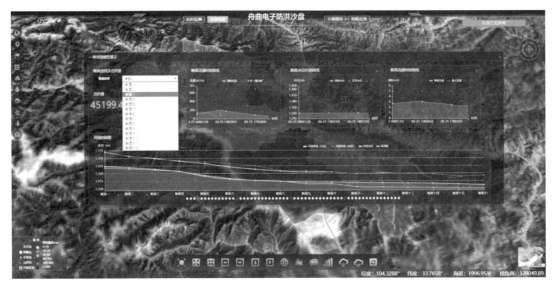

图 8-25　一维河道模拟界面

（5）洪水相似性分析　单击"洪水相似性分析"按钮，跳转到洪水相似性分析模块。

在洪水相似性分析模块，可选择不同的历史场次洪水，选择预测数据或者实测数据进行洪水相似性分析，输出两场洪水的相似性，如图 8-26 所示。

4. 灾情模拟

进入系统，在系统首页可以看见灾情模拟功能模块，如图 8-27 所示。

（1）选择灾情类型　进入系统首页后，单击"灾情模拟"按钮，会出现选择灾情的弹窗，洪水淹没分析、自定义推演、自动实时工况推演分别是三种极端灾情的模拟，三个按键均会触发相应的灾情模拟。

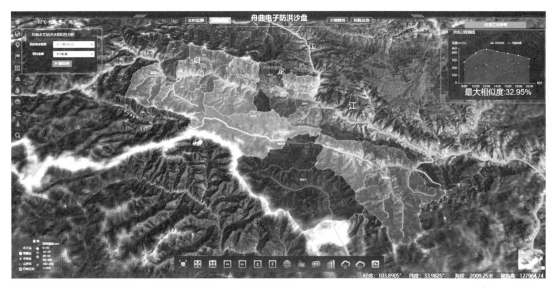

图 8 - 26　洪水相似性分析界面

图 8 - 27　系统首页灾情模拟功能

（2）洪水淹没分析　单击"洪水淹没分析"按钮，跳转至洪水淹没分析界面。此界面主要是舟曲老城区致灾因子的设置。设置开始时间和结束时间，选择区间降雨的数据来源，设置白龙江来水和支流来水。

1）在地质灾害数据弹窗选择"无地质灾害"，单击"灾情模拟"按钮，会出现如图 8 - 28 所示的界面，分析洪水淹没情况。

图 8-28　洪水淹没分析界面

单击"仿真模拟"按钮，会出现如图 8-29 所示的洪水实时淹没效果的界面；单击"数值模拟"按钮，出现如图 8-30 所示的界面。实时模拟此类灾害会怎么发生，水会淹到哪里，哪些房屋会被淹，这是根据独家自创的水动力学模型计算的结果进行的三维可视化，中间的进度条可以快进也可以回放，有利于应急部门制定相应的方案。

图 8-29　无地质灾害洪水仿真模拟

图 8 – 30　无地质灾害洪水数值模拟

2）在地质灾害数据弹窗选择"历史泥石流"。如图 8 – 31 所示，单击"灾情模拟"按钮，分析洪水淹没情况。

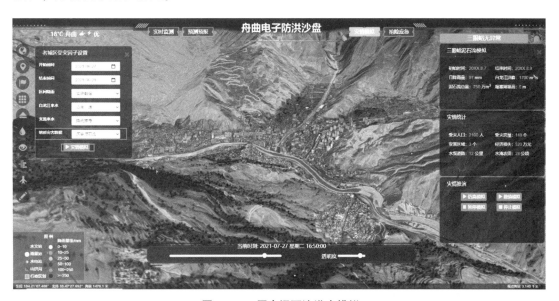

图 8 – 31　历史泥石流洪水模拟

（3）自定义推演　在灾情模拟模块的弹窗中单击"自定义推演"按钮，将进入白龙江城区自定义推演功能，如图 8 – 32 所示。

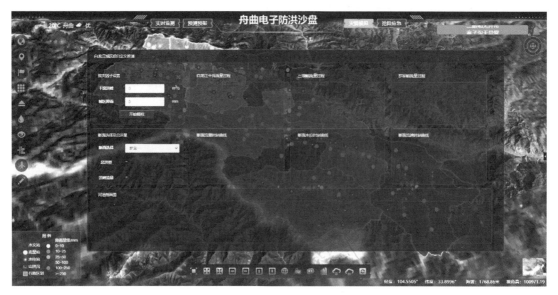

图 8 – 32　白龙江城区自定义推演功能界面

在弹窗设置致灾因子参数，单击开始模拟按钮，将展示白龙江干流、三眼峪、罗家峪断面流量、断面水位、断面流速时刻曲线图和河道剖面水位线图，如图 8 – 33 所示。

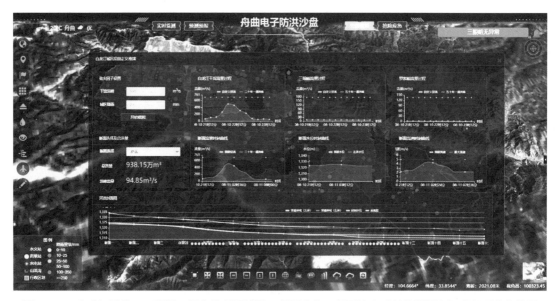

图 8 – 33　白龙江干流、三眼峪、罗家峪断面流量、断面水位、断面流速时刻曲线图和河道剖面水位线图

（4）自动实况推演　在灾情模拟模块的弹窗中单击"自动实况推演"按钮，将进入自动实况推演功能，如图 8 – 34 和图 8 – 35 所示。在界面右侧，显示从数据库中最新获取

的预报起始时间，将连续推演之后 12h 内白龙江干流舟曲老城区段 14 个断面的水位，每 12min 一组值。三维场景中展示的与预报起始时间相对应的当前时刻白龙江干流舟曲老城区段 14 个断面的水位值。界面底部是开始推演、暂停推演、退出推演控制功能按钮。

图 8 - 34　自动实况推演功能界面

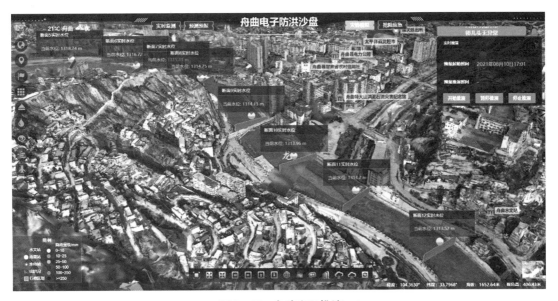

图 8 - 35　自动实况推演

单击"开始推演"按钮，依次动态展示 12h 内，以 12min 为间隔的河道水位值，共 60 组数据，如图 8-36 所示。

图 8-36　依次动态展示 12h 内，以 12min 为间隔的河道水位值

5.抢险应急模块

（1）抢险应急　用户登录后，进入系统，在系统上方导航栏可以看到"抢险功能"模块，如图 8-37 所示。

图 8-37　抢险功能界面

单击"抢险应急"按钮，进入抢险应急界面，如图 8 - 38 所示。

图 8 - 38 抢险应急界面

（2）洪水危险性分析 单击"灾情情景选择"按钮，可以在弹窗中选择灾害的类型，包括"泥石流""坝堤溃决""山洪暴雨"三种灾害类型，如图 8 - 39 所示。

图 8 - 39 灾害类型选择

选择灾害类型之后，在弹窗下方有四个功能按钮，分别为"最大淹没范围""洪水最大流速""洪水到达时间"和"洪水淹没历时"，单击不同的按钮，输出对应的结果，如图 8 - 40 所示。

图 8 – 40　依次单击"最大淹没范围""洪水最大流速""洪水到达时间"
"洪水淹没历时"按钮，输出的对应结果

（3）损失统计　在"损失统计"选项区域中含有两个按钮，分别是"受威胁居民地"和"水毁交通道路"，单击不同的按钮，输出对应的结果，如图 8 – 41 所示。

图 8 – 41　依次单击"受威胁居民地""水毁交通道路"按钮，输出的对应结果

（4）避险路径分析　在"避险路径分析"选项区域中，包含"集结地分析""转移目的分析""避险道路规划"和"物资配置"四个按钮，单击不同的按钮，输出对应的内容，如图 8 - 42 所示。

图 8 - 42　避险路径分析输出的内容

8.4.5　山洪灾害监测预报系统试点应用

1. 总体架构

系统根据山洪灾害防御管理职责，省、市和县三级用户的山洪灾害监测预报功能有所侧重，与其他防汛抗旱业务系统互为支撑、互为补充。

该系统的主要包括流域划分及特征参数提取、多目标关联体系建设、风险体系指标建设、预警信息发布服务体系建设、山洪灾害监测平台升级、调查评价成果基础和拓展应用、风险综合分析体系建设等模块。

在省级，建设和部署服务于全省各级防汛机构和社会公众的山洪灾害监测预报预警平台，平台兼具目前省、市、县、乡平台的各项功能，提高动态监管能力和社会服务水平。

在不改变现有的山洪灾害管理体制和责任体制的前提下，在数据同步共享上进行优化，在预警模式和技术方法上进行升级和规范，采用分布式水文模型，实现山洪灾害动态预警和预报预警，逐步由监测预警向精细化预报预警转变，进一步提升甘肃省山洪灾害监测预报预警及公众服务水平，增强甘肃省山洪灾害预报预警能力。

本系统共分为七个模块，模块名称和程序单元名称如下。

1）流域划分及特征参数提取：小流域划分；流域特征值信息提取。

2）多目标关联体系建设。

3）风险指标体系建设：降雨量风险指标；河道风险指标；水库风险指标。

4）预警信息发布服务体系建设：风险预警信息；预警政区统计；预警服务对象；预警服务方式。

5）山洪灾害监测平台升级：山洪灾害"一张图"综合管理；汛情监视；气象信息；山洪风险；综合预警；值班管理；统计报表；调查评价；系统管理。

6）调查评价成果基础和拓展应用：调查评价成果应用；调查评价成果图。

7）风险综合分析体系建设：实时监测预警；山洪动态雨量风险预警；洪水预报风险预警；气象风险分析预警。

2. 流域划分及特征参数提取

（1）小流域划分　采用高精度 DEM 数据进行甘肃省小流域划分，流域划分范围包括甘肃省全省 14 个市（州）、兰州新区，涉及黄河流域水系（包括庄浪河、大夏河、洮河、湟水、渭河、泾河和北洛河）、长江流域水系（嘉陵江）、内陆河流域（石羊河、黑河、疏勒河及苏干湖）。总面积约 $41 \times 10^4 \text{km}^2$，子流域数量约 18000 多个。

流域划分包括对洼地的处理、平坦区域的处理、水流方法的确定、流域排水网格的确定、流域界线的确定、子流域出口的确定、网格上游汇水面积、河网确定、伪河道及水库的处理以及拓扑关系修正等内容。

（2）流域特征信息提取　对于甘肃省全省 18000 多个小流域，提取 4 大类 20 子类共计 50 多项特征信息，用于模型分析计算，主要包括以下内容。

1）流域基本属性包括小流域面积、流域出口断面以上集水面积小流域周长、形心位置与高程、出口点位置与高程、最高点高程、最低点高程、流域平均高程、流域平均坡度、最长汇流路径、最长汇流路径的比降、流域形状系数。

2）单位线属性包括分析流域形心到河道出口的距离，生成 Snyder 单位线；最长汇流路径的 10% ~85% 间的平均坡度，生成 Espey 综合单位线；统计每个网格点到流域出口的汇流时间，针对 6 种降雨级别（小雨、中雨、大雨、暴雨、大暴雨、特大暴雨）生成相应的地貌单位线。

3）下垫面属性包括种不同土壤分布情况、不同类型土地利用情况。

4）河段基本属性包括子流域河段长、子流域河段比降、子流域入流河口位置及高程。

流域划分及特征参数提取的具体功能点如下所示。

1）对洼地的处理。利用滤波平滑处理方法对 DEM 数据进行消洼处理，先将洼地逐步垫高成为平地，然后寻找出与具有流向的网格单元相邻的那些网格单元，再确定这些网格单元的流向，重复进行，直到所有平地网格确定流向后，进行填平处理，最后调整集水面积，洼地处理完毕。

2）对平台区域的处理。在添加的 DEM 数据确定高程后，对数据中的高台、平台区域进行平地化处理。确定该断面范围后，对断面中的高台找平，调整高度，对平台进行找平处理。

3）水流方向确定。以洼地网格为中心，将 DEM 数据平面划分 8 个方向，确定水流方向。

4）流域排水网络确定。根据 DEM 数据高程值来确定流域排水网格范围，高程值相等的为同一个流水网格。

5）流域界限确定。在等高线图上，找出山脊山谷。山脊山谷均可以作为河流的分水岭，以此来确定流域界限。

6）子流域出口确定。三维地形表面流水数字模拟法通过分析流水的运动情况提取山脊线，根据山脊线来找出并确定子流域出口。

7）计算上游汇水面积。先根据水流方向计算每个点的汇流累积量，并根据汇流累积值及其变化规律曲线，确定合水线，找出各合水线区域边界，计算上游汇水面积。

8）河网确定。根据 DEM 数据高程值确定河网区域界线。

9）"伪河道"及水库的处理。在 DEM 数据中，截取非河流数据，最后拼接完整的河流数据。

10）空间拓扑关系修正。基于空间拓扑分析方法，建立河段、村庄、水利工程、监测站点、视频站点、风险区的多维关联结构；建立起降雨—洪水—村落—（责任人 + 村庄信息 + 雨水情信息 + 历史灾害信息 + 应急响应信息）的关联模型，实现各类防汛综合信息的融合应用和穿透式查询。

11）小流域信息表。通过小流域特征划分和参数提取，划分小流域界线范围，以报表形式展示。

12）小流域乡镇关联信息表。以划分的所有小流域为中心，将固定范围内小流域周边的乡镇信息，以图表形式展示。

13）小流域工作底图。通过拓扑关系修正，对 DEM 数据洼地和平台进行处理，制作出可以用于系统展示的小流域工作底图。

3. 多目标关联体系建设

通过多目标关联体系建设，将各类涉水对象按照区域、上下游关系、相互影响关系进行统一组织。例如在河段告警时，可以快速查询下游影响工程、险工险段、防护对象，可以快速统计影响区域内的人口、耕地面积、房屋数，查看上游雨量站、水文站信息，查询防护对象预报结果、预警内容，分析区域内可能受灾人口、调查评价确定的转移路线和安置点，还可以直接调取相关图像、视频监测站数据向用户展示当前现场情况等一系列信息。

通过行政隶属关系和流域拓扑关系两条主线，基于空间拓扑分析方法，建立河段、村庄、水利工程、监测站点、视频站点、风险区的多维关联结构；建立起降雨—洪水—村落—（责任人＋村庄信息＋雨水情信息＋历史灾害信息＋应急响应信息）的关联模型，实现各类防汛综合信息的融合应用和穿透式查询。

基于空间分析技术将山洪灾害相关对象按照其地理位置或内在联系建立空间拓扑关系，形成河流与河流、河流与水利工程、河流与居民地、河流与工矿企业等 20 万个各类对象之间的关联关系。

1）雨量站拓扑关系分析。通过雨量站拓扑关系分析，清楚地确定各雨量站之间的逻辑结构关系，以每个雨量站为结点，周围村庄构成弧段，建设雨量站关系网格，以分析雨量站与其他元素的拓扑关系。

2）河流拓扑关系分析。通过河流拓扑关系分析，清楚地确定各河流之间的逻辑结构关系，以每条河流为弧段，周围河流为临近弧段，连接成网格，构建河流拓扑关系网格，用来分析河流与其他元素的拓扑关系。

3）水库拓扑关系分析。通过水库拓扑关系分析，清楚地确定各水库之间的逻辑结构关系，以每个水库为结点，周围村庄乡镇构成弧段，形成以水库为中心、周围建筑物为弧段的拓扑关系网格，用以分析水库与其他元素的拓扑关系。

4）行政区拓扑关系分析。通过行政区拓扑关系分析，清楚地确定各行政区之间的逻辑结构关系，以每个行政区为面域，行政区内的村庄为结点，区域内的河流为弧段，形成以每个行政区为范围边界的拓扑关系网格，再通过区域内的河流，分析每个行政区之间的逻辑关系。

5）数据拓扑关系确认。几何关系和拓扑关系是空间位置和空间关系不可缺少的基本信息，主要涉及坐标位置、方向、角度、距离和面积等信息，因此即使是差异比较大的几何图形，通过"相邻""相接""包含"等信息，它们的拓扑结构是相同的，以此来确认空间数据的拓扑关系，达到空间数据的稳定性效果。

6）空间数据分析关联。通过分析空间数据的组织、投影变化关系等信息，来确定空间数据是否结构相同，以此来关联相同结构的空间数据，对空间数据元素进行关联分析。

7）调查评价成果关联。对调查评价成果数据进行关联展示。

8）关联模型建立。通过拓扑关系分析各元素之间的联系，建立各元素的关联模型，以模型展示各元素之间的信息关联。

4. 风险体系指标建设

（1）降雨量风险指标　分析沿河村落受降雨产生山洪灾害的风险程度，分为准备转移、立即转移两级指标。需要分析在不同时段长（10min、30min、1h、3h、6h、汇流历时）、不同土壤初始条件（0.2Wm、0.5Wm、0.8Wm）下达到指标的上游流域平均面雨量值。

对于流域集水面积在 50km² 以下的沿河村落，根据设计暴雨结果和沿河村落防洪能力直接确定临界雨量风险指标。对于流域面积在 50 ~ 200km² 间的沿河村落，通过对小流域的组合，将上游流域划分为 2 ~ 3 个子区域。对于不同的子流域降雨组合，通过分布式模型进行试算，计算沿河村落风险等级，绘制不同初始土壤含水量状态下，不同时段长的降雨组合分布曲线。

1）准备转移。结合调查评价成果数据设定雨量、水位、流量的准备转移标准，设置准备转移风险指标。

2）立即转移。结合调查评价成果数据设定雨量、水位、流量的立即转移标准，设置立即转移风险指标。

3）防汛预案。展示降雨转移预案，查看往期转移路线及当时具体情况。

4）10min 雨量风险指标。结合调查评价成果数据设置雨量站监测范围内的村落 10min 雨量风险指标，达到指标值发出降雨预警，提醒村落居民做好防护措施。

5）30min 雨量风险指标。结合调查评价成果数据设置雨量站监测范围内的村落 30min 雨量风险指标，达到指标值发出降雨预警，提醒村落居民做好防护措施。

6）1h 雨量风险指标。结合调查评价成果数据设置雨量站监测范围内的村落 1h 雨量风险指标，达到指标值发出降雨预警，提醒村落居民做好防护措施。

7）3h 雨量风险指标。结合调查评价成果数据设置雨量站监测范围内的村落 3h 雨量风险指标，达到指标值发出降雨预警，提醒村落居民做好防护措施。

8）6h 雨量风险指标。结合调查评价成果数据设置雨量站监测范围内的村落 6h 雨量风险指标，达到指标值发出降雨预警，提醒村落居民做好防护措施。

（2）河道风险指标

1）水位风险指标。将沿河村落成灾水位作为危险水位指标，以成灾水位为基础，推算警戒风险水位指标。以 5 年一遇、10 年一遇、20 年一遇、50 年一遇、100 年一遇设计洪水位为基础，在沿河村落防力基础上，下调重见期级别，设置警戒水位和保证水位。

将村落临河侧最先成灾的房屋高程作为该村落的最低村基高程。根据各断面设计洪水位，无堤防河段，将村落的最低宅基高程作为成灾水位，结合断面处的水位流量关系计算各断面处的临界流量，进而分析得到河段的现状行洪能力；有堤防河段，将堤顶高程减去设计堤顶超高后的高程作为成灾水位。

2）流量风险指标。根据沿河村落水位风险指标，以 5 年一遇、10 年一遇、20 年一遇、50 年一遇、100 年一遇设计洪水流量为基础设定流量风险指标。对于流域面积低于 50km² 的沿河村落，可采用经验公式、推理公式设计洪水计算，对于 50km² 以上的沿河村落，除了经验公式、推理公式外，可采用分布式模型设计洪水计算，同时设置流量警戒指标、流量保证指标。

（3）水库风险指标 根据水库水位风险指标，以水库水量、降雨量为基础设定水库水位风险指标，通过分布式模型进行洪水计算，同时设置汛限水位指标，根据不同时段的降雨量和水库水位来进行防御洪水灾害预警。

5. 预警信息发布服务体系建设

预警信息发布是基于智能信息发布平台的，采用 B/S（浏览器/服务器）架构，易操作且易更新。其主要功能包括预警信息的获取和预警信息的发布，还可以实时管理信息发布情况，可以实现辖区内所有发布服务预警信息的管理、监控、存储、查询等功能。同时，根据业务需求，发布终端设备的管理权限是通过授权才可以发布预警信息，以免发布错乱虚假预警信息，制造恐慌，破坏社会秩序。

通过实时预警分析、预报预警分析、预估预警分析和综合预警分析，超过预警指标后发出预警，向上级单位或者主管单位发布预警类型、预警等级、预警状态、响应等级、预警指标、预警记录、预警状态变化、实时预警监测信息，以及联系人信息等相关内容。

预警信息发布服务体系主要包括降雨量预警、人工预警、河道预警、水库预警、内部预警、外部预警以及省市县级预警服务，以及对预警信息统计比对。该体系主要功能如下所示。

1）降雨量预警信息发布。基于降雨模型计算的降雨量数据，与降雨量预警指标值进行比对，超出预警指标，产生预警，并发布预警信息。

2）降雨量信息发布反馈。通过实测雨量站数据与模型计算数据对比，审核发布的降雨量预警信息，看是否差距过大，如果正确则对外发布预警，如错误不发布预警。

3）河道风险预警信息发布。基于河道风险分析模型计算的河道水位、流量数据，与河道预警指标值进行比对，超出预警指标的，产生预警，并发布预警信息。

4）河道风险发布反馈。通过实测水位站数据与模型计算数据对比，审核发布的河道风险预警信息，看是否差距过大。如果正确，则对外发布预警；如果错误，则不发布预警。

5）水库风险预警信息发布。基于水库风险分析模型计算的水库水位数据，与水库预警指标值进行比对，超出预警指标的，产生预警，并发布预警信息。

6）水库风险预警反馈。通过实测水文站数据与模型计算数据对比，审核发布的水库预警信息，看是否差距过大。如果正确，则对外发布预警，如果错误，则不发布预警。

7）人工预警发布。基于小流域划分成果、多目标关联体系成果、风险指标体系成果、调查评价成果等，结合实时监测数据、短临预报数据、数值预报数据等，利用动态雨量风险分析模型、洪水预报风险分析模型、气象预估风险分析模型等进行风险综合分析，实现实时预警监测，并人工手动编辑预警短信，发布预警信息。

8）人工预警发布审核。对发布的人工预警信息进行审核，审核结果准确的则发布预警。

9）内部预警发布。基于小流域划分成果、多目标关联体系成果、风险指标体系成果、调查评价成果等，结合实时监测数据、短临预报数据、数值预报数据等，利用动态雨量风险分析模型、洪水预报风险分析模型、气象预估风险分析模型等进行风险综合分析，实现实时预警监测，自动发布内部预警信息。

10）内部预警发布审核。对发布的内部预警信息进行审核，审核结果准确的则发布预警。

11）外部预警发布。基于小流域划分成果、多目标关联体系成果、风险指标体系成果、调查评价成果等，结合实时监测数据、短临预报数据、数值预报数据等，利用动态雨量风险分析模型、洪水预报风险分析模型、气象预估风险分析模型等进行风险综合分析，实现实时预警监测，自动发布外部预警信息。

12）外部预警发布审核。对发布的外部预警信息进行审核，审核结果准确的则发布预警。

13）应急响应发布。应急响应发布信息是在收到预警后，发布的防御措施，是对预警信息的响应情况发布，包括转移路线、灾情具体情况等信息。

14）应急响应发布反馈。根据应急响应发布的信息，向上级反馈响应的情况。

15）应急响应预案。展示应急响应预案，查看具体灾情等信息。

16）省级预警服务。此处为权限管理，山洪灾害防御监测预警服务，在省级只能查看发布的预警信息、响应信息等，不发布预警。

17）市级预警服务。此处为权限管理，山洪灾害防御监测预警服务，在市级只能查看发布的预警信息、响应信息等，不发布预警。

18）县级预警服务。此处为权限管理，山洪灾害防御监测预警服务，在县级不仅能查看发布的预警信息、响应信息等，还可以发布预警。

19）预警服务方式。预警服务方式为短信通知、公众号发布、广播、系统发布等。

20）历史预警。查看历史预警信息，以表格形式展示每一条历史预警。

21）历史响应。查看历史响应信息，以表格形式展示每一条历史响应。

22）预警信息统计。对发布的所有类型预警信息进行统计，以表格的形式展示。

23）预警信息上图。此处为展示功能，如某地发生预警，会在图上以闪烁、提示音（白天）等形式展示。

24）预警信息比对。对发生的历史预警做比对，查看预警信息的相同点，以更好地完善响应方案。

6. 山洪灾害监测平台升级

按照"省级部署、四级应用"的建设思路，整合甘肃省水利厅现有山洪业务系统，以数据整合、业务整合为手段，建设甘肃山洪灾害智慧应用系统，以政区及网格化山洪灾害调查评价成果为基本管理单元，实现山洪灾害调查成果数据的信息化、精细化管理，提供包括山洪预警、预警监视、雨水情信息、气象信息、预警响应信息、基础信息、自然资源信息、山洪灾害快报、系统管理在内的核心功能，通过分级应用设计，实现智慧系统的建设部署、省市县乡多级应用的目标。

（1）山洪灾害"一张图"综合管理　山洪灾害"一张图"综合管理模块主要是基于 GIS 地图为用户提供甘肃省山洪灾害防治区基础地理数据、站点监测信息（包括雨情信息、水情信息、工情信息等）、风险预警信息、风险预警成果、山洪灾害调查评价成果等数据的 2D/3D 直观展示和信息资源的查询、统计、分析等信息应用服务，方便用户整体了解山洪灾害防治区水情、雨情变化信息及区域分布、危险程度及防治现状信息。基本功能模块如下。

1）地图基本功能。主要包含浏览部分、测量部分、出图打印部分、地图操作基本工具，主要体现通用性、易用性、常用性等。

2）基础数据展示。通过图层控制，在一张图上展示山洪灾害危险区的基础数据，具体包括数据基础空间数据、流域河网数据、水利普查数据、行政区划数据、交通数据等。

3）基础设施数据展示。包括水利工程数据、视频监控数据。

4）监测站网信息展示。监测站网信息展示主要展示水文站点、气象站点位置信息，单击监测站点图层，就会展示出水文站点、气象站点等的位置，图上会以点标注显示。

5）风险预警信息展示。主要对山洪灾害监测的预警信息、水文基本站监测信息、重要城市水位站信息等信息进行展示，展示形式包括文本、图表等。信息包括站点所在位置信息、预警级别、降雨强度等，便于用户全面地了解信息。同时，展示过程中将根据预警级别、降雨强度等进行排序，突出重点。

6）三维信息展示。三维信息展示模块包含地形图展示、基础地图展示、小流域淹没范围展示、转移安置展示四个功能，综合利用了镶嵌数据集技术、影像瓦片缓存技术和服务集群技术等技术，实现了大数据量下的大场景三维快速展示，系统架构能够根据大场景数据量、用户访问量来动态扩展。在三维可视化环境中实现山洪信息的集成应用于三维展示，为山洪防汛决策人员提供一个三维可视、人机交互操作环境。

对甘肃省山洪灾害危险区内河流、湖泊及重点水利工程（包括水库、堤防、泵站、涵闸、水位站）等，展示方式包括直接列表展示和关键字查询，对查询后的结果能够定位，以标注的形式在三维地球上展示。

7）成果数据展示。展示调查评价成果数据（包括人口、流域、政区等）。

8）综合监控大屏展示。在大屏上，展示实时水雨情数据（包括河道、水库）、实时预警信息、气象数据等。

（2）气象信息　省水情数据中心采用共享数据库及 FTP 文件传输的方式，与省气象局共享数据信息，可接收气象部门发布的实时天气预报、实时雨量信息、实时卫星云图、实时气象雷达图等信息。

省级山洪灾害监测预警平台汇集了气象部门提供的多要素气象站信息（含实时雨量、墒情等）、天气预报与卫星云图、气象预报产品三类信息，并通过权限分配可供市县用户查看。

1）实时天气预报。通过汇集平台读取气象部门的共享数据，将航迹数据、雷达拼图以及气象云图等数据结合在一起，通过对数据计算、分析与处理，对积雨量、云量等进行监测，从而实时天气预报。

2）实时雨情信息。通过汇集平台读取气象部门数据，获取实时雨量信息。

3）实时卫星云图。卫星云图播放功能支持动态播放、刷新，卫星云图显示功能可以按时间检索、单幅显示、多幅对比显示，可调节显示的大小；对于动画播放，可调节播放的速度，可实时查看卫星云图最新情况，选择"最新一帧"命令就可以查看最新的卫星云图状况。

4）实时气象雷达。雷达拼图功能支持全省范围内的雷达数据，可以根据自己想要查看的数据来选择区域，还可以根据时间选择查看某一区域的雷达图，可具体到分钟。

（3）汛情监视　汛情监视模块主要为各级水旱灾害防御处部门值班人员提供实时汛情自动监视和汛情发展趋势预测服务，要把被监视地区的汛情信息直观、醒目地提供给用户，对突发和重要事件自动预报和预警，并满足值班人员对汛情深层次的专题查询和分析比较等需求，为山洪灾害预警决策提供科学依据和支撑。通过该模块，各级水旱灾害防御部门能够针对各类汛情信息（实时暴雨、实时超标洪水、实时工情、实时雨情、实时水情、实时灾情以及各类预报等）进行自动更新显示和报警。

（4）综合预警　综合预警模块具有实时预警分析、预报预警分析、预估预警分析、综合预警分析、预警信息发布和应急响应及快报六个子模块，能够在不同时空维度，分析并模拟山洪灾害风险，提示和发布预警信息，及时处置灾情，统计灾情信息。

综合预警分析利用山洪灾害调查评价成果中的雨量和水位，对比实时水雨情数据、模拟现状和未来降雨后河道水位数据，提示和发布山洪灾害风险。通过频率分析模型和动态雨量预警模型，对现有防洪能力进行风险评估和预警。将现代信息技术和传统技术融入山洪预报预警工作中，增强山洪灾害预测预警能力，增长山洪灾害预警预报预见期，提高防灾、减灾决策的科学性。

1）实时预警分析。实时预警对实时降雨量、河道水位进行监测，当降雨量和河道水位超过阈值，对预警状况进行分析，并提示准备转移或立即转移。

2）预报预警分析。预报预警分析模块是根据降水数据，采用分布式流域水文模型动态模拟村庄河道断面流量过程，当计算洪峰流量超过成灾水位时，发出预警信息。

在山洪灾害调查评价成果中，已经对每一个防灾对象，利用水位流量关系或曼宁公式等方法完成了该对象成灾水位对应的成灾流量。但对于山洪灾害调查评价中雨量大多为单一雨型，无法反映实际降雨过程带来的河道流量变化。其次，由于部分偏远村庄不具备建设雨量站和水位站的条件，故通过预报预警分析模块调用分布式流域水文模型进行动态模拟，可获得每个小流域出口的流量过程预报信息，从而获取洪峰流量预报，当计算洪峰流量超过成灾流量时表明应该预警。

3）预估预警分析。预估预警分析模块是基于水雨情监测数据、短临降水预报数据和数值预报数据融合后的多元融合数据，通过分布式流域水文模型进行动态模拟，对比流量预警指标，当预估未来流量超过成灾洪峰流量时，发布预警信息。

4）综合预警分析。综合预警分析利用频率分析法通过降雨频率或流量频率结合影响区域的现有防洪能力进行风险评估，发布预警信息。

5）预警信息发布。预警信息发布是基于智能信息发布平台，采用的是 B/S 架构，易操作、易更新。其主要功能包括预警信息的获取和预警信息的发布，还可以实时管理信息发布情况，实现辖区内所有发布服务预警信息的管理，以及具有发布服务预警信息的监控、存储、查询等功能。同时，根据业务需求，发布终端设备的管理权限是通过授权才可以发布预警信息的，以免发布错乱虚假预警信息，制造恐慌，破坏社会秩序。

通过实时预警分析、预报预警分析、预估预警分析和综合预警分析超过预警指标后发出预警提示，向上级单位或者主管单位主要发布预警类型、预警等级、预警状态、响应等级、预警指标、预警记录、预警状态变化、实时预警监测信息等，以及联系人信息等相关内容。

6）应急响应及快报。根据预警信息启动应急响应功能，采取响应措施。根据平台设立的防汛指挥部门的级别不同，分为平台设立在县级、市级、省级防汛部门三种情况。

在灾情结束后，自动生成灾情处置快报。同时，对预警信息的产生、跟踪、处理情况进行统计分析，包括灾害发生时间、灾害发生区域、灾害演进过程、灾害防治效果的统计分析。

（5）山洪风险　在甘肃省高精度 DEM 数据的基础上，进行甘肃省小流域划分，并依据小流域的地理位置、基础属性、出口特征，结合自然流域、行政区划、水文区划、地形地貌特征区划以及水文站点的位置情况，构建流域分布式水文模型，为洪水实时模拟和预估预报提供计算基础。通过对实时雨水情数据、雷达回波数据、数值天气预报数据的快速处理及分析，每天进行流域前期影响雨量的滚动计算，实现甘肃省山洪灾害防治区小流域暴雨洪水过程的实时连续模拟和预估预报，对流域各断面的水位、流量过程进行预报，为洪水预警提供依据。并在实时雨、水、工情信息和预报成果基础上，进行省内重点防洪控制断面防洪调度形势分析，参照历史经验和有关预案，以现行的防洪调度工作流程、组织分工为基础，构建一个覆盖甘肃省重点防洪地区防洪调度方案，实现把灾害损失降低到最低限度的目标。

（6）值班管理　为对全省参与山洪灾害防御的值班人员进行有效监管，需要在省级平台建立值班管理功能模块，通过网络打通省、市、县、乡及有关单位的值班信息传输通道，使信息传递更及时、更准确。其主要功能包括：值班登记、值班排班、值班人员、异常测站、测站历史状态、通讯录、日志管理、历史信息、信息编辑、短信发送设置、预警广播设置、信息模板管理。

（7）统计报表　智能统计报表功能模块是基于业务数据库开发的，支持跨平台、支持多种数据库系统的智能统计报表功能，通过报表工具可进行报表的统计，生成报表数据，了解业务系统的各项数据，并能根据这些数据进行分析、决策。此外，还可通过报表工具对报表的统计内容、格式、统计条件等进行定制，并利用报表模板将用户设计的报表的格式和内容保存起来，可据此来生成报表。统计项包括：预警信息统计、雨情信息统计、水情信息统计、灾情信息统计等。主要功能包括：灾情填报、在线统计、灾情展示、救灾统计、总结评价、水情简报、雨情简报、资料管理。

（8）系统管理　系统管理主要包括对系统运行状态监控、用户权限管理配置、用户管理、密码修改、站点运维状况监控等功能，满足对不同用户使用需求以及系统运维管理需求。

7. 调查评价成果基础和拓展应用

（1）调查评价成果集成和拓展应用　集成应用全省山洪灾害调查评价成果，汇总整编调查评价成果及检验复核率定成果，进行成果集成和挖掘分析，以文字、表格和图形等成果形式对各地山洪灾害调查和分析评价成果进行分类汇总和整编，形成规律性、区域特殊性的专题数据成果和相关图表，制作专业图件。应用专业技术方法，对成果数据进行分类研究，综合分析其典型特征或参数的区域分布、趋势变化及规律性，形成综合风险与预警指标分析成果。构建调查评价成果拓展应用平台，提供对调查评价成果及数据挖掘分析成果的查询及展示功能。

1）数据集成。数据集成需要在全省山洪灾害调查评价成果数据库的基础上，对调查评价成果进行数据清洗工作。数据清洗（Data Cleaning）是对数据进行重新审查和校验的过程，目的在于删除重复信息、纠正存在的错误，并保证数据的一致性。因为山洪灾害调查评价成果数据仓库中的数据是面向单个方向主题的数据集合，这些数据是从多个业务系统中抽取而来的，而且包含历史数据，这样就避免不了有的数据是错误数据、有的数据相互之间有冲突。这些错误的或有冲突的数据显然是无用的，即被称为"脏数据"。清除掉山洪灾害调查评价成果中的"脏数据"是为保证统计分析结果的准确性的基础。

2）数据挖掘。本项目中数据挖掘过程的总体目标是从山洪灾害调查评价成果数据集中提取信息，并将其转换成可理解的结构，以供进一步使用。除了原始分析步骤，它还涉及数据库和数据管理方面、数据预处理、模型与推断方面考量、兴趣度度量、复杂度的考虑，以及发现结构、可视化及在线更新等后处理。其中，山洪灾害调查评价成果的数据内容见表8-9。

表8-9　山洪灾害调查评价成果数据内容

数据类型	数据内容	数据明细
环境条件	地形、地貌、土壤、植被、地质结构、地下水	小流域专题数据
		防治区土地利用图
		土壤质地图
		卫星遥感影像
	河道断面测量成果	成果报告、测量成果
	小流域基础信息核查数据	流域出口、土地利用修正
诱发因素	水文气象资料	暴雨参数资料、历年水文站最大流量及统计参数资料、暴雨洪水资料、小流域设计暴雨洪水计算方法及相应参数取值、水文资料收集整理工作报告
	其他资料	告警的实时雨水情
人类活动和成灾影响	防治区基本社会经济数据	自然村、企事业单位
	水利工程	水库工程、水电站工程、水闸工程、堤防工程位置
	危险区	危险区图、转移路线、安置点
	涉水工程	塘（堰）坝、桥梁、路涵工程
	重点防治区现场详查数据	沿河村落、重要集镇
山洪灾害事件本身	历史山洪灾害点	历史洪水调查数据

按流域和政区两条主线进行调查评价成果的信息组织，建立调查评价成果与山洪灾害防御业务数据的关联关系，对调查评价成果数据进行充分挖掘，建立"防灾对象—预警预报—调查评价成果—防汛责任人"的"四位一体"关联关系，以流域为单元按汇水关系进行山洪灾害的科学预警，以政区为单元开展山洪灾害监测预报预警工作，充分考虑流域上下游关系，统筹上下游降雨洪水过程的影响，进行上下游联动预警，为会商研判提供全面的信息支撑。

（2）综合风险与预警指标分析　分析角度需要从山洪灾害事件的多维数据进行关联分析。可以应用的统计分析手段有：基本统计量即描述数据特征的统计量，如平均数、极差、偏度等；相关性分析；回归分析，即一元线性回归、多元线性回归、非线性回归等；事件序列分析，即平滑预测、趋势线预测法、季节性预测法；主要成分分析。也可从空间角度分析，例如缓冲区分析、叠加分析、网络分析、拓扑分析、空间相关和分异性分析、事件序列演进动态树等方式多角度地进行融合分析。基于层次、划分、密度、网格和模型的方法可对地形中坡度、高程、流域、坡向、粗糙度等因素变量进行分析。

结合村庄临界雨量和 5 年一遇、10 年一遇、20 年一遇、50 年一遇、100 年一遇的设计暴雨洪水指标进行综合分析，并结合村庄房屋类型、人口分布以及村庄现有防洪能力等计算综合风险指标，为山洪灾害防御提供可靠的风险评估与等级划分标准。

村庄风险评估的关键是建立流量—水位—人口—房屋的关系。首先，进行不同频率下的设计暴雨计算，利用推理公式和经验公式求得对应频率下的设计洪水，建立流量—水位—人口—房屋关系，并对危险区进行等级划分，接入实测水位流量数据，进行实时洪水风险评估。

1）危险等级划分。结合村庄临界雨量和 5 年一遇、10 年一遇、20 年一遇、50 年一遇、100 年一遇的设计暴雨洪水指标，确定危险区等级，结合地形、地貌情况，划定对应等级的危险区范围。在此基础上，基于危险区范围及山洪灾害调查数据，统计各级危险区对应的人口、房屋以及重要基础设施等信息。

危险区划分时，还应根据具体情况适当调整危险区等级。按照危险区等级标准表划分的原危险性等级区内存在学校、医院等重要设施，或者河谷形态为窄深型，到达成灾水位后，水位流量关系曲线陡峭，对人口和房屋影响严重的情况，应提升一级危险区等级。

如果防灾对象上下游有堰塘、小型水库、堤防、桥涵等工程，有可能发生溃决或者堵塞洪水情况的，应有针对性地进行溃决洪水影响、壅水影响等的简易分析，进而划分出特殊工况的危险区，重点确定洪水影响范围，并统计相应的人口和房屋数量。

危险区图根据危险区等级对应频率的设计暴雨洪水淹没范围进行绘制，应包括基础底图信息、主要信息和辅助信息三类。

假定暴雨与洪水同频率，基于设计暴雨成果，以沿河村落附近的河道控制断面为计算断面，进行各种频率设计洪水的计算和分析，得到洪峰、洪量、上涨历时、洪水历时四种洪水要素。

2）预警指标分析。以 5 年一遇、大于等于 10 年一遇小于 20 年一遇、大于等于 20 年一遇至历史最高洪水位为标准，确定各危险区基础预警指标。

（3）调查评价数据挖掘成果图集制作 基于甘肃省调查评价挖掘成果，形成《甘肃省山洪灾害调查评价成果图集》报告，包括省、市、县图集与统计表。图集主要包括山洪灾害防治县分布图、山洪灾害防治区分布图、山洪灾害防治村分布图、企事业单位分布图、山洪灾害危险区分布图、山洪防治区人口分布图、历史山洪灾害分布图、自动监测站分布图、简易监测站分布图、无线预警广播站分布图、涉水工程分布图、现有防洪能力分布图、预警指标分布图等。图表主要包括县市社会经济统计分析表、山洪灾害防治村基本情况统计分析表、历史山洪灾害情况统计分析表、监测预警设施设备情况分析表、预警指标综合分析表等。

8. 风险综合分析体系建设

（1）分布式水文模型构建 基于甘肃省山洪灾害调查评价成果，按照 $10 \sim 50 \text{km}^2$ 流域面积划分小流域，提取每个小流域的基础属性信息和产汇流特性。小流域划分标准为：利用甘肃省 1:50000 DEM 和 DLG 数据，结合高清影像数据和水利工程数据，对甘肃省地面坡度大于或等于 2° 的山丘区和其他地区，按 $10 \sim 50 \text{km}^2$ 合理划分小流域单元，提取其基本属性信息。重点考虑水库、水电站、水闸、水文站、村镇、地形地貌变化特征点等因素，结合省级和县级行政区划边界，设置小流域划分的节点。对面积超过 0.5km^2 的水库水面、面积超过 1km^2 的湖泊水面作为单独流域。在《中国河流代码》（SL 249—2012）的基础上完成小流域的统一编码，建立小流域流域拓扑关系，及小流域与行政区划、监测站点、水利工程的关联关系。

（2）甘肃省分布式水文模型集群构建

1）模型机群构建。充分考虑预报的流域可能存在预报精度不同、地区产汇流特性具有区域相似性、水利工程在流域汇水中起的作用不同等问题，项目针对甘肃省水系复杂、水利工程沿河分布众多等特点，结合流域水系、气象气候特征，运用甘肃省山洪灾害调查评价成果（工作底图、小流域数据集等），加工集成全省完整的流域水系和水文模型集群的拓扑关系，构建满足山洪灾害预警需求的分布式水文模型，基本计算单元在 $10 \sim 20 \mathrm{km}^2$。

分布式水文模型集群构建主要包括小流域划分及属性提取、分布式水文模型集群构建、分布式水文模型构建、流域产汇流特征提取和模型标准化导入/导出等五部分。

2）集群构建原则与成果。模型集群构建原则为：基于全国山洪灾害防治项目小流域基础属性数据，以甘肃省二级水系为主要参考依据，考虑二级水文分区、三大阶梯、地貌地形、水文站点及大型水利工程，最后兼顾省级行政区划边界，能够在省内实现快速洪水模拟计算，便于快速并行分布式流域模型计算。依据上述模型集群构建原则，甘肃省一共划分为了 11 个模型集群，分别为疏勒河模型集群、苏干湖模型集群、黑河模型集群、石羊河模型集群、洮河模型集群、湟水模型集群、黄河模型集群、渭河模型集群、泾河模型集群、北洛河模型集群，以及长江流域的嘉陵江模型集群。每个模型集群信息见表 8 - 10。

表 8 - 10 模型集群基本信息统计表

集群名称	小流域个数	模型个数	面积/km²
北洛河模型集群	349	3	4829.83
黑河模型集群	5706	30	81231.04
黄河模型集群	4633	39	66296
湟水模型集群	678	6	10468.79
嘉陵江模型集群	3454	34	52645.47
泾河模型集群	2789	31	41627.42
石羊河模型集群	4094	33	62964.59
疏勒河模型集群	7180	59	111158.8
苏干湖模型集群	1735	9	27976.98
洮河模型集群	2062	22	31690.06
渭河模型集群	2216	23	32490.35

参 考 文 献

[1] 水利部参事咨询委员会. 智慧水利现状分析及建设初步设想 [J]. 中国水利, 2018 (5): 1 - 4.

[2] 蔡旭东. 新时代智慧水利建设的思考 [J]. 水利信息化, 2019 (2): 7 - 10.

[3] 曹宏文. 数字水利到智慧水利的构想 [J]. 测绘标准化, 2013, 29 (4): 26 - 29.

[4] 左其亭. 中国水利发展阶段及未来 "水利4.0" 战略构想 [J]. 水电能源科学, 2015, 33 (4): 1 - 5.

[5] 邹蕾, 张先锋. 人工智能及其发展应用 [J]. 信息网络安全, 2012 (2): 11 - 13.

[6] 孙增圻, 张再兴. 智能控制的理论与技术 [J]. 控制与决策, 1996 (1): 1 - 8.

[7] 顾险峰. 人工智能的历史回顾和发展现状 [J]. 自然杂志, 2016, 38 (3): 157 - 166.

[8] 钟义信. 人工智能的突破与科学方法的创新 [J]. 模式识别与人工智能, 2012, 25 (3): 456 - 461.

[9] 陈凯, 朱钰. 机器学习及其相关算法综述 [J]. 统计与信息论坛, 2007 (5): 105 - 112.

[10] 张润, 王永滨. 机器学习及其算法和发展研究 [J]. 中国传媒大学学报(自然科学版), 2016, 23 (2): 10 - 18; 24.

[11] 孙志军, 薛磊, 许阳明, 等. 深度学习研究综述 [J]. 计算机应用研究, 2012, 29 (8): 2806 - 2810.

[12] 余凯, 贾磊, 陈雨强, 等. 深度学习的昨天、今天和明天 [J]. 计算机研究与发展, 2013, 50 (9): 1799 - 1804.

[13] 张荣, 李伟平, 莫同. 深度学习研究综述 [J]. 信息与控制, 2018, 47 (4): 385 - 397; 410.

[14] 李满意. 大数据安全 [J]. 保密科学技术, 2012 (9): 71 - 72.

[15] 刘翰琪, 董阿忠, 赵钢. 无人机倾斜摄影测量在水利中的应用探索 [J]. 江苏水利, 2020 (3): 57 - 61.

[16] 王春雨, 钟嘉奇, 王博超, 等. 多旋翼无人机在水利行业中的应用 [J]. 黑龙江水利科技, 2020, 48 (1): 152 - 155.

[17] 陈性元, 高元照, 唐慧林, 等. 大数据安全技术研究进展 [J]. 中国科学: 信息科学, 2020, 50 (1): 25 - 66.

[18] 李晶. 大数据时代个人信息保护立法研究 [J]. 佳木斯职业学院学报, 2019 (8): 46 - 47.

[19] 李永龙, 王皓冉, 张华. 水下机器人在水利水电工程检测中的应用现状及发展趋势 [J]. 中国水利水电科学研究院学报, 2018, 6 (6): 586 - 590.

[20] 史红艳. 黄土高原淤地坝防汛监控预警系统建设展望 [J]. 中国防汛抗旱, 2019, 29 (3): 16 – 19.

[21] 谭界雄, 田金章, 王秘学. 水下机器人技术现状及在水利行业的应用前景 [J]. 中国水利, 2018 (12): 33 – 36.

[22] 柴兆臣. 基于 4G 移动通信的水文监测系统设计 [D]. 青岛: 山东科技大学, 2018.

[23] 邱春华, 葛少云, 杨挺, 等. 无线传感器网络在水利水电工程中的应用 [J]. 红水河, 2018, 37 (2): 7 – 11; 17.

[24] 吕欣, 韩晓露, 毕钰, 等. 大数据安全保障框架与评价体系研究 [J]. 信息安全研究, 2016, 2 (10): 913 – 919.

[25] 刘昌军, 郭良, 兰驷东, 等. 无人机技术综述及在水利行业的应用 [J]. 中国防汛抗旱, 2016, 26 (3): 34 – 39.

[26] 魏凯敏, 翁健, 任奎. 大数据安全保护技术综述 [J]. 网络与信息安全学报, 2016, 2 (4): 1 – 11.

[27] 金言平, 邵永生, 刘继军. TCA2003 测量机器人在江垭水利枢纽安全监测网复测中的应用 [J]. 长江工程职业技术学院学报, 2014, 31 (3): 10 – 11.

[28] 冯登国, 张敏, 李昊. 大数据安全与隐私保护 [J]. 计算机学报, 2014, 37 (1): 246 – 258.

[29] 郭俊振. 基于无线传感器网络稻田节水灌溉的研究 [D]. 哈尔滨: 东北农业大学, 2012.

[30] 王毅. 试验田 (灌区) 自动化监控系统的研究与设计 [D]. 郑州: 郑州航空工业管理学院, 2008.

[31] 吴建华, 魏茹生, 孙东永, 等. TC-401 水位监测传感器的开发及在农田水利中的应用 [J]. 农业工程学报, 2008 (5): 174 – 177.

[32] 蓝标. 压阻传感器在水利中的应用 [J]. 水利水文自动化, 1998 (2): 38 – 40.

[33] 王岩. 基于 Cesium 的三维流域水资源管理模拟仿真平台设计与实现 [D]. 武汉: 华中科技大学, 2019.